U0334153

光明城

LUMINOCITY

看见我们的未来

感谢乐施会提供研究及出版支持

历史地景

河北涉县旱作石堰梯田地名文化志

王树梁 等著

撰稿
王树梁、刘玉荣、王海飞、王永江、王林定、李彦国、李书吉、曹翠晓、王翠莲、刘振梅、王景莲、李志勤、曹纪滨、李香灵、李海魁、曹娇兰、李纪贤、李献如、王春梅、李志红、曹现红

河北省邯郸市涉县旱作梯田保护与利用协会梯田普查
曹肥定、李同江、曹京灵、王永江、李为青、刘玉荣、曹翠晓、王翠莲、王树梁、王林定、李彦国、李书吉、王引弟、李分梅、刘振梅、李翠荣、李榜夺、曹娇兰、李江亮、李海魁、王巧灵、曹灵国、李香灵、李志红、曹纪滨、王书真、付书勤、李志勤、张景恋、曹巧红、曹巧兰、王军香、王春梅、王真祥、李献如、李明弟、刘和定、王水生、陈晓英、王月梅、付社虫、李香海

村民参与梯田普查
王保吉、张现魁、李勤定、李书祥、王金海、王安怀、付洋所、王茂怀、李勤定、曹榜灵

摄影
秋笔、温双和、崔永斌、朱卫梓

同济大学出版社 · 上海
TONGJI UNIVERSITY PRESS · SHANGHAI

目录

总序：文化志的书写
与农业文化遗产保护的村落实践

孙庆忠

河北涉县旱作石堰梯田系统位于太行山东麓、晋冀豫三省交界处，集中分布在井店镇、更乐镇和关防乡的46个行政村，石堰梯田总面积2768公顷（1公顷=0.01平方千米）（包括非耕地和新修地），石堰长度近1.5万千米，高低落差近500米。这里也因此被联合国粮食计划署专家称为“世界一大奇迹”“中国的第二长城”。2014年，该系统被农业部认定为“中国重要农业文化遗产”，2022年5月20日被联合国粮农组织（FAO）认定为全球重要农业文化遗产（Globally Important Agricultural Heritage Systems，简称GIAHS）。作为典型的山地雨养农业系统，“叠石相次，包土成田”的石堰梯田，以及与之匹配的“保水保土、养地用地”的传统耕作方式，是当地人应对各种自然灾害，世代累积的生存智慧，时至今日，依然发挥着重要的生产、生活和生态功能，是全球可持续生态农业的典范。

怎样理解农业文化遗产？

20世纪下半叶，随着绿色革命和工业化农业进程的加速，农业生产力的提升取得了令人瞩目的成就。然而，与农业增产同时而来的环境问题和社会问题，也日益凸显了这种农业模式的不可持续性。在这种背景下，2002年FAO发起了全球重要农业文化遗产保护倡议，旨在在保护生物多样性和文化多样性的前提下，促进区域可持续发展和农民生活水平的提高。20年的事实证明，这种兼具社会、经济、生态效益的农业文化遗产保护，对确保粮食安全和食品安全、对于重新认识和评估乡土价值，都具有战略性意义。

农业文化遗产是人类与其所处环境长期协同发展过程中，创造并传承至今的农业生产系统。截至2022年6月底，全球23个国家和地区的67个具有代表性的传统农业系统被认定为GIAHS，其中中国有18项，数量位居各国之首。这之中，规模宏大的涉县旱作石堰梯田系统，将源远流长的粟作农业与保持水土的梯田工程融为一体，充分展现了人工与自然的巧妙结合。在缺土少雨的石灰岩山区，当地先民从元代起就开始垒堰筑田，创造了向石头山要地的奇迹，也培育了丰富多样的食物资源，从而为当地村民的粮食安全、生计安全和社会福祉提供了物质保障。他们凭借梯田的修造技术、农作物的种植和管理技术、毛驴的驯养技术、农机具的制作和使用技术，以及作物的抗灾和储存技术等本土生态知识，使“十年九旱”的贫瘠土地养育了一辈辈子孙，即使在严重灾害之年，也能保证人口不减。七百余年间，荒野山林变成了田园庭院，山谷陡坡布满了果树庄稼。这种生境的变化，使这里的农民对赖以生存的山地充满了感激之情，也因此增进了他们对家乡历史文化的钟爱。正是老百姓对自身所处环境的精心呵护，以及在适应自然过程中的文化创造，才有了旱作石堰梯田系统世代相续的文化景观和社会形貌。

然而，传统农业已在我们身处的时代发生了深刻的变革，工业化改写了乡土社会的生产生活方式，城市化正以突飞猛进之势席卷乡村生活，年轻人大量外流，年长者相继谢世，祖辈相承的乡土知识无力发挥其延续文化根脉的作用。更令人担忧的是，由于劳动力的短缺，加之对经济利益的追逐，地力全靠化肥，杀虫全靠农药，生态系统中的原生植被被清除，土壤微生物、昆虫和动植物之间的关系被人为切断，其结果是影响人类健康的一系列问题接踵而至，系统抵御风险的能力大大降低。那么，面对绝大部分中国乡村的共相命运，农业文化遗产保护能否为可持续农业带来一线生机，为均衡发展创造机缘？

维护生态系统的完整性及其服务功能，最为根本的办法是回到人自身，做人的工作，唤醒当地人对土地的情感，进而将其转变为一种发自内心的责任意识，让村庄拥有内源性的动力。正是基于这样的认识，我们始终把“以村民为主体的社区保护”视为工作的重点，把协助村民自发组织起来进行村落文化挖掘的过程，看作他们跟土地重新建立情感联结的纽带。保护农业文化遗产的目的就是让它“活”起来，活的目的是让后世子孙可以承袭祖先带给他们的永不衰竭的资源，实现生活的永续。因此，所谓的遗产保护，实际上是为乡村的未来发展寻找出路。

为什么书写文化志丛书？

作为旱作石堰梯田系统的核心区域，井店镇王金庄村占地面积 22.55 平方千米，拥有梯田 436.98 公顷，这里是“河北省历史文化名村”，也是“中国传统村落”。自 2015 年起，中国农业大学农业文化遗产研究团队在此进行安营扎寨式研究，希望通过持续性的文化挖掘工作，与村民共同寻找一条家园营造之路。2018 年，在多方力量的筹措下，农民自组织的“河北省邯郸市涉县旱作梯田保护与利用协会”（简称“梯田协会”）进入实质运作的阶段。为了让村民全面地盘清家底，理解旱作石堰梯田系统保护和利用的价值，我提出开展以梯田地名、梯田作物和梯田村落为中心的系列普查活动,并以文化志丛书的形式呈现。

何谓文化志？这里的“文化”特指村落生产、生活中具有标志性意义的历史事件、群体活动和符号载体，“志”则是如实地记录这些有形或无形印记的表现形态。走进王金庄，村落的文化标志随处可见——绵延群山上的石堰梯田，纵横沟壑里的石庵子、储水窖，石板街尽头的山神庙、关帝庙，村西祈求风调雨顺的龙王庙，村东掌管牲畜性命的马王庙，都是村落从历史走来的物质见证。与之相应的是那些活态的民俗生活，无论是农历三月十五的奶奶顶庙会，还是冬至驴生日时敬神的一炷香，都是农耕生活里重要的文化展演。此外，以二十四节气为节奏的农耕管理，是农民自己的时间刻度；“地种百处不靠天”和“地种百样不靠天”的经验总结，是他们藏粮于地的空间直觉。只是在老百姓的观念里，它们不被称为文化，不过是“过日子”的常识而已。

文化志丛书用文字、影像存留了旱作梯田系统里上演的一幕又一幕生活片断。历史的长河我们无法追逐，但是生活里的瞬间我们却可以捕捉。“梯田地名文化志”《历史地景》，记录了全村 24 道大沟、120 条小沟，拥有岭、沟、坡、垴、洼、峧、磢、山、旮旯等 9 类地貌的 420 个地名。这些形象化的地名记录了人与土地的历史关系，其中凝聚了具有深厚诗意的祖先故事的描述。村民私家珍藏的地契文书印证了数百年来土地的归属，从康熙六十年（1721）到民国三十七年（1948）间的民间土地交易跃然纸上。而那些散布在梯田间的 1159 个石庵子，既有定格在咸丰二年（1852）、光绪十一年（1885）的历史，也不乏“农业学大寨”时期激情豪迈的岩凹沟“传说”。在这里，往事并未如烟，梯田地名一直是村民感知人与土地的互动关系、追溯村庄集体记忆的重要媒介。“梯田作物文化志”《食材天成》，集中展现了系统内丰富的农业生物多样性，以及从种子到餐桌的吐故纳新的循环周期。“饿死老娘，不吃种粮”等俗语背后的生活故事，形象地说明了人们利用当地的食物资源，抗击各种自然灾害的生存技能。农艺专家和村民的调查数据显示，石堰梯田内种植或管理的农业物种有 26 科 57 属 77 种，在这 77 种农业物种中有 171 个传统农家品种，数量位列前十的分别是谷子 19 个、大豆 11 个、菜豆 9 个、柿子 9 个、赤豆 7 个、玉米 7 个、扁豆 5 个、南瓜 5 个、花椒 5 个、黑枣（君迁子）5 个。这些作物既是形塑当地人味蕾的食材佳肴，也是认识地方风土、建立家乡认同的重要依据。“梯田村落文化志”《石街邻里》，则以垒堰筑田、砌石为家等标志性的文化符号为载体，全面呈现了梯田社会一整套冬修、春播、夏管、秋收的农耕技术体系，以及浸透其中的灾害意识和生命意识。从水库水窖的设计到门庭院落的布局，从对神灵的虔诚到人世礼俗的教化，传递的是太行山区村落社会的自然风物与人文历史，讲述的是村民世代传承的惜土如金、勤劳简朴的个性品质。

我们通过文化志的方式书写旱作梯田系统的过往与当下，一来是想呈现世世代代的村民跟自然寻求和谐之道的历史，二来想表达的是对他们热爱生活、珍视土地之深沉情感的一份敬意。当然，还有更深层的目的，那就是在记录传统农耕生产生活方式的过程中，重建生命和土地的联系，重新思考农业的特性，以及全球化、现代化带给乡村的影响。以此观之，这项深具反思与启蒙价值的创造性工作，试图回应的是现代性的问题——人与土地的疏离、人与作物的疏离、人与人之间的疏离。于村民而言，踏查梯田重新建立了自我、家庭与村庄的联系；对研究者来说，走进村庄重新发现了乡土社会的问题与出路。因此，文化志丛书既是存留过去，也是定位当下，更是直指未来。

培育乡村内生力量的价值

农业文化遗产保护的前提是对自然生态系统和复杂的社会关系系统有深入的了解。无论外界的干预如何善意，保护的主体都必然是创造和发展它们的当地农民。然而，科学技术的进步改写了传统的农耕生产方式，人们需求的改变，已经重塑了乡土中国的社会形态与文化格局。在这种情况下，如何让农民在动态适应中传续农耕技艺的根脉，如何进行乡土重建以应对乡村凋敝的处境，也便成为遗产保护的核心要义。

我一直认为，农业文化遗产保护的本质就是现代化背景下的乡村建设。村落是乡村的载体，是整个农耕时代的物质见证。它所呈现的自然生态和人文景观是当地人在生产生活实践的基础之上，经由他们共同的记忆而形成的文化和意义体系。因此，保护农业文化遗产表面上看是在保护梯田、枣园、桑基鱼塘等农业景观，其深层保护的是村落、村落里的人，以及那些活在农民记忆里的本土生态知识。以此观之，编纂文化志丛书的过程就是乡村建设的一个环节，其目标是增强农民对农业文化遗产保护与发展的理解，提升社区可持续发展能力。2019 年因缘聚合，在香港乐施会的资助下，梯田协会正式启动了中国重要农业文化遗产保护社区试点王金庄项目，在涉县农业农村局、中国科学院自然与文化遗产研究中心、农民种子网络和中国农业大学农业文化遗产团队的协助下，全面开展了“社区资源调查、社区能力建设”两大板块工作，让村民、地方政府、民间机构、青年学子都有了服务乡村的机会。村落文化志丛书的付梓，就是探索并诠释多方参与、优势互补的农业文化遗产保护机制的集中体现。

为了推动梯田协会的组织建设，参与各方均以沉浸式的工作方法和在地培育理念，与村民一起筹划文化普查的步骤，勾勒村庄发展的前景。正是在这种倾情协助的感召下，村民对盘点家乡的文化资源投入了巨大的心力。为了记录每一块梯田的历史与现状，他们成立了普查工作组，熟知村史的长者和梯田协会的志愿者也由此开启了重新发现家乡的自知之路。他们翻山越岭，走遍了小南东峧沟、小南沟、大南沟南岔、大南沟北岔、石井沟、滴水沟、大崖岭、石花沟、岭沟、倒峧沟、后峧沟、鸦喝水、石岩峧、有则水沟、桃花水大西沟、大桃花水、小桃花水、灰峧沟、萝卜峧沟、高峧沟、犁马峧沟、石流磢、康岩沟、青黄峧等村域大沟小沟的角角落落。暑去寒来，用脚丈量出的数据显示：全村共有梯田 27 291 块，荒废 5958 块；总面积 6554.72 亩（1 亩=666.67 平方米），荒废 1378.03 亩；石堰长 1 885 167.72 米，荒废 407 648.38 米；石庵子 1159 座，水窖 158 个，大池 10 个，泉水 17 处；花椒树 170 512 棵，黑枣树 10 681 棵，核桃树 10 080 棵，柿子树 1278 棵，杂木树 4127 棵。这是迄今为止，村民对村落资源最为精细的调查。除了对每条沟内的梯田块数、亩数、作物类别以及归属进行调查与记录，他们还探究了每处地名的由来，并追溯到地契文书记载的年代。

随着梯田地名和作物普查工作的推进，年长者和年轻人发现，他们是在重走祖先路。因为每一座山、每一块田讲述的都是垒堰筑田的艰辛，叙说的都是过往生活的不易，这也是他们共同的体验。退休教师李书吉全程参与了梯田普查，2020 年 5 月 9 日，在《王金庄旱作梯田普查感言》中他深情地写道：

> "4 月 30 日晚上 8 点普查的数据终于出来了，这个数据让我惊呆了，这是一组多么强大而有说服力的证据啊！……勤劳的王金庄人民总是把冬闲变为冬忙，常常利用冬季的时间修田扩地，但这个时间也是修梯田最艰难的时候，天寒地冻的严冬，每每清晨，石头上总被厚厚的冰霜所覆盖，手只要触摸，总有被粘连的感觉，人们满是老茧的双手，冻裂的口子，经常有滴滴鲜血浸渗在块块石头之上，但人们仍咬牙坚持修筑梯田，一天又一天，一年又一年地坚持着筑堰修地，使梯田一寸寸、一块块、一层层地增加着。记得有一年的春节，修梯田专业队除夕晚上收工，正月初三就开始了新一年的修梯田运动，尽管人们起五更搭黄昏，但平均一个劳动日也只能修不足一平方尺（0.11 平方米）的土地。在这次普查中，每见到一块荒废的土地，我都非常心痛。外出打工、养家糊口固然重要，但保护、传承和合理利用老祖宗留给我们的宝贵遗产更为重要。希望青年朋友们，从我做起，从小事做起，尽可能保护开发建设

梯田，千万不要成为时代的罪人！”

这样的文字总是令人心生感动。在我看来，这就是乡土社会里最为生动的人生教育！从这个意义上说，我更为看重的是村民挖掘村落资源、记录梯田文化的过程，因为它激活了农民热爱家乡的情感，也在一定程度上增强了他们对乡土社会的自信。尽管我们的工作难以即刻给村民经济收入的提升带来实质性的变化，但是这种“柔性”的文化力量，对村庄发展的持续效应必将是刚性的。各方力量协助村民重新认识梯田的价值，让他们看到梯田里的文化元素就是这方水土世代传续的基因库，老祖宗留下的资源就是他们创造生活的源泉。在这个前提下，梯田的保护与利用才是一体的。

农业文化遗产保护的主体是农民，他们要在这里生存发展，因此他们对自身文化的重新认识，以及乡土重建意识的觉醒，也预示着农业和农村的未来。七年前这片陌生的土地闯入了我们的视野，如今太行梯田的坡、岭、沟、垴、碳成为了我们梦醒时分的乡村意象。如果有一天，这里祖先的往事被再度念起，而那些早已被遗忘的岁月能因为我们今天的工作而“复活”，那将是生活赐予我们的最高奖赏。我们也有理由相信，若干年之后，这些因旱作石堰梯田而生成的文化记忆会融进子孙后代的身体里，成为他们应对变局的生存策略，并在自身所处的时代里为其注入活力。

导言：石堰梯田地名探源

王树梁

王金庄地处涉县东北的太行山深处，东至武安市冶陶镇，西与井店镇玉林井、石井沟交界，南与更乐镇张家庄毗邻，北与井店镇银河井、龙虎乡曹家庄、王家庄相掺，南北长 4500 米，东西宽约 3500 米。全村共五个行政村，4679 人。梯田经过全村世代先民的艰苦开发、积极传承、充分利用，愈来愈引起人们的关注，凸显了天人合一的生态智慧和劳动缔造幸福的道理。

每当走进王金庄区域，到处看到的是一洼洼、一坡坡贯天彻地的梯田。这些气势恢宏的山田使不少第一次到王金庄的人叹为观止，好奇这些梯田是何时、怎样建造成的。

据考，这些梯田的修建始于元朝王金庄在这里立村后，但当时人口稀少，进展缓慢。明政权建立后，明太祖采取减免百姓赋税、鼓励开垦荒地等政策，以求民众得到休养生息。王金庄更是以修山田为本，广收菽黍为生。进入清代，尤其到了康熙、乾隆年间，因为较长时间无战乱，人们的生活相对安定，人口增长较快，先民一门心思在修田上。夏战盛暑，冬斗严寒，以多开一垄梯田就多一份生存根基的决心，修田不止。仅建于这一时期的梯田，就占区域内梯田总量的三分之一。到了清末民国时期，尽管政府腐败，战乱不断，但是人们修梯田的热情不减，总是“乱时避之，稍安则修”。在抗日战争和解放战争时期，边区政府为了粉碎敌人的经济封锁，号召民众开展大生产运动，努力实现“耕三余一”的奋斗目标。人们长年累月，节岭穴年，秉愚公移山之志，承祖辈开山不懈之决心，使层层梯田不断由低向山顶攀升。

由政府号召、全民动员、集体规划、统一行动的梯田修建是1964年毛主席发出“农业学大寨”伟大号召以后，在上级党委政府的领导下，以大队为单位全村成立了五个治山专业队，在岩凹沟口设有工程指挥部。为了统一作息时间，确保生产安全，指挥部配备了司号员、卫生员服务在工地，常年日出劳动力过百，农闲时200多人。为了调动队员们的积极性，队与队之间展开劳动竞赛，一月一评比，半年一总结，哪个队获胜，流动红旗就插在哪个队的山头。以600多个工时才能修一亩梯田的速度，整整10年，兴修了岩凹沟，治理了高峧沟，开发了桃花水岭，新修梯田500多亩。截至2021年，共有梯田27 291块（其中撂荒地5958块），面积6554.72亩（其中撂荒地1378.03亩），石堰长1 885 167.72米（其中撂荒地407 648.38米）；梯田内栽有花椒树170 512棵，黑枣树10 681棵，核桃树10 080棵，柿子树1278棵，杂木树4127棵；田间地头石庵子1159座；田头路旁水窖159眼，蓄水池10座，泉水17眼。如石崖沟、东峧沟、漆树沟等带“沟”字的地名66个；寨洼、梨树洼、水南洼、南峧洼等带“洼”字的地名54个；带“坡”字的地名41个；称“垴”和“峧”的地名各31个，称“岭”的地名21个；尖山、虎头山等带“山”字的地名13个；称“磢”的地名12个，称“旮旯”的地名11个。为了使志书条理清楚，结构合理，根据普查资料，以24条大沟为章，120条小沟为节，共420个地名所处位置、历史沿革、地名来历及传说在每一节中逐一呈现。经过深入普查，挖掘出了王金庄有史以来首次知晓的第一手资料，如全村最长的地块在大崖岭沟，绕过三角四弯长达420米，数一数二高的石堰分别在石流磢的南沟（高7.9米），和大南沟南岔的石崖沟（高7.2米）。

根据历史记载，1946—1947年土地改革时，在边区政府领导下实际丈量，涉县旱作石堰梯田王金庄核心区梯田耕地面积是 3850 余亩。这次梯田协会普查以后，耕地面积怎么就成了 6554.72 亩了呢？因为王金庄是边远山区，梯田石厚土薄，三类地占的比例大，为确保与其他地方的耕地地力和生产水平相一致，一是只丈量当时耕种的土地，撂荒地不丈量；二是在丈量时，梯田两头以牲口回转头算起；三是堰根堰边各除去一垄（这部分因受地理和气候影响，作物生长一般不如梯田中心）；四是从 1948 年到现在，勤劳勇敢的王金庄人不管是在中华人民共和国成立初期，还是在 20 世纪 60 年代到 70 年代初期，修建的梯田以及拚的挠荒地，尤其农业学大寨十多年，大战岩凹沟前后修建出来的 500 多亩均不在统计范围内。梯田协会的这次普查，根据制定的方案，只要有石堰的不管是耕种的还是撂荒的一律丈量，地角两头和堰根堰边从垒堰石以里量起，这样一来梯田亩数自然要比土地改革时统计的耕地面积大出一部分。

一山山、一洼洼的生命田是世代王金庄人一镢镢、一锨锨、一寸寸、一块块、一摞摞积累而成。从审视地形到垒堰挖土，从配套设施建设到持续维修，人们吃过多少苦，流过多少汗，无法言表。

每当兴修一面坡时，有经验的老农总是先审视地形，从哪里扎根基，一面坡要修几块，每块堰要垒多高，需要几道弯，均需做到心中有数。不然，堰垒高了，渣土填不满，从远处运，又运不起；堰低了，渣土有剩余，还得往远处运，也不现实。所有这一切，均需做到因地制宜，提前谋划，依山就势，起高垫低，浑然天成。

在修梯田的过程中，垒堰是关键，故有“堰成地就成”之说。这道工序，看似笨拙，人人皆能，其实不然，既得有力气，还得有技术，熟练掌握修地垒堰安石头的基本要求。垒石堰通常是先将大块石头垒在根基，越往上石块越小。垒地堰安石头正好与盖房子相反，盖房子时上层石头会盖过下层石头，这样雨水潲到墙上流不到屋里，垒地堰需要下层石头大，上层石头小，大体形成微梯形状，这样垒出的地堰，可防内攻，雨季不易坍塌。地堰多为下半截厚，越往上越薄，如 3 米高的地堰，1 米以下 0.5 米厚；1~2 米高时厚 0.3 米；2~3 米高时，大部分厚在 0.2~0.25 米之间，这样既牢固又可以增加土地面积。

石厚土薄是王金庄的一大特征。因为缺土，人们视土如金，每修一块梯田，无论大小，对土壤总是绞尽脑汁地精打细算。排好根基后，先把将要埋在底层的土翻到高处，把乱石碎渣埋到下边，再用土敷在乱石上面。土层薄厚不能低于 0.5 尺（1 尺 =0.33 米），否则不能耕种；低于 0.5 尺时，就得想方设法从土厚处用人抬肩挑的办法让土层达到要求。因为山坡上的土多与石渣混在一起，为了让土质纯些，需要将石子过滤掉。民国以前修梯田时，一边填土，一边用铁耙子搂，让碎石掉下，净土在上，以此修成梯田雏形。民国以后，铁丝逐渐在民间使用后，人们发明了用铁丝制成的过土筛子，这样既提高了生产效率，又保证了土壤质量。

当你漫步山田，品味这一人间奇迹的时候，会发现不少地块较长，转过三角两弯时，总要从地堰中间斜着往外插一串石头，形成一个堰中石梯，以方便行走。还会发现，有不少地堰上有拱券，这些拱券具有抗洪水、防倒塌的功用。还有不少地堰根、路边、地头有不少随地就势建成的地庵子和石庵子，这些本土建筑虽其貌不扬，但具有夏避雨、冬防寒、战躲难的多重功效。在烽火连天的抗日战争时期，不少乡亲们就是躲在这些地庵子里转危为安。1942 年日寇对太行根据地实行九路围攻，太行区党委书记兼太行军区政委李雪峰就曾避难在大南沟的地庵子里指挥反扫荡。这些构筑物掩藏过不少八路军一二九师伤病员、军用物资、档案资料，为战胜敌人、夺取胜利发挥了积极作用。为耕地时用水方便，直到今天，田间地头打了水窖 100 多眼，这些水窖不仅方便了人们种地时野炊用水，而且还在旱时播种、浇灌蔬菜方面发挥作用。

在村党总支书记，全国第四届、第五届人大代表王全有的带领下，经过 10 年的奋战，王金庄大面的荒山修成了梯田。1974 年春天，治山专业队又转向了新的工地，即改河造田，修建人造小平原。日出劳力 120 人，从村北沟桃花水沟开始，从河沟用石头甃成 2.5 米 ×2.5 米的涵洞，并建塘坝 5 座，水池 4 座，石桥 3 座，修地 200 多亩（1 亩=666.67 平方米）。王金庄公社为了扩地增收，从村前寿水岭，凿通高 3.5 米、宽 3.5 米、长 50 米的隧道，用三合土和泥建 40 米长的拦洪坝一道，造地 35 亩。这些汗水铸造起来的太行梯田，为高产增收、解决百姓温饱发挥了较大的作用。

俗话说“铁打的家具也有坏”，何况石筑的梯田。每年夏天遇到大雨或山洪暴发，总有部分梯田被冲毁或石堰坍塌，为了能继续耕种，人们总是不遗余力，常毁常修。另外，梯田堰边 1 米以外经常生长小槐叶，这种藤条植物孳生力极强，与庄稼争肥争水，只有从堰边挖 0.5~1 米的深沟将小槐叶连根拔掉，重新将地堰垒好，把土壤回填平，才能确保地力正常发挥。所有这些均是较繁重的劳动。为了确保生命田不被侵害，勤劳的王金庄人常常冬闲变冬忙，不分明黑地劳作在梯田里，对每一块梯田做到定期保养，深度修理，科学播种，确保年年丰收。

为了更好地充实《历史地景：河北涉县旱作石堰梯田地名文化志》的内容，经全体编撰人员的不懈努力、广泛收集，整理出“桃花水岭的传说”“漆树沟的来历”“犁马峧的传说”“石马寒的传说”“明国寺的来历”等地名故事 220 个，比较典型的有 150 个。这些故事挖掘出了梯田文化的根脉。

勤劳勇敢的山里人，用辛勤的汗水，打造了梯田，梯田也源源不断地为一方子民提供了多样的食物保障。按常人的眼光审视，在如此高山狭窄的穷乡僻壤，其实是“一方水土养不了一方人”。但是祖祖辈辈的王金庄人不离不弃，深深眷恋着这里，用人定胜天的豪情壮志向山坡要效益，向沟壑要成果，硬是养活了一方人，养育出了无数勇于吃苦耐劳、敢于开拓争先的人。经过祖祖辈辈打造，形成了数万块大不过亩、小只有丈的山间梯田。

受经济大潮的影响，村民弃农从工的愈来愈多，致使山田已有21%被撂荒，并呈现出愈荒愈多的趋势。这次旱作梯田的普查，首先让参与普查的志愿者深刻地认识到，祖辈们用愚公移山的精神持续性地开发了梯田，梯田也养育了一代又一代山里人。传承、保护、开发、利用好这些梯田是当下我们这一代人的使命和担当；其次通过这次普查，摸清了王金庄域内梯田的家底，挖掘梳理出了较多的地名文化的渊源，对于世人尤其是青少年热爱家乡，进而投入乡村建设，有着重要的意义。

十
倒岐沟
九
岭沟
七
大崖岭
八
石花沟
六
滴水沟
五
石井沟
四
大南沟北岔
大南沟南岔

十六
大桃花水

十七
小桃花水

十八
灰峧沟

十五
花水大西沟

十四
有则水沟

十三
石岩峧

十九
萝卜峧沟

沟

十二
鸦喝水

二十
高峧沟

二十一
犁马峧沟

二十二
石流碶

二十四
青黄峧

东峧沟

二十三
康岩沟

崔永斌　摄

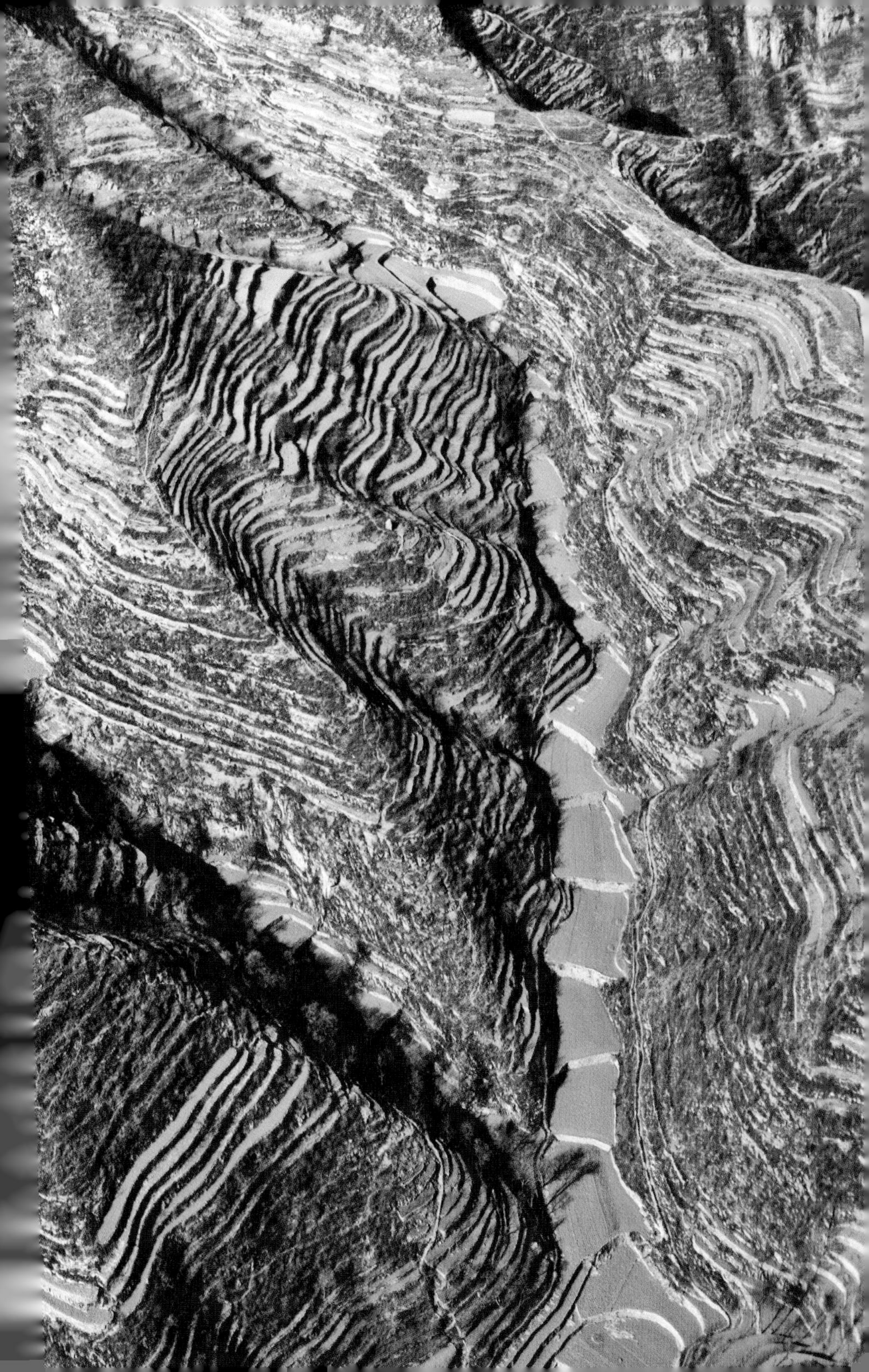

温双和　摄

一　小南东峧沟

小南东峧沟是王金庄24条大沟之一，包括寨洼的和窟窿沟两条小沟，最远处为东峧岭。该沟呈南北走向，东与青黄峧和康岩沟相接，西至王金庄五街村村头，南至小南沟梨树坡前角，北至南坡的缸窟窿洼。由于它是在小南沟的沟口处向东延伸出的一条主沟，王金庄村前也有一个东峧的，故被称为小南东峧沟。距村大约2000多米，属北温带大陆性季风气候。区域内地势陡峭，多为山坡地。

区域内共有梯田867块，总面积93.63亩，石堰总长43 661米，其中荒废梯田48块，面积11.1亩，石堰长4434米。沟内最大地块不足1亩，最小的地块仅0.01亩。区域内共有花椒树4418棵，黑枣树253棵，核桃树139棵，柿子树39棵，杂木树37棵，石庵子21座（本书总序和导言中的“石庵子”包括明庵子和地庵子，正文中的“石庵子”或“庵子”按村民的习惯指的是明庵子），水窖4口，春秋古兵寨1座，羊驻坡圈1座，天然石窟3孔。古兵寨上方的山顶处有石崖，远望极像一乘轿子，所以被称为轿顶山。其左下方的山洼地，有修梯田时随山就势修建的地道，穿越多层梯田，隐蔽性很好，是战乱时人们藏身的地方。沟内只有前半截渠洼地勉强可算作一类土地[1]，总面积不足10亩，

1　土改时评定粮食亩产量一石六斗以上为一类土地；亩产量一石二斗至一石五斗为二类土地；亩产量一石一斗以下为三类土地。一石等于150公斤。

113°86'E 36°58'N
ASL 702~897m
ASL
1100m
区域占总量比例
梯田 93.63 亩
1
2
石堰 43 661 米
1
2
花椒树 4418 棵
1
2
1
寨洼的
2
窟窿沟
600m

其余绝大部分为二、三类土地。大部分土质为白渣土质，不耐旱，只有北沟和后沟地段为黑渣土质，比较耐旱。

区域内所有土地，均适宜种植谷子、高粱、玉米、青豆、黑豆、绿豆等粮食作物，其中一类土地适宜种植红薯、北瓜、白菜、南瓜、土豆、豆角、红萝卜（王金庄对“胡萝卜”的叫法）、白萝卜等多种蔬菜。由于区域处于阴坡，除沟口极少部分土地外，其余的土地都不适宜种植小麦。东峧坡地段土质最差，渣多土少，极不耐旱，为三类土地。区域内各类土地，都适宜种植柴胡、知母、荆芥等多种药材。山坡上，夹堰内到处都生长着绿油油的野生韭菜，比人们在园子里种植的韭菜味道更浓郁。在地里干完活，收工往回走时，不时有人随手采上一大把韭菜，回家做一顿香喷喷的韭菜饺子。

1　寨洼的

寨洼的另包括东峧坡、南崖圪台、轿顶山、三昌后坡、东峧渠、东峧后沟、南坡寨，共 8 个地名。东经 113°82'，北纬 36°58'，海拔 734~897 米。东至南坡缸窟窿沟，西至东峧后沟，上至古兵寨岭，下至村庄。位于王金庄村南边，离村庄很近，由十几个坡坡垴垴和小沟组成，是小南东峧沟的一个重要地理标志。寨洼的地块不算太大，多数都是坡地，最大田块有一亩多，最小不足一分（1 分 = 66.7 平方米），梯田石堰平均高达 3.5 米左右，堰长在 120 米左右。沟口有个很明显的标志，就是去往古兵寨的方向示意图，顺着小路 20 分钟就能到达古兵寨。寨洼的东侧山峰陡峭壁立，路径难寻，无法攀援，而峰顶较为平缓，呈不规则圆形。

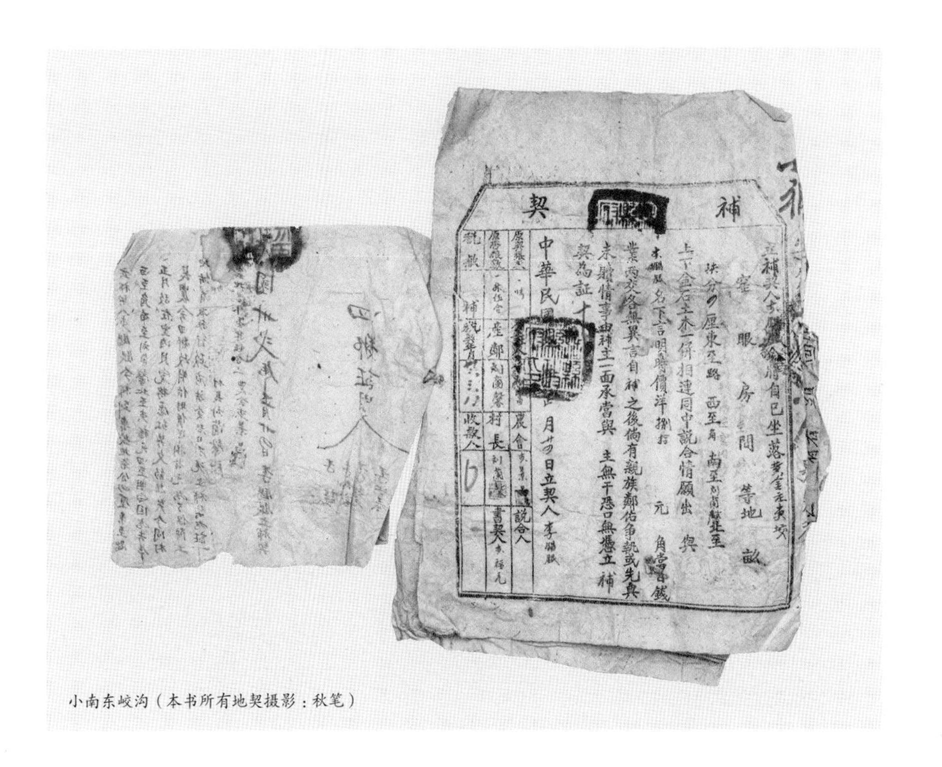

小南东崾沟（本书所有地契摄影：秋笔）

寨洼的共有梯田 502 块，梯田总面积 56.43 亩，石堰总长 21 839 米，其中荒废梯田 40 块，面积 9.3 亩，石堰长 4219 米。区域内共有花椒树 4147 棵，黑枣树 231 棵，核桃树 117 棵，柿子树 33 棵，杂木树 29 棵，石庵子 17 座，水窖 2 口。半山坡有 1 座羊圈。

寨洼的属红土地，土层较薄，地块面积较小，不耐旱，是典型的坡地，适宜种植玉米、高粱、大豆、谷子、青豆等耐贫瘠粮食作物及花椒树、柿子树、木檫树、黑枣树等果树。不适宜种植土豆、红薯、小麦等对土壤肥力要求高的作物。南崖圪台有几块较大的梯田，土层厚，土质也较好，20 世纪 90 年代以前，每年都种小麦，一年收获两季，属一类土地。21 世纪初至今，因买面比种植小麦磨面便宜，就没人再种植小麦了。

南坡古兵寨　王金庄五街村对面南坡的山顶上有一座春秋时期建的古兵寨，

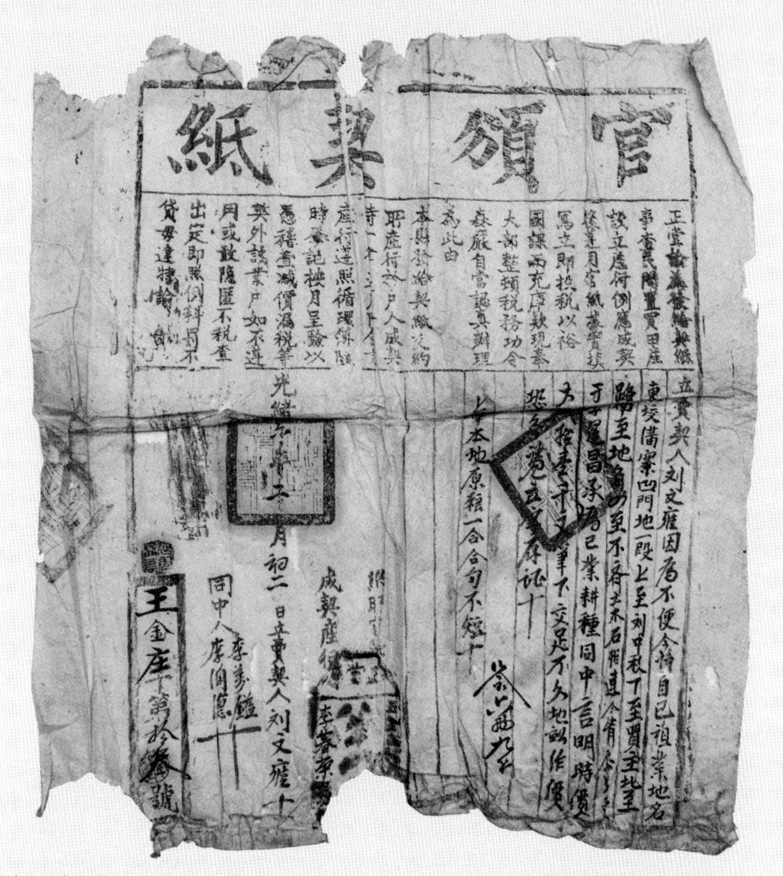

小南东峻沟寨洼的

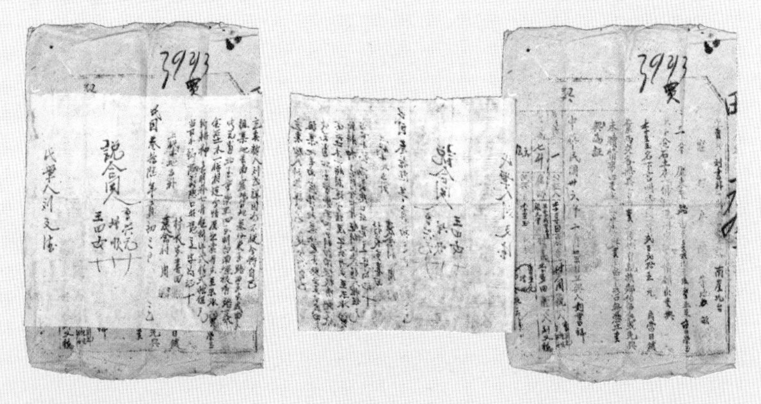

小南东峻沟南崖圪台

就称此洼为寨洼的。

南坡古兵寨在村南坡的山顶，东西长 71 米，平均宽 30 多米，总面积为 1349 平方米。据传说，古兵寨始建时正值“晋国八年内乱”。赵国大夫赵简子就在涉县城东井店镇所辖境内屯兵，在交通要道处山头上修建了多处烽火台，南坡寨就是其中之一，并在这里养精蓄锐，为之后收复邯郸、建立赵国打下坚实的基础。因此处后来属刘氏家族所有，所以每逢战乱，刘氏族人就带着全家老少到寨中躲避战乱。明朝之后，人们就称之为刘家寨。2018 年，四街村民李书林自筹资金，对此古兵寨进行修复，在修复过程中，得到了井店镇政府和村民的大力支持，使其历史风貌得到重现。

小南轿顶山　相传很久很久以前，有一位仙女，名叫碧霞，上有两个姐姐，一个叫灵霞，一个叫芸霞，因她排名老三，人们又称她三奶奶。她在天庭烦闷了就偷偷地下到人间四处游玩。当她看到有钱人家的女孩出门都是坐着轿子，她也雇了顶轿子，让人抬着。她游到此处时，发现这里特别幽静，山清水秀，鸟语花香，人们也特别勤劳善良。她抬眼望去，对面的白玉顶更是秀丽壮观，于是飞身到对面的白玉顶山上驻足观望，俯瞰全村，炊烟袅袅，流水潺潺；环顾四周，群山矗立，坡岭相连，植物茂盛，果品多样，真是人杰地灵的好地方。如果在这里立座庄宅存身，一定很好。她主意已定，就把轿夫们遣散了让他们把轿子留下来，以备之后出行时用，久而久之，就形成了轿顶山。

东峧坡　东峧坡在寨洼的后面，东至三昌后坡，西至南坡，南至古兵寨，北至田间小路，是小南东峧沟东帮（王金庄方言里“帮”是“边”的意思）上最前面的一面坡。这里地形倾斜，没沟没洼，梯田从东峧路东面的帮上逐级向上。

南崖圪台　南崖圪台在寨洼的下面，东至东峧坡，西至南坡，南至古兵寨，北至马路，是一个大约 30 米高的土崖头。王金庄崖头大多是很高的石崖，和这些石崖相比，这里就算不上崖头，只不过是一个高台，就是王金庄方言里很多名词前的“圪”，如圪道、圪脸、圪嘴。所以寨洼的下面的土崖头不叫南崖，也不叫高台，而称为南崖圪台。

三昌后坡　三昌后坡位于小南东峧沟东面帮上，东至沟底，西至路，南至东峧坡，北至山垴。因为这面帮前面有个东峧坡，后面还有一面坡，后面坡上的梯田是刘三昌开垦的，所以叫三昌后坡。

（曹翠晓收集，李书吉整理）

2　窟窿沟

窟窿沟另包括渠的地和西帮的，共 3 个地名。东经 113°82'，北纬 36°58'，海拔 723~895 米。东至东峧后山岭，与康岩沟相连，西至沟口，上至山岭，下至河沟。该沟位于小南东峧沟的中西部，距村庄大约 500 米，是距村庄比较近的地块。渠的地地势低，雨季易走水，但它的优势是特别抗旱，被称为丰产田。西帮的因在窟窿沟西边，简称为西帮的。

区域内共有梯田 365 块，总面积 37.2 亩，石堰总长 21 822 米。其中荒废梯田 8 块，面积 1.8 亩，石堰长 215 米。区域内共有花椒树 271 棵，黑枣树 22 棵，核桃树 22 棵，柿子树 6 棵，杂木树 8 棵及垴头的柏树林，石庵子 4 座，水窖 2 口。另有 3 座天然石窟窿，是此地的明显标志。

窟窿沟土地分渠地和坡地两种，渠地属红土地，大部分土质偏黏，地块比较大，土层较厚又比较抗旱，是一类土地，适宜种植玉米、大豆、高粱、小麦等粮食作物和黄瓜、茄子、吊瓜、白菜、萝卜等多种蔬菜，也适宜种植核桃树、花椒树、黑枣树、柿子树、木橑树等耐旱果树。坡地面积小，地块狭窄，半山腰以下为二类土地，适宜种植玉米、大豆、高粱等粮食作物和豆角、红萝卜、南瓜等蔬菜，也适宜种植油葵、油菜、荏的等油料作物，尤其适宜花椒树、核桃树、黑枣树、柿子树等果树的生长，但不适宜种植小麦；靠岭头的土地为三类土地，土层薄，石渣多，土质差，只适宜种植谷子和稙青豆、小豆、赤小豆、蚕豆，蔬菜可种南瓜、土豆和豆角等。

窟窿沟　地域内有 3 个石窟窿，一个高 2 米多，一个高 1 米，还有一个较小，但都不深，最深的一个也只有 2 米多深。下雨时，人们可以躲进去避雨，正因为这三个石窟窿，人们称此地为窟窿沟。

（曹翠晓收集，李书吉整理）

地块历史传承情况

1　寨洼的

开发　刘氏祖先、李松德、曹氏先人
1946　李松德、李凤苍等和四街曹只定等
1956　五街、四街、二街大队
1976　五街三队
1982　五街第三生产小队李明榜、李学亮、李学太等

东峧坡、南崖圪台和南坡寨下

开发　最初刘氏祖先所有，后部分归李、曹、张等家族所有
1946　刘重新、刘福进、刘区廷等家庭
1956　王金庄三街、四街和五街大队
1976　王金庄三街、四街大队
1982　三街村民曹壮定、曹刚定等家庭和四街村民李勤国、刘现怀等家庭

轿顶山、三昌后坡、东峧渠和东峧后沟

开发　最初刘氏祖先所有，后由刘、曹、李多个姓氏家族所有
1946　刘三昌、李起堂、李加旺等家庭
1956　三街、四街和五街大队
1976　五街大队第一、二、三、四、六生产小队
1982　五街大队第一、二、三、四、六生产小队

2　窟窿沟

开发　刘氏祖先
1946　刘水廷、李松堂、刘曹顺等
1956　三街、四街和五街大队
1976　五街大队
1982　李香海、李争德、李凤魁等

涉县农业农村局提供

二　小南沟

小南沟是王金庄旱作梯田 24 条大沟之一，包括小南前东沟、小南后东沟、没路洼、荒峧梨树洼、荒洼的、小南西沟共 6 条小沟。东至小南东峧沟北角，西至小南西沟及伙洼上岭，南至小南尖山（小南尖山是王金庄区域内最高山峰），北至村头。此沟呈西南—东北走向，沟口至沟底长 1600 多米，该区域最大地块面积为 2 亩，最小面积不足 0.05 亩。沟深坡陡，地块狭窄，大块地少，阴坡地多，日照时间较短。

区域内共有梯田 1816 块，总面积 331.77 亩，石堰总长 89 810.5 米，其中荒废梯田 87 块，面积 36.4 亩，石堰长 9991 米。区域内共有花椒树 3852 棵，核桃树 621 棵，黑枣树 223 棵（其中百年以上黑枣树 7 棵），柿子树 39 棵，杂木树 125 棵及各坡垴的松柏林，后石摞和荒峧梨树洼还有 8 棵山楂树。此沟共有水窖 5 口，石庵子 70 座，后石摞有石灰窑 1 孔。20 世纪五六十年代人们还用此窑烧石灰。西沟门前建有 1 座水柜[1]。

小南西沟往前至橡壳的这段渠洼地，日照时间较长，土地多是红、黑土相混合土质，均为一类土地。土层厚，有黏性，耐旱，适宜种植小麦、谷子、玉米、高粱、豆类、黍子等粮食作物，也

1　水窖内空间为圆锥体，水柜内空间为正方体或长方体。水柜一般盛水量要多些，过去老式的是水窖，水柜是最近二十来年才修的。

113°82'E 36°98'N
ASL 620~1093m
ASL
1100m
区域占总量比例
梯田 331.77 亩
1 2 3 4 5 6
石堰 89810.5 米
1 2 3 4 5 6
花椒树 3852 棵
1 2 3 4 5 6
1
小南前东沟
6
小南西沟
2
小南后东沟
5
荒洼的
3
没路洼
4
荒峧梨树洼
600m

适宜种植土豆、豆角、南瓜、北瓜、丝瓜、黄瓜、茄子、青椒、红萝卜、白萝卜、大白菜、油菜等蔬菜。还适宜种植柴胡、丹参、荆芥、知母等药材。渠洼地东西两边为山坡地。半山腰往下和西沟以后至后石摞的渠洼地均属二类地，黑土较多，土层较厚，较耐旱，因沟狭窄，日照时间短，只适宜种植稙庄稼，如稙玉米、稙谷子、高粱和豆类等。也适宜种植土豆、豆角、南瓜、白萝卜、红萝卜等蔬菜。半山腰至岭边垴头均为三类土地，土层薄，渣多，土焦，耐旱性差，适宜种植的作物和二类土地一样。若遇干旱年，收成甚微，甚至绝收。整个区域的山坡上都生长着野生柴胡、远志、苍术、沙参、前胡、地榆、黄芩等多种中药材。在山坡上、沟碶[1]处和夹堰根，到处都生长着杨桃叶（学名杠柳）、灰灰菜、苦菜、杏仁菜（学名苋菜）、滴滴菜（学名沙参）等野菜，而且韭菜非常多，满山遍地。

小南沟与大南沟（包括大南沟南岔和大南沟北岔）为姐妹沟，因其地块没有大南沟大而称为小南沟。

相传，刘氏先祖迁至王金庄村时，小南沟归其所有。他们在沟口处的石崖下搭了一个草棚，算是安身之所，然后带领子孙们一边在区域内筑堰修田，一边在村中修盖房屋。经过一年又一年辛勤劳作，他们不但住进了新房，粮食收入逐年增多，子孙后代也越来越多，家庭兴旺发达起来。为了解决饮水问题，他们在下泽的河沟处挖了一口井。

清乾隆时期，当地县太爷的太太难产，全县有名的医生都请了个遍，但个个束手无策，县太爷就张贴出了告示。刘敬明见到告示后就到县衙，请求诊断，县衙内很有名的医生都不屑地一笑。县

1 碶的特征是，地形像小沟，坡度陡，由于长期水土流失，冲刷得只剩下乱石头或石多土少的小沟，这样的沟就叫碶。

太爷说："好吧，豁出去了，死马当成活马医吧！"只见这位刘氏先人，隔着县太太的衣服往她身上扎了两根银针，一会儿婴儿落地，两手心各有一个小红眼，众人称奇，真乃神医也！于是，刘敬明被推荐上报，授予八品耆宾职衔。他从此名声大振，家庭随之富裕起来。他的儿子刘永福为监生，曾与更乐村探花同窗。探花在没有考取之前还不断地来刘家切磋学问，相互学习。

（曹翠晓收集，李书吉整理）

1　小南前东沟

小南前东沟另包括梨树坡、铁旦崖根、小东沟，共4个地名。东经113°82'，北纬36°58'，海拔758~1077米，呈东西走向。前至梨树坡，后至水柜台阶，上至山岭，下至渠洼地。小南前东沟位于小南沟的前段部分，离村庄比较近，大约10分钟路程，但要到岭头，至少需要步行1个小时。沟内道路平均宽3米多，可以行车，交通十分便利。沟壑内分坡地和渠洼地两类。由于地块都比较大，离家近，所以前东沟种植种类特别多。一进小南大路，左侧都是渠洼地，中间还有几个比较大的地块。但在1996年和2016年两次洪水中被冲毁的地段至今都未修复。在2000年，村民发现核桃价格上涨，就栽种了大量的核桃树，近几年核桃价格明显下降，又有不少村民砍伐核桃树，重新栽上花椒树。沟内共有梯田279块，总面积45.9亩，石堰总长7535.5米，其中荒废梯田3块，面积0.5亩，石堰长390米。区域内现有花椒树849棵，核桃树573棵，黑枣树56棵，杂木树29棵及山坡封山育林栽种的松柏树。区域内有石庵子22座，水窖1口。明显标志是前东沟中洼有个备战暗洞，进去连串五层土地。梨树

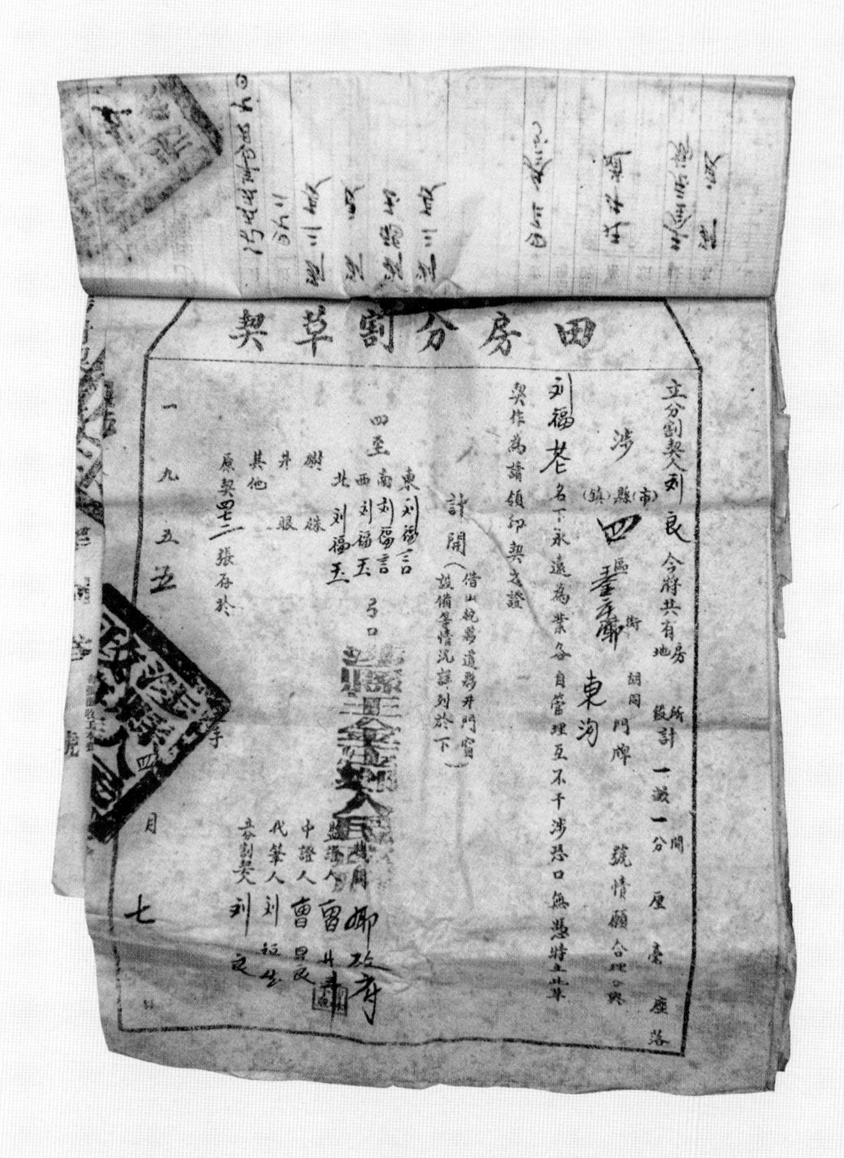
田房分割草契

立分割契人刘良今將共有地房所計一畝一分 間 座坐落涉（市）縣（鎮）四區[illegible]鄉街東沟胡同門牌號情願合股[illegible]刘福[illegible]名下永遠為業各自管理互不干涉恐口無憑特立此草契作為請領印契之證

計開（借山就勢道路井門窗設備等情況詳列於下）

四至 東刘福言 南刘福言 西刘福玉 北刘福玉

樹 株 井 眼

其他

原契四七二張存於 手

一九五五年 月 七 日

中證人 曹[illegible]

代筆人 刘[illegible]

立分割契 刘良

小南东沟

坡下口处有个水柜，为 2017 年时任王金庄五街村党支部书记李同江带领群众修建。

小南前东沟分渠地和山坡地两种耕地类型。渠地土质为红黑土，偏黏，耐旱，地块比较大，土层也较厚，为一类土地。适宜种植玉米、大豆、高粱、小麦等粮食作物，和红薯、豆角、萝卜、白菜、茄子、青椒、西红柿、南瓜、大葱等多种蔬菜，尤其适宜种植花椒树、黑枣树、柿子树等果树。

山坡地土质为白渣土，地块面积小，土层也比较薄，均为二类土地。适宜种植玉米、大豆、高粱、黍子等粮食作物和南瓜、红萝卜、白萝卜等蔬菜，但产量较低。土地堰边也可以种植红小豆、绿小豆等。2000 年以前的渠洼地年年种植小麦，收了小麦还能种植秋收作物，如晚玉米、晚谷子、大小黄豆等，一年两季。进入 21 世纪后，由于粮食市场的繁荣，种小麦磨面吃不如直接买面合算，就没人种小麦了。

梨树坡　　小南前东沟的四个地名中，最有历史意义的是梨树坡。在战乱时期，人们需要进山躲藏，却不能生火做饭，不然会暴露目标，所以就想到在山坡上栽种果树。山坡上是红黏土，很适合果树的生长，人们就栽种了大量梨树。

如今梨树种植已日渐衰微，取而代之的是花椒树、黑枣树，但梨树坡的名字保留了下来。

前东沟地庵子　　清末民初，战乱频发，人们为了保住性命，逃避战乱，在修田筑堰的过程中，修筑了很多暗庵子，相当于地下室，俗称地庵子。有的几个相连，也有的随着山坡自然的石缝隙，上下穿越多层梯田，形成完整的地道。前东沟的暗道就是其中之一。

前东沟地道是王金庄五街李丑小带领他的儿子李毛顺、李仓顺修建的。该暗道上下各有一个出口，七拐八拐，上上下下，穿越五层梯田，每层的石堰中都有向外瞭望的窗口，可随时观察外面的情况。

20 世纪 40 年代，日寇大扫荡时期，李丑小全家人及其主要亲戚就躲藏在这个地道内。正是因为有这样的暗道，人们才保住了性命，逃过了劫难。

铁旦崖根　　铁旦崖根在小南前东沟后面，东至梨树坡，西至前东沟，南至山垴，北至渠地。此沟由张铁旦开垦，崖头以上是荒坡，凡能开出小片地的地方都拚成了挠荒（非耕地），好地主要在崖根以下。“铁旦崖根”是由人名和地形组成的地名。

小东沟　　小东沟在铁旦崖根后面，东至铁旦崖根，西至大东沟，南至山垴，北至渠地，总体方位在小南沟东面，因还有一个前东沟，为区分两条东沟，把小一点的东沟叫成了小东沟。

（曹翠晓收集，李书吉整理）

2　　小南后东沟

小南沟前后有两个东沟，因小南后东沟的地理位置在最后，人们为了区别两个东沟，就自然而然地称其为小南后东沟。小南后东沟另包括南垴、南垴路的，共 3 个地名。东经 113°82'，北纬 36°58'，海拔 740~1077 米。东至南岭（与康岩沟岭头系为一脉），西至沟口，与西沟门相连，南至没路洼前角，北至小东沟后角。小南后东沟位于小南沟中段，沟口处距村头有 1000 米左右，最远处的山岭距村头有 2000 多米。1000 多米长、3 米多宽的水泥硬化路从村头通到沟口。2014 年，在县有关部门的支持下，时任五街村支部书记李同江领导村民在沟口处修建了 1 座水柜，能存蓄 45 立方米水，基本解决了村民在地里干活时的用水问题。

小南后东沟共有梯田 258 块，总面积 78 亩，石堰总长 38 070 米。其中荒废梯田 28 块，面积 17 亩，石堰长 4950 米。区域内

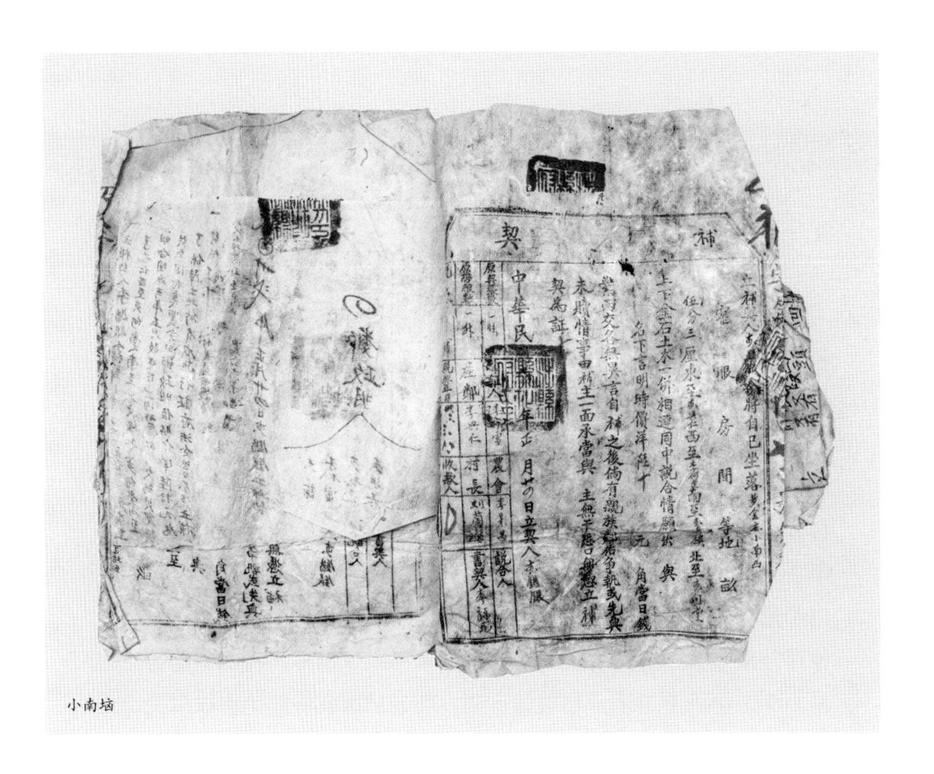

小南垴

共有花椒树 216 棵，黑枣树 19 棵（其中百年以上黑枣树 4 棵），柿子树 5 棵，杂木树 13 棵，山上有松柏林。区域内共有石庵子 10 座，地庵子 9 座。

小南后东沟大部分是坡地，红黑土，土层较厚，在阴坡，耐旱，属二类土地，作物产量较高，适宜种植玉米、高粱、谷子、豆类等粮食作物，和萝卜、南瓜、豆角、白菜等蔬菜，还适宜种植油葵、荏的、油菜等油料作物，更适合种植花椒树、核桃树、柿子树、黑枣树等果树。不适宜种植小麦等喜肥作物。

南垴路　　南垴路在小南后东沟沟底的崖头上，东至后东沟，西至南崖圪台，南至上垴，北至沟中主道，沿石崖旁边的“之”字形山路攀上崖头，过一条横路继续往上岭走，就可到达南岭。崖头以上地区统称南垴路。

（曹翠晓收集，李书吉整理）

3　没路洼

没路洼另包括南崖圪台，共2个地名。东经113°82'，北纬36°57'，海拔726~1085米，上至岭头，与槐不策系一岭，下至洼底，北至南垴后角，南至梨树洼（也叫山楂树洼）。在小南沟后端，距村庄约1500米，为山洼地。该洼南北走向，地势陡峭，所以没有大的地块，最大的地块也只有0.3亩。地处阴坡，墒湿耐旱。下洼口处梯田很短，梯田堰长不足10米，越往上越长，呈扇子形状，最长的石堰长达200米。

没路洼最早为刘进只家庭所有，因其家中人少地多，特别是男劳动力少，耕种不过来，在清朝后期，刘进只家就将此洼中段以上的地和坡卖出，而该洼下口地好，就没有卖。要去该洼上半段种地，就得走刘进只的耕地。由于买卖契约上没写去往上半段土地和山坡的路径，因此得名没路洼。

该区域共有梯田285块，总面积25.3亩，石堰总长7258米，其中荒废梯田8块，面积4.2亩，石堰长980米。区域内共有花椒树492棵，黑枣树36棵，核桃树3棵，柿子树3棵。共有石庵子9座，水窖2口。

没路洼属红土土质，土地面积较小，阴坡，耐旱，每年作物产量较高。适宜种植玉米、高粱、谷子、豆类等粮食作物和豆角、南瓜、红萝卜、白萝卜、白菜、小菜（油菜根）和菜根（蔓菁）等多种蔬菜，还适宜种植油葵、茬的、油菜等油料作物。尤其适宜种植花椒树、柿子树、黑枣树等果树。因为此区域海拔高，又地处阴坡，所以粮食和蔬菜只适宜种植春播秋收的稙庄稼，如夏至以后播种，则不会有收成，故有“夏至高山不种田”的说法。

南崖圪台　南崖圪台在没路洼下面，东至南坡，西至东峧路，南至古兵寨，北至五街村。南崖圪台以石崖低而命名，高为耸，陡为峭，不耸不峭即为台，因方言中大多地名带“圪”，所以此地叫南崖圪台。

（曹翠晓收集，李书吉整理）

4 荒峧梨树洼

荒峧梨树洼另包括后石摞和小南尖山，共3个地名，东经113°82'，北纬36°58'，海拔804~1093米。东至西沟，西至后石摞，南至南崖圪台，北至上垴，距王金庄村头2000米左右，是小南沟最后边的一段区域。再往南就是小南尖山，山峰的背面为张家庄管辖，顶峰南边阳坡处又属西坡村管辖。人们有一句“小南尖山，顶着老天”的口头禅，形容小南尖山山峰非常高。王金庄所辖的这面就是荒峧梨树洼和后石摞的顶峰。后石摞由正洼和南北两个碳组成。正洼十分陡峭，山坡上没有梯田，南洼的下口处仅有两层梯田。距顶20米处也有两层梯田，但均非耕地。此碳全是大小不等的乱石，而这里的石头很不规则，说方不方，说圆不圆，没有一个平的面，人们称之为“狗头石头”。尽管不能垒堰修梯田，但是优质的石灰岩是烧制白石灰的好原料，因此在清代就有农民建有一座石灰窑。

荒峧梨树洼简称梨树洼，清朝时期洼内有很多梨树，植被非常茂盛，树木枝繁叶茂，粗壮高大，因此得名。

荒峧梨树洼域内面积虽然较大，土地却不多。共有梯田136块，总面积69亩，石堰总长4728米，其中荒废梯田3块，面积3.6亩，石堰长150多米。石堰高度在2米以上，多块梯田的石堰高于3米。距山峰峰顶约20米处的山坡上有1块梯田，是20世纪60年代刘起正修建的，面积不足0.1亩，是王金庄区域内最高的一块梯田。区域内现有花椒树 345 棵，黑枣树 9 棵，山楂树 7 棵，柿子树 5 棵，杂木树 12 棵，石庵子 3 座，较大的地庵子 1 座。距小南尖山峰顶下方不远处，有 1 个石屋岩，能容纳十多个人进去避雨。

该区域内的梯田都是山洼地，土质为红黑渣土相间，土层较厚，有黏性，比较耐旱。因该区域在主沟的最后段，海拔较高，气温低，春天寒潮退得迟，秋天来得早，所以该区域只适宜种植春播秋收的稙玉米、稙谷子和高粱、大小青豆等，不适宜种植晚谷和黄豆等。也适宜种植土豆、豆角、南瓜等蔬菜，红萝卜、白萝卜必须在夏至节播种。油料作物适宜种植油葵、荏的。也适宜种植柴胡、党参、知母、荆芥、白芍等多种中药材。山坡上有柴胡、远志、地榆、前胡、豆根、黄芩、丹参、沙参等多种野生中药材。更适宜花椒、核桃、黑枣、柿子、梨树、山楂、木橑、桐树、椿树等树木的生长。

后石摞　　后石摞，东至南崖圪台，西至小南尖山，南至南丫豁，北至北板片。因其南北两个洼内乱石特别多，石头大小不等，七方八圆，层层相压，极不规则地垒摞在洼内。若动其中一块，就会引动多块石头翻动滚落，所以人们把此地称为后石摞。

石灰窑　　在清朝后期，多家村民联合在此处修建了一座石灰窑。这里的石灰岩不但多，而且都是分散的石头，不用放炮起石，比较省工省力。但要想烧制成石灰，却非常不容易。每烧制石灰，都是修盖房屋需要石灰的多户村民联合起来，赶上毛驴，到距王金庄 20 多里（1 里 =500 米）地的武安冶陶镇把炭驮到这里，再把窑坡的红土驮来，和成煤糕，然后装窑烧制。石灰烧制成功后，按照每户供料和用工多少来分配。20 世纪 50 年代后期这里烧制了最后一窑石灰。所幸，这座石灰窑至今还在！

（曹翠晓收集，李书吉整理）

5　荒洼的

荒洼的另包括北板片和崖旮旯，共 3 个地名，东经 113°82'，北纬 36°58'，海拔 804~947 米。前至西沟门当，后至崖旮旯，上至山岭，下至主道路。荒洼的位于小南沟的西边，呈东西走向，离村庄不足 1500 米。

荒洼的地势陡峭，没有大块梯田。该地域半山腰以上的梯田土质差，为黄矸沙土，渣多土少，极不耐旱。若遇大旱之年，人们整整劳作一年，所有期盼都黄了，所以人们就依据其土色和微薄的收入，称之为“黄洼的”，后来逐渐演变成“荒洼的”。

全沟共有梯田 331 块，总面积 24.4 亩，石堰总长 6208 米。其中荒废梯田 20 块，面积 2.5 亩，石堰长 705 米。区域内共有花椒树 161 棵，黑枣树 5 棵（其中百年以上黑枣树 3 棵），柿子树 5 棵，核桃树 2 棵，杂木树 16 棵，石庵子 7 座，水窖 1 口。

此区域坡地多，渠洼地少，地块面积不大，土层较薄，多为白矸土和黄矸土，只有渠洼地正洼地为黑渣土。区域内多为三类土地，所以仅适宜种植春播秋收的稙庄稼，如老品种玉米金皇后、白马牙，老品种谷子马鸡嘴、老来白、来吾县和三遍丑等。蔬菜可种植红萝卜、白萝卜、蔓菁、油菜、南瓜，也适宜种植豆角、青豆、红小豆、白小豆等。山坡上生长有几十种野生药材，如柴胡、黄芩、地榆、苍术、远志、知母、前胡等，这些药材也适宜在田内种植。

北板片　北板片位于荒洼的一面帮上，以石崖为主，是大面积的石圪脸。东至小南西沟，西至南丫豁，南至小南尖山，北至山垴。在本地口语里，“板片”和“圆蛋”相对，板片是片状的，北板片石崖直立向上，像一个巨大的石板，这个地区南北都是这样的地形，故北边地区统称北板片。

崖旮旯　崖旮旯在荒洼的后面，东至渠地，西至南崖圪台，南至南垴，北至路，三面石崖把崖根下面的地域围成低洼的角落状，故称崖旮旯。

（曹翠晓收集，李书吉整理）

6　小南西沟

小南西沟另包括西沟门的、另山洼的、伙洼的、小南西坡、橡壳的、起连坡，共 7 个地名。东经 113°82'，北纬 36°58'，海拔 703~835 米。东至小南前后东沟的渠地，西至伙洼的和小南西岭头，南与小南西沟荒洼的相连，北至王金庄五街村头。此区域面积较大，梯田较多，但因地势陡，大多是坡条梯田，是绝佳的观景地。每到冬季，大雪覆盖，区域内的皑皑白雪和灰色的层层石堰穿插相间，在红日的照耀下，犹如千万条银蛇蜿蜒舞动。区域内各种树木挂着积雪，犹如千树万树梨花开。每到秋天，区域内的农作物成熟了，五颜六色，加上火红的柿子，美不胜收。

该区域内共有梯田 527 块，总面积 89.17 亩，石堰总长 26 011 米，其中荒废梯田 25 块，面积达 8.6 亩，石堰长 2816 米。区域内现有花椒树 1789 棵，黑枣树 98 棵，核桃树 43 棵，柿子树 21 棵，杂木树 48 棵，西沟北阳帮的山坡上，早年生长着很多木橑树。木橑树分公木橑树和母木橑树。公木橑树只开花不结果，但其花人们能当野菜吃；母木橑树的果实虽小，但一大朵朵头有近百粒果实，可生吃，可榨油食用，但味道不香，有点怪味。随着生活水平的提高，人们都不再食用这种油了，于是逐渐将其砍伐殆尽。石庵子有 10 座，小南西沟正洼的中段有两个连在一起的石甃的暗窑洞，半山腰上有一个 20 世纪 70 年代修建的蓄水池，起连坡的顶部有一架移动信号塔。

该区域内除西沟本洼有部分较短的山洼地外，其他的地段都是条坡地。橡壳的原来有几块较好、较大的土地，但都被坟茔所占用，现在完整的地块只有 5 块了。起连坡原来也有几块一类土地，人们称其为七亩，但在 20 世纪 80 年代规划为村民宅基地后，就全部建成了住房。现在，该区域的一类土地面积仅占 5%，70% 的土地为二类土地，三类土地占 25%。西沟下段为黑渣土，其他地段都是白渣土，极不耐旱。适宜种植的粮食作物有谷子、玉米、高粱和豆类，也适宜种植土豆、豆角、南瓜、红萝卜、白萝卜等蔬菜，橡壳的和小南西坡的下边靠大路处还适宜种植北瓜、青椒、西红柿等蔬菜。

1975 年前后，王金庄的粮食产量始终没能提上去。怎么能让旱作梯田不再干旱是老书记李日京经常想的问题。
为了解决这一难题，老书记决定在小南西坡上建蓄水池，想办法把水引到山上去。说干就干，第二天，老书记就带领村民们动工了。经过几个月的艰苦奋战，蓄水池终于建好了，小南西坡的田地可以就近担水播种了。又过了数日，蓄水池周边的管子也埋好了，引水成功了，村民都很高兴。2014 年，在时任书记李同江的带领下，蓄水池又进行了二次加固，确保了村民担水点种用水。

小南西沟的石窑　小南西沟位于小南沟中段，其沟口至沟底相距 1000 米左右，因为王金庄区域内有多个西沟地名，为了便于区别，此沟被称为小南西沟。小南西沟中段山洼地内有两孔用石甃砌的石窑，两石窑并连在一起，中间的界墙上有个石门，总出入口在梯田的石堰上。中门很小，人只能爬着钻进去，但窑内空间较大，每孔石窑有两间房屋那样大，能容纳二三十人。此窑为刘树芝先人在清朝修梯田时所建，其顶部覆盖有渣土，形成完整的耕地，隐蔽性很好，是很好的躲避战乱的藏身之所。
伙洼的　伙洼的在小南西门的前边，小南沟主沟的西帮上。东至田间主道，西至大南沟南岔，南至小南西沟，北至小南西坡，前后共有两个小山洼，两洼中间有一条向上走的石阶小路，至山腰中段岔开，分别向前后延伸而去。因为道路系伙（本地方言，指两条沟合走一条路），所以人们称前后两洼为伙洼的。

橡壳的　　橡壳的，东至南垴，西至没路洼，南至上垴，北至荒洼的。早在清朝时期，这里生长着多棵橡壳的树（学名橡树），因而得名。这些橡树木质很好，是人们修房盖屋的好材料，于是渐渐地被砍伐殆尽，但"橡壳的"这个地名一直沿用至今。

（曹翠晓收集，李书吉整理）

地块历史传承情况

1　小南前东沟

开发　刘氏祖先
1946　刘榜的、刘毛旦、李刘元等家庭
1956　二街、四街和五街大队
1976　五街第四、五、七生产小队
1982　五街李希如、李金石、李明江等家庭

梨树坡

开发　刘氏祖先
1946　刘石定、刘群定、刘子定等家庭
1956　四街和五街大队
1976　五街第一、三、四、五生产小队
1982　李军灵、刘香金、刘乃金等家庭

铁旦崖根

开发　刘氏祖先
1956　四街大队
1982　五街第二、七生产小队的刘和定等家庭

小东沟

开发　刘氏祖先
1946　刘毛旦、李全的、李有良等家庭
1956　二街、三街、四街和五街大队
1976　五街第一、三、四生产小队
1982　刘乃金、刘石定、李虫爱等家庭

2　小南后东沟

开发　刘氏祖先
1946　刘争廷、李元沙、李大汉等家庭
1956　三街、四街和五街大队
1976　五街第一、二、三、六、七生产小队
1982　刘乃金、刘土定、刘石定等家庭

3　没路洼

开发　刘氏祖先
1946　刘进只、刘安稳、刘争廷等家庭
1956　五街第一、四、五、七生产小队
1976　五街大队第二、四、五、七生产小队
1982　李现灵、李书德、李乃江等家庭

4　荒峧梨树洼

开发　刘进只祖先
1946　李维朝、刘进只、刘八台
1956　五街第一、四生产小队
1976　五街大队第一、三生产小队
1982　李现魁、李榜魁、刘仁相等

后石摞

开发　刘氏宗族
1946　刘氏子孙刘安庆、刘安稳、刘增吉等家庭
1956　五街第一生产小队
1976　五街第三生产小队
1982　李进堂、李爱定、李福定等家庭

5　荒洼的

开发　刘氏祖先
1946　刘进只、刘安稳、刘争廷等家庭
1956　五街第一生产小队
1976　五街大队第一、三、五生产小队
1982　李肥德、李香灵、李江怀等家庭

6　小南西沟

开发　刘氏家族
1946　刘树芝、刘重新、刘富堂等家庭
1956　五街第一、二生产小队
1976　五街大队第四、六、七生产小队
1982　李凤榜、李德庆、李海森等家庭

另山洼的

1946　刘良的、刘玉良、刘富堂等家庭
1956　五街第二生产小队、四街第五生产小队
1976　五街大队第二和第三生产小队
1982　李海元、李土石、李明榜等家庭

伙洼的

1946　张火方、张仁堂、张秋堂等家庭
1956　二街、三街和四街大队
1976　五街大队第三、五、七生产小队
1982　李争石、李富廷、李海库等家庭

小南西坡、橡壳的、起连坡

1946　刘安稳、刘兰廷、李起元等家庭
1956　四街和五街大队
1976　五街大队第一、六生产小队
1982　李海森、李桃顺、李运怀等家庭

秋笔　摄

三　大南沟南岔

大南沟南岔（又称“大南南岔”）是王金庄 24 条大沟中的一条大沟，包括小石崖沟、前东沟、后东沟、东沟、石崖沟、岩旮旯、南岩旮旯、西沟、大南南北沟共 9 条小沟。东邻村西头水库，西接张家庄地界，南毗小南沟山岭，北连大南沟北岔，是一条富有太行山自然风光的北方旱作石堰梯田代表性沟道。

从王金庄村西头向南拐，就是大南沟，分南岔、北岔两条大沟。大南沟南岔呈西南走向，从村西头牌坊顺着马路进入，途经大南水库、北沟门到达沟底，约 2000 米。两山夹一沟，沟深坡陡，悬崖层叠，大部分梯田修建在悬崖上面。地形复杂，地块长短大小不一，长块盘山环绕，小块不足 2 平方米。通公路以前，大南沟南岔是王金庄通往张家庄的交通要道。

大南沟南岔共有梯田 1814 块，面积 359.27 亩，石堰长 102 746.83 米。其中荒废梯田 562 块，面积 80.48 亩，石堰长 24 132.6 米。区域内现有花椒树 5299 棵，黑枣树 394 棵，核桃树 209 棵，柿子树 110 棵，杂木树 198 棵，石庵子 59 座，水窖 9 口，泉水 1 眼，民居院落 1 座（为李启堂祖父在此修梯田时修建），水库 1 座，庙宇 1 座。

大南沟南岔梯田耕地分渠地、坡地、洼地、垴地（山头地）、圪梁地等类型，土质多黑土，土性偏黏，渠洼地土层较厚，垴地、圪梁地土层瘠薄。多种类型特征造就了种植多样作物的地理条

113°82'E 36°58'N
ASL 780~1093m
ASL
1100m
600m
区域占总量比例
梯田 359.27 亩
1 2 3 4 5 6 7 8 9
石堰 102 746.83 米
1 2 3 4 5 6 7 8 9
花椒树 5299 棵
1 2 3 4 5 6 8 9
1
小石崖沟
2
前东沟
3
后东沟
4
东沟
5
石崖沟
6
岩旮旯
7
南岩旮旯
8
西沟
9
大南南北沟

件，适宜种植黄豆、青豆、小豆、谷子、玉米等粮食作物和山药、红薯、豆角、南瓜、萝卜、白菜、西红柿、黄瓜等蔬菜，也适宜花椒树、黑枣树、柿子树、核桃树、棠梨树、桐树、椿树等树木生长。

1　小石崖沟

小石崖沟是大南沟南岔西南起第一道小沟，另包括小井坡的、黄龙庙、黄龙洞、团结水库、庙东坡，共 6 个地名。东经 113°82'，北纬 36°58'，海拔 780~893 米。东至山顶，西至大南沟南岔大路，南至起连坡，北至前东沟的双夹堰。

小石崖沟地区现有梯田 106 块，面积 32.3 亩，石堰长 10 080 米。其中荒废梯田 23 块，面积 12 亩，石堰长 3909 米。区域内共有花椒树 686 棵，黑枣树 78 棵，核桃树 45 棵，柿子树 26 棵，杂木树 33 棵，石庵子 4 座，人工打水井 1 眼，机井 1 眼，黄龙庙 1 座，水库 1 座。水库后上端是黄龙洞。

小石崖沟梯田大部分是坡地，沟地约占三分之一，多黄土兼黑土，土层瘠薄，是典型的三类地。主要种植谷子、南豆、红小豆等粮食作物，以及花椒树、黑枣树等果树，但粮食产量很低。

小井坡的　小井坡的，东至王金庄五街村，西至龙泉沟，南至岭沟河，北至上崖根。干旱是制约村民生存的瓶颈。祖先自元代定居以来，就开始了在小石崖沟地区求水的探索。这里有一股清泉，自古至今从未断流，但水量很小，祖先在泉眼处修一小井，此区域就被称为小井坡的。

黄龙庙　黄龙庙位在小井之后，东至庙东坡，西至荼臼峧，南至庙三亩，北至打坪。建于大元大德三年（1299），是我们所了解的先人最早的原始求水场所。庙中的《重修龙王庙舍香亭记》，是迄今为止发现的王金庄最早的石碑。农历每月初一、十五村人烧香求水从未间断。

黄龙洞　距龙王庙门口50米处的下方，有1座天然石洞，名叫“黄龙洞”。东至庙东坡，西至茶臼峧，南至庙三亩，北至打坪。黄龙洞洞深近百米，洞身弯弯曲曲，包括东岛弯、西岛弯，还有一个“小阁楼”（二层）。多数地段，人们弯腰才能行走。在中段处有一界石，人称“试金石”，中间通透。人到此只有趴下才能爬过。洞底突然下凹呈井形状，但不深，约1.5米，能容纳五六人站立，人们称之为“沽井”。井底有鹅卵石，是被水长期冲刷形成的。相传它与滴水门的水是一系，滴水门就是黄龙洞的窗户。每到夏天雨季，连续几天中雨以后，滴水门的水先出来，黄龙洞里的水后出来。这可能就是“洞窗户”的来由吧。

大雨或特大暴雨以后，两股泉水齐齐喷涌而出。泉水甘甜清洌，数月不断，只要洞中出水，来年就不会缺水。它流出的泉水滋养了一代又一代的人们。为了表示感谢，农历每月的初一、十五，人们就会到洞口去烧香跪拜，希望年年流出泉水，哺育民众。

黄龙洞的左侧，有一个石屋岩。相传很久以前，这儿也有一个石洞。每年夏秋季节下了透雨之后，也流泉水。

团结水库　自明代以来，村里修了8座水池，打了13眼水井，都没有彻底解决吃水问题。1969年，在村党总支书记王全有的带领下，全村五个大队男女老少齐出动，用3年的时间在村西大南沟，修建了一座团结水库，并修了5里长的水渠。水库修成后，村里13眼浅水井常年不断水。从此，人们再也不用去20里外的古台担水了。

庙东坡　庙东坡在小石崖沟前面，东至山垴，西至水库，南至起连坡，北至小石崖沟。大南沟呈东南—西北走向，是龙王庙对面的一面坡，不是正南，也不是正东，一部分人感觉在南面，他们便叫作“庙南”，而大部分人感觉是正东，所以大多叫“庙东坡”，会计们记账记工也写庙东坡。

（李彦国收集整理）

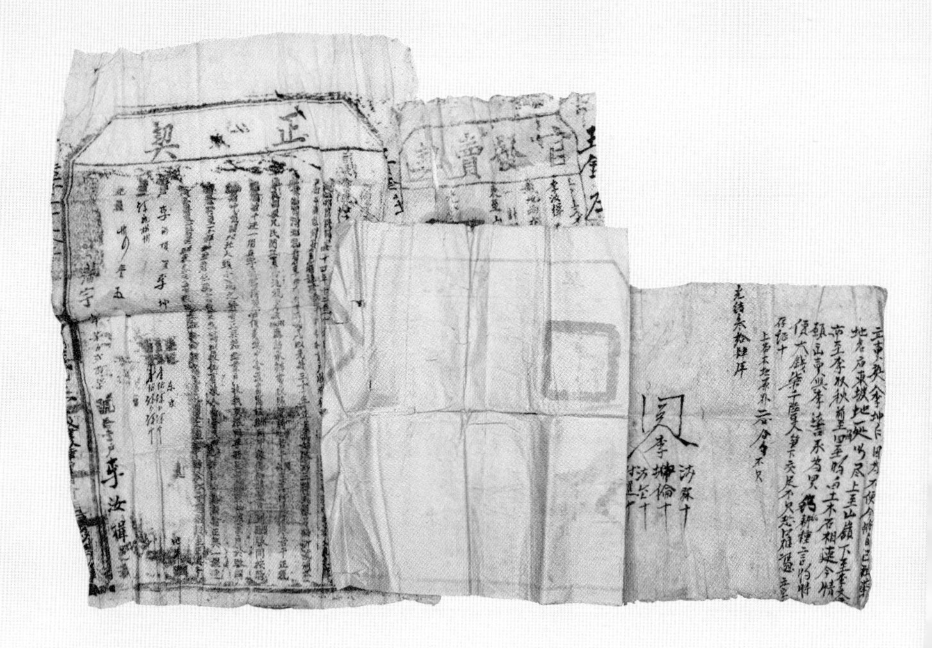

大南沟南岔庙东坡

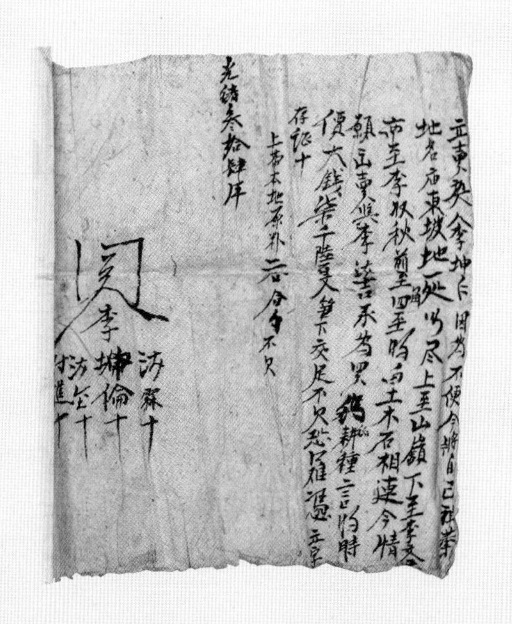

立賣契人李坤仁因為不便今將自己祖業
地名廟東坡地一塊以尽上至山嶺下至李天合
南至李秋前至四至明白土木石相連今情
願立賣與李善禾為業永遠耕種言明時
價大錢柒千陸百文筆下交足不欠恐口難憑立字
存據十
上帶本地原糧二合合不欠
光緒叁拾肆年
同中 李汝霖十 李坤倫十 李汝全十 進十

上图右侧局部

2　前东沟

前东沟另包括双夹堰，共2个地名，东经113°61'，北纬36°82'，海拔850~980米。前至小石崖沟，后至后东沟，上至山垴，下至渠地，距村约1000米。大南前东沟土薄沟浅，地形以圪梁为主，地块窄而短，分布不规则。站在沟口，便可见圪梁、圪脸、圪嘴等复杂地形。

前东沟梯田共103块，总面积27.12亩，石堰长5027米。其中荒废17块，面积4.83亩，石堰长924米。区域内现有花椒树297棵，黑枣树26棵，柿子树5棵，核桃树4棵，桐树10棵，石庵子5座。前东沟分前后两部分，两个小浅洼，三个大圪梁。浅洼土层较厚，黑土为主。圪梁面积大，石厚土薄，红黑土夹杂，地力极差，难耐干旱。春天旱季时，花椒树耐不住干旱，常造成椒花脱落，收成减少。大南前东沟适宜种植耐旱的谷子，兼以轮作玉米、青豆、豆角和红小豆等粮食作物。

双夹堰　双夹堰地处前东沟，东至小石崖沟，西至大南后东沟，南至上垴，北至田间主路。在山坡上修建梯田，首先要审视地势，找到垒地堰的最佳位置，才能保证从坡上刨下来的土够垫一块地。由于山坡表层土薄，坡上的土被刨到地里，山坡露出了岩石。继续往上修，上面这块梯田的地堰，就要往上靠，两块地之间裸露着岩石的地带，叫“夹堰”。就是因为山坡土薄，不能一块紧挨一块连续往上修才形成了夹堰。大南前东沟有两处这样的空地，所以就叫双夹堰。

（李彦国收集整理）

3　后东沟

后东沟另包括东沟门的，共 2 个地名，东经 113°53'，北纬 36°64'，海拔 850~980 米，前至小石崖沟后角，后至石崖沟前角，上至山垴，下至渠地。距村约 1000 米，后东沟土薄沟浅，地形以圪梁为主，地块窄而短，分布不规则。站在沟口，便可见前后圪梁、圪脸、圪嘴等复杂地形。

后东沟共有梯田 180 块，总面积 47.66 亩，石堰长 13 534 米。区域内现有花椒树 674 棵，黑枣树 65 棵，核桃树 141 棵，柿子树 8 棵，杂木树 23 棵，石庵子 2 座。

后东沟土层较厚，以黑土为主，红黑土夹杂，圪梁面积大，适宜种植耐旱的谷子，兼轮作玉米、青豆和红小豆等粮食作物。渠地肥土深厚，土质优良，性状偏黏，黑红土混合，适宜多种作物和树木生长。20 世纪七八十年代，渠内全部种作小麦。90 年代后，人们逐渐弃种小麦，而以种植蔬菜为主，后半部分轮作玉米、谷子、高粱、大豆等粮食作物，前半部分种植白菜、西红柿、萝卜、南瓜、豆角、青菜、茄子、黄瓜、大葱等各类蔬菜。

据李彦国收集整理，大南沟南岔从村西一路向南，在南北走向的沟里，以路为参照，此地在东面，所以叫东沟，因后面还有一个东沟，为区分前后两个东沟，所以靠近沟口的叫“前东沟”，靠近沟底的叫“后东沟”。

4　东沟

东沟在大南沟南岔的路东面，所以叫东沟。另包括镰把拐的，共

2个地名。东经113°81'，北纬36°58'，海拔815~900米，东至山巅，与小南沟接壤，西至渠洼，南至后东沟，北至石崖沟，在王金庄村西2000米处。从后东沟向西翻越，可到达石崖沟。此沟较深，多洼田，南北为石崖圪梁，只有小片坡地。

东沟共有梯田137块，总面积39.1亩，石堰长10 390米。其中荒地10块，面积4.12亩，石堰长910米。区域内现有花椒树458棵，黑枣树29棵，核桃树2棵，柿子树5棵，桃树2棵，棠梨树3棵，杂木树23棵，石庵子2座。

东沟梯田修建于沟洼中，属坡地类型，南圪梁和北圪梁上有少数小片地。沟洼内土层深厚，土质为黏黑土，土壤疏松，耐旱保墒，适宜花椒、黑枣、棠梨等多种果树生长，粮食作物适宜轮作玉米、谷子、大豆、小豆。豆角、萝卜、南瓜、山药等蔬菜也皆可种作。

镰把拐的　镰把拐的在东沟下面。修建土地时，由于地形复杂，修不成长方形，垒地堰时，只得随弯就曲，南半部分凸出来，北半部分凹回去，修成的地块拐进拐出，像镰把形状，所以叫“镰把拐”。王金庄还有一种语言现象，名词后加词缀“的”，盖了房子叫“房的”，生了儿子的叫“孩的”，再生一个叫“二的”，以下三的、四的、五的以此类推，最后一个老八叫小八的。人名如此，地名亦然，“镰把拐”后加“的”，谓之“镰把拐的”。

（李彦国收集整理）

5　石崖沟

石崖沟另包括磨盘垴、南不策、南丫豁、西旮旯、一堵墙，共6个地名。东经113°82'，北纬36°58'，海拔800~1075米。东至东沟，西至岩塔，南至张家庄，北至西沟门。距张家庄5000米，是通往张家庄的古道。

石崖沟共有梯田686块，总面积71.71亩，石堰总长28 263.43米。其中荒废梯田411块，面积42.66亩，堰长13 296米。区域内现有花椒树1260棵，黑枣树109棵，杂木树41棵，水窖5口，石庵子25座，其中刻有清朝建造日期的石庵子有6座。

石崖沟有地庵、石庵两种建筑物多座。为衬平一块地，在缺少石头垫地坂的情况下，用石头砌墙，石板盖顶，建造地庵，用地庵作地板，然后在地庵的顶上铺土成地。石庵则是建在田间地头的石头房子。建造石庵子选址就高不就低，就角不就洼。其中有两个庵子都坐落在西圪梁一块四周排水通畅的平整的高地上。石庵子呈正方形，七八尺见方，门口不高，里面不低，弯腰进去，屋里能直身站立。雨来了，毛驴弯弯腰也能钻进去。建造石庵先扎好根基，再砌墙，垒至五尺左右，四个角蓬四块大石板，然后每一块石板都倾斜摆放，咬茬压缝，直至锥尖，再在顶尖上盖上一块大点的石板，严严实实，滴水不漏。虽没梁，没椽，没柱，全部由小石板堆砌，但结构简单，坚固美观，风风雨雨，经久不坏，这是祖先勤劳智慧的结晶。这里的古石庵，均为李兰顺、李正顺、李秋顺等祖上修建。

石崖沟土地为黑土，具有土壤疏松、耐旱保墒的特点，适合种植玉米、谷子、高粱、大豆等粮食作物和萝卜、南瓜、山药、豆角等蔬菜，更适合黑枣树和花椒树的生长。相对于圪嘴、圪脸地形，洼地土层深厚且耐旱。即使冬春两季无雨，这种土壤也能有较高的出苗率。如果前半年雨量小，只要后半年有雨，也可以收获萝卜、山药、南瓜等蔬菜，以菜代粮。清明谷雨把谷子种上，就去刨土挖坡，点熏土（一种熏肥方式，圆状土堆表层覆土，中间作物秸秆燃烧）当肥料。萝卜、山药最适合在新地里生长。把这些蔬菜擦成条状，煮熟，在平整的石圪节上晒干，一篓一篓地储存起来，多年不霉不烂不坏，即使大旱三年，也有干菜充饥。祖先抓住黑土疏松的特点种植黑枣树，粮食歉收时，将黑枣掺谷糠制成糠炒面。1982 年土地由个户承包后，花椒树的栽种量达到顶峰，花椒成为支柱产业。每块地的堰头上，无一缺漏，全部栽遍。堰头栽树，枝杈向外生长不占地，不耽误地块当中套种其他作物，达到了梯田的最大化利用。

据李氏家族家谱记载，明永乐年间，高祖李顺，迁居井店村，居二代后移涉邑东乡 40 里，始祖李昇，创业立基，建营造缗，开垦荒山，修地造田，地址就在王金庄大南沟三个地区——南岔、北岔和后垴。李昇生育四子，长子李让，次子李选，三子李坐（无后），四子李堂。李昇给儿子分家时，土地山坡按地区分，将后垴分给了长子李让，南岔分给了次子李选，北岔分给了四子李堂。开发梯田，要从下到上，依次向上拚，先开山下，再开山上。下半部分的具体开发时间无从考证。上半部分是李振祥的曾祖辈修建，并打了一个水窖。曾祖辈弟兄五人，李振祥曾祖父排行老二。到他祖父这一代，仍带着 8 岁儿子开荒不止。由于山高路远，中午不回家，就在山上用砂锅做午饭。熬米粥，煮野菜，吃糠窝头，拌炒面。主要野菜是石花菜、滴滴菜、露露葱。石崖沟的黑土很适合石花菜生长。修地时间选择在播种节令以后至地冻之前，这段时间里，一个人所修的面积能栽一窑南瓜，窑与窑之间的距离大约一丈（1 丈 =3.3 米）远，梯田的宽度一般一至两耪宽。冬季上冻时，就不能在石崖沟修地，要转到别处向阳的坡上。也就是说，一两耪宽的地一年只能向前推进一丈远。所以这些梯田的修建进度是极其缓慢的。

中部梯田的开发现无从考。有专家研究为 1885 年左右，主要依据是这里有两个石庵子。上面刻有清同治、光绪字样，认为建石庵和修地是同一时间。建造石庵，有时和修建梯田是同时进行的，而往往是先拚地后建庵子。比如石崖沟下边的庵子就是曹铁灵 1985 年修建的，距修地时间靠后几百年。往往遭受多次雨淋，又能腾出空闲时间才去建造石庵。

石崖沟土改前为李加的、李常顺、李兰顺、李石柱、李黑元等李氏家族人所有。1956 年建社后，地随人走，人的户籍有的到了三街大队，有的到了四街大队，地也就随着人口归于三街和四街两个大队。1976 年调整插花地，石崖沟土地，从山脚到山顶，全部归四街大队第一、三、四生产小队。1982 年实行联产承包责任制后，由四街李现所、刘跃文、李海斌、曹胜怀、刘云榜等 60 多户承包耕种。

磨盘垴　　磨盘垴，东至石崖沟，西至崖旮旯，南至南不策，北至崖旮旯小南洼。从石崖沟攀登两道石崖，方可到达崖顶。崖顶呈圆形，貌似磨盘，岩石平平整整，犹如平房。困难时期，在磨盘顶上晒萝卜条，体现了先人利用各种地形的生存智慧。这里海拔较高，西风阵阵吹来，上地干活翻越磨盘垴时，可在山顶这边休息片刻，防止寒风袭击，引起感冒。

南不策　　南不策在石崖沟上面，南至上岭，北至磨盘垴，东至东角，西至山岭栈道。不策是类似于沟、洼的一种地形，总体位置在高处，但不像沟那样深广，也没有洼那样宽大，属于高处较平缓的低洼地带。南丫豁区域中，山岭这边有三个洼型地带，南面的洼最小，即南不策。

南丫豁　　从石崖沟翻过磨盘垴，便是南丫豁，东至磨盘垴，西至岭沟栈，南至张家庄，北至岩垴。攀上磨盘垴，继续攀至山岭，到达山岭的丫豁处，看到东西两座山峰傲然挺立。两山之间夹着的最低处，即为丫豁。翻到山岭耕种过岭地，这个丫豁是最近的路径。其镶嵌在王金庄地区的南端山岭上，故以所在方位和地形特征称南丫豁。

西旮旯　　攀上石崖沟，翻过南丫豁，再折下去，可到达西旮旯。东至东旮旯，西至一堵墙，南至石沙盆，北至山岭。旮旯的特征就是山特别高，沟特别深，山高沟深即为旮旯。南丫豁山岭那边有两大深沟，以走路堜一条路为

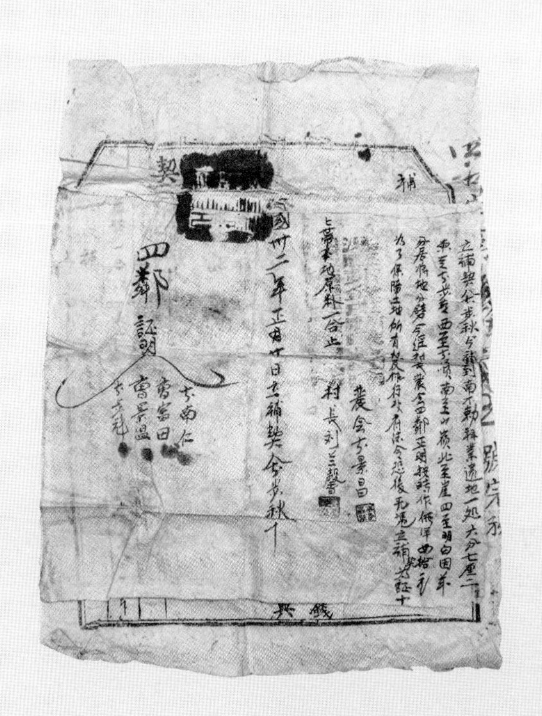

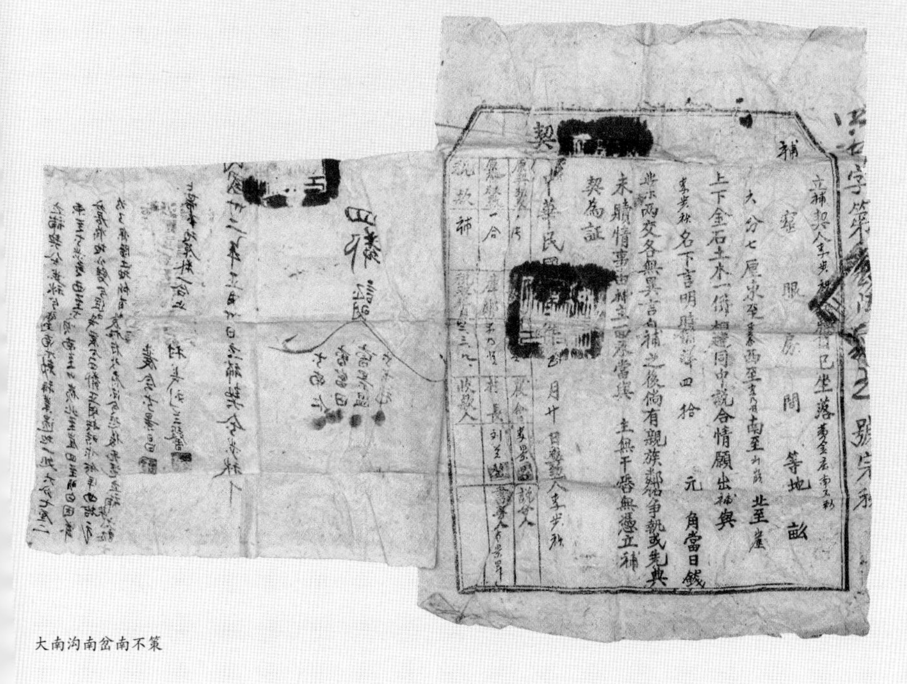

大南沟南岔南不策

界，东边的深沟叫东旮旯，是张家庄地界，西边的旮旯叫西旮旯，是王金庄地界。因西旮旯的耕地是李二全祖上开垦的，直到李二全这一代，他们仍住在山旮旯里，耕种着西旮旯的土地，并有石房、石床、石碾、水窖，西旮旯也叫二全旮旯。

一堵墙　从石崖沟翻过山岭，向西走两栈（栈为山岭上平缓的道路），一条余角向南延伸，如同一堵巨大无比的墙体，因此称为一堵墙，把两栈挡住，崖头以下挡成了西旮旯，崖头以上挡成了西不策。一堵墙把王金庄的南丫豁和张家庄的冷沟栈一分为二。

（李彦国收集整理）

6　岩旮旯

岩旮旯另包括岩北坡、岩堖、土岭，共 4 个地名。东经 113°81'，北纬 36°58'，海拔 780~1050 米，东至渠地，西至土岭，与张家庄接壤，南至南丫豁，北至西沟。距村庄大约 3000 米，翻过山岭就是张家庄地界，向西是通往天津铁厂上面的狮子头九峰山。岩旮旯下半部分是深沟旮旯，上半部分主要是高山不策地带。

岩旮旯共有梯田 222 块，总面积 50.57 亩，石堰长 13 146.6 米，其中荒废梯田 87 块，面积 21.33 亩，石堰长 6074.6 米。区域内现有花椒树 498 棵，黑枣树 96 棵，柿子树 11 棵，棠梨树 6 棵，杜梨树 3 棵（棠梨、杜梨同为蔷薇科植物，果实大者为棠梨，小者为杜梨），杂木树 21 棵，石庵子 9 座，其中有两个建于光绪十六年（1890），另有一个建于民国十年（1921）。有石院 1 座，水窖 1 口。

岩旮旯北洼中部多黑土，土层深厚，两边圪梁地带是耐旱的红土，土质疏松偏黏，地势高，光照时间长，适合种植谷子、玉米、高粱、青豆等粮食作物和南瓜、山药、萝卜、豆角等蔬菜，也适宜种植油葵、茌的等油料作物。北边的圪梁和小北洼尤其适合种柴胡。

岩北坡　　岩北坡，东至西沟，西至岩垴正洼，南至下旮旯，北至上崖根。从村西沿大南沟南岔西行，约 2000 米，有一山岩洞穴镶嵌在石崖上。洞穴周边地域统称岩旮旯，以岩洞为参照，岩洞北面的坡叫岩北坡。

土岭　　岩垴的两座山峰和西边的群山连成山岭，名为土岭。土岭东至岩垴，西至张家庄椒树洼，南至南丫豁，北至岩垴北岭。一般山岭都是裸露的岩石，而土岭上的水窖，打了一丈多深，仍然在土层上。这里虽是高山峻岭，但梯田土壤非常肥沃，王金庄可称得上土岭的地名仅此一处。

（李彦国收集整理）

7　南岩旮旯

南岩旮旯另包括岩垴角，共 2 个地名。东经 113°81'，北纬 36°57'，海拔 785~935 米，上至崖根，下至田间主路，东至石崖沟，西至后岩旮旯。南岩旮旯地处王金庄村西头南 2000 米处，紧挨岩旮旯，主峰海拔 935 米，和岩旮旯相差无几。此地形对面有个岩旮旯，所以人们将这里叫成“南岩旮旯”。

南岩旮旯共有梯田 115 块，总面积 34.1 亩，石堰总长 5908 米。其中荒废梯田 2 块，面积 0.18 亩，石堰长 50 米。区域内现有花椒树 157 棵，黑枣树 23 棵，核桃树 15 棵，杂木树 11 棵，水窖 1 口，其水质纯净甘甜，是保护得最好的一口水窖，可供周围区域的村民中午在田间烧水做饭。区域内有石庵子 4 座，其中有建于咸丰九年（1859）四月二十五日的古石庵 2 座，泉水 1 眼。南岩旮旯在正洼处，山地比较平缓，土层较厚，黑土，土质疏松，偏潮湿，耐旱。由于低洼处风小耐寒，适宜种植玉米、谷子、高粱等粮食作物和豆角、南瓜等蔬菜，也适宜种植油葵、荏的等油料作物，最适宜种植花椒树、黑枣树、核桃树等果树。

8　西沟

此沟因地处石崖沟西，因此叫西沟。西沟另包括西沟门的和木橑树硖，共3个地名。东经113°80'，北纬36°57'，海拔830~1010米，东至北沟，西至岩旮旯，南至田间主路，北至山垴，是大南沟南岔的一条支沟，位于王金庄五街村西南部，距村1500米左右。半山腰有一个石洞，这个石洞的形状酷似一个人微笑的脸庞，在望着这些勤劳善良的村民早起晚归，春播秋收。
西沟共有梯田88块，总面积14.84亩，石堰长4412.8米，其中荒废梯田16块，面积3.2亩，石堰长1342米。区域内现有花椒树304棵，黑枣树21棵，核桃树2棵，柿子树1棵，野棠梨树3棵，野杜梨树1棵，杂木树26棵。有石庵子4座，其中一个石庵子刻有文字“建于同治十四年”（1875），旁边有1个几百年的石槽子，半山腰有1孔石洞。
西沟地势较高，属于阳坡地，日照十分充足，土层较厚，多红土加黑土，保湿耐旱，适合隔年轮作玉米、谷子。因土质、温度适宜，野生药材资源丰富，路边、地头、山坡到处都有柴胡、黄芩、远志、荆芥等中药材，给村民增加了不少经济收入。

木橑树硖　木橑树硖，东至小北沟，西至西沟，南至路，北至山垴。而西沟前脸上就是这样的地带，长满了木橑树，所以称木橑树硖。

（李现如收集，李彦国整理）

9　大南南北沟

此沟地处大南沟南岔正北面，因此被称为大南南北沟，另包括北沟门、江的坡、小石沟，共4个地名。东经113°81'，北纬36°58'，海拔805~873米，东至田间主路，西至山顶，南至西沟口，北至炭窑坡。大南南北沟路口有一棵黑枣树，人们叫它“长生树”，二百多年前被雷公从中间劈开，只剩下一部分残骸，但次年生枝发芽，郁郁葱葱，果实累累，彰显着顽强的生命力。

大南南北沟共有梯田177块，总面积41.87亩，石堰长11 985米。其中荒废梯田19块，面积4.16亩，石堰长1536米。区域内现有花椒树1639棵，黑枣树90棵，柿子树54棵，杂木树10棵，石庵子4座。

大南南北沟属于陡坡阳面地，线状，地窄土薄，黑土，因风高日晒不耐旱，适合隔年轮作玉米、谷子等粮食作物，也适合种植豆角、南瓜、萝卜等蔬菜和油葵、荏的、油菜等油料作物，尤其适宜种植抗旱的青豆。

江的坡　江的坡，东至小南沟，西至小北沟，南至路，北至山垴，小北沟前脸多料姜石，小石沟前脸也是料姜石结构，两面坡都叫姜的坡，因“姜”“江”同音，后渐渐叫“江的坡”。

（李现如收集，李彦国整理）

地块历史传承情况

1　小石崖沟

开发　刘廷祥先祖
1946　刘重新、刘从正、李昌茂等村民
1956　二街、三街和五街
1976　四街一队、四队、五队
1982　曹香怀、曹建海、刘合吉等农户

2　前东沟

开发　李让一支后世子孙李春荣
1946　归李水德、李胜廷等家庭
1956　五街第四生产队
1976　四街大队第二生产队
1982　刘春怀、曹定榜、刘书欣等家庭

3　后东沟

开发　明末清初李氏世祖李昇
1946　部分卖给曹贵堂和曹书只一族
1956　三街和四街两个大队
1976　后东沟分给四街大队，渠地分给一、三、四、五生产队
1982　33块渠地由刘耀文、刘兰榜等39户耕种，沟内土地由李富海、曹金海、等20多户承包

4　东沟

开发　李氏祖先
1946　李贵德、李水德一门
1956　五街大队第四生产队
1976　四街大队第五生产队
1982　四街村民曹凤海、刘书定等农户

5　石崖沟

开发　李氏世祖李昇
1946　李加的、李常顺、李兰顺等李氏家族
1956　三街和四街大队
1976　四街大队第一、第三、第四生产队
1982　四街李现所、刘跃文、李海斌等60多户承包

6　岩旮旯

岩垴北洼
开发　李氏祖上
1956　三街大队
1976　四街第三生产队
1982　四街曹铁灵、李榜所、曹所魁等29户

南洼和土岭
开发　李榜夺一支
1956　三街大队
1976　四街第五生产队
1982　四街曹铁灵、李榜所、曹所魁等29户

中洼（正洼）
开发　刘重新
1956　三街大队
1976　四街第三生产队
1982　四街曹铁灵、李榜所、曹所魁等29户

小北洼
开发　李秋顺、李黑元
1956　三街大队
1976　四街第三生产队
1982　四街曹铁灵、李榜所、曹所魁等29户

7　南岩旮旯

南崖根
开发　四街村李先定祖辈

1976　四街第四生产队
1982　四街曹彦海、曹土海、曹彦定等农户

8　西沟

开发　崖头以上最早李有良祖辈修建，崖头以下李榜夺祖辈修建
1946　崖头以上由李有良耕种，崖头以下由李榜夺耕种
1956　五街七队和四街一队

1976　四街四队
1982　四街刘志平、李国定、曹肥石等农户

9　大南南北沟

开发　五街李乃琴祖辈
1946　李怀吉
1956　五街五队
1976　四街三队
1982　四街李土海、曹海金、曹铁灵等家庭

秋笔　摄

四　大南沟北岔

大南沟北岔包括大南小南沟、打南沟、南圪道、黄沟、铁匠沟、龙泉沟、后沟、小北沟 8 条小沟，是王金庄 24 条大沟之一。东起王金庄五街村头，西至石井沟岭，南与大南沟南岔北沟岭相连，北至白玉顶和铁匠沟岭，与滴水沟、打南沟和石门沟相衔接。该沟呈东南—西北走向，并因此而得名，从沟口到沟顶直径约 1500 米。但由于道路弯曲，盘山而上，实际路程有 2000 米之多。因其地势陡峭，渠洼地少，条地多，最大的地块将近 2 亩，人称二圪道。最小地块面积不足 0.05 亩。1976 年以前，大南沟北岔是通往石井沟村的交通要道。从王金庄到石井沟，直线距离 2500 米，但因道路弯曲，爬山越岭，实际路程超过 3000 米。

大南沟北岔共有梯田 1380 块，总面积 343.1 亩，石堰总长 121 426 米。其中荒废梯田 305 块，面积 60.41 亩，石堰长 14 446 米。区域内共有花椒树 7081 棵，黑枣树 441 棵（其中百年以上黑枣树 33 棵），核桃树 152 棵，柿子树 86 棵，杂木树 160 棵。全沟共有石庵子 50 座，天然料姜石小窑 1 孔，水窖 9 口。

区域内庙三坡、小井坡、小窑、大庵的、打坪及打南沟以前的渠洼地大都是红黑土或黄黑土。土层较厚，有黏性，耐寒性强，属一类土地。适宜种植小麦、谷子、玉米、高粱、豆类、黍子等粮食作物，也适宜种植南瓜、豆角、萝卜、白菜、茄子、黄瓜等蔬

113°81'E 36°58'N
ASL 715~1083m
ASL
1100m
区域占总量比例
梯田 343.1 亩
1 2 3 4 5 6 7 8
石堰 121 426 米
1 2 3 4 5 6 7 8
花椒树 7081 棵
1 2 4 5 6 7 8
8 龙泉沟
7 小北沟
5 黄沟
6 铁匠沟
1 大南小南沟
4 后沟
2 打南沟
3 南圪道
600m

菜。各山坡山洼的下半部分大都是二类土地，这些地大都是黑土地，少部分带有红土，有黏性，比较耐旱。半山沟以上均为三类土地，渣多土薄，土质焦，不耐旱。适宜种植谷子、高粱、豆类等春播秋收的稙庄稼。雨水调和年收成还可以，但若遇干旱年，收成甚微，旱情严重时，甚至会绝收。较宜种植南瓜、豆角、土豆、红萝卜、白萝卜等蔬菜。

进入大南沟北岔 200 米处有一座石庵子，人称“大庵的”，仅 5 平方米左右，是该区域内的第一座石庵子。李氏始迁祖李昇来到王金庄时就住在这个石庵子里。他在这里一边修地度日，一边在村中盖房。村中房子盖好以后，他才带着妻子到村中居住。
这个石庵子因年代久远，又缺乏维修，如今已不能遮风避雨了，所幸仍保留着一些痕迹，上岁数的人都知道它的历史故事。它的存在见证了此地的沧桑变化。

（李书吉收集整理）

1　大南小南沟

大南小南沟，另包括打坪和窑坡，共 3 个地名。东经 113°79'，北纬 36°57'，海拔 732~821 米，距离村庄较近，其中打坪离村仅有 500 米。大南小南沟因其所处的位置和山洼形状而得名。东起窑坡，与大南沟南岔的江的坡相连，西至后窑坡前角，南通往田间主路，北至打坪下通往大南沟南岔的主路。半山洼处有一悬崖峭壁。
大南小南沟共有梯田 155 块，面积 66.6 亩，石堰总长 7151 米。此区域距离村庄较近，土地好，所以没有荒废梯田。区域内共有花椒树1619棵，黑枣树28棵，杂木树15棵。区域内有一块较大的梯田，被称为二亩圪道。下渠内有一块最宽的土地，最宽处有30米，1996年被洪水冲为石滩，经过修整，现仍有一半为石滩。2000年以后，为让农民早日脱贫，涉县林业局先后多次捐送来优种核桃树苗。这块滩地也就成了现在的小核桃林，还有多块梯田也种植了优种核桃树。窑坡的半坡以上和大南小南沟的崖根以上是非常茂密的松柏树林。有石庵子2座，水柜1座，窑坡还有水窖1口。

大南小南沟因为洼不深，所有梯田基本上是坡条梯田。土质为黑土，又处于阴坡，土层也较厚，所以比较耐旱，属二类土地，适宜种植春播秋收的稙庄稼，如稙玉米、稙谷子、稙高粱、青豆等粮食作物，和土豆、豆角、南瓜、红萝卜、白萝卜、小菜和菜根等蔬菜。从前王金庄种小菜不是为了榨油，而是为了吃它的根。还适宜种植油葵、茬的等油料作物。

打坪和窑坡下段的土地红黑土相混，土层厚实，黏性大，耐旱性强，属一类土地。适宜种植玉米、谷子、小麦、高粱、大豆、黍子等粮食作物和红萝卜、白萝卜、土豆、豆角、菜花、白菜、黄瓜、茄子等多种蔬菜。半山坡以上的土地是红土地，黏性大，耐旱，虽然适宜种植玉米、谷子、高粱和豆类等粮食作物，但产量不高。最适宜种植豆角、红萝卜等蔬菜。因为这里土质黏性太大，不松散，所以也不适宜种植土豆。

打坪　打坪，东至水库，西至小南沟，南至小石崖沟，北至寨坡山。打坪下有水井一眼。因为这里地势相对比较平缓，大部分地块面积大，所以被称为打坪。

窑坡　窑坡，东至打坪，西至山垴，南至江的坡，北至小南沟。早在明清时期，村民们就在这里修建了一座烧制砖瓦的窑。此地的红土黏性大，最适合烧制修屋建房用的砖瓦。1946年和1996年两次山洪暴发后，还在窑坡下的渠洼内发现了很多残砖瓦砾。1952 年修建王金庄五街大池，也用的是这里的红土。村民们修建水窖，也用驴来这里驮运红土。

（李志红收集，李书吉整理）

2 打南沟

打南沟另包括后南坡和西谷筒，共 3 个地名，地处大南沟北岔的中段。东经 113°81'，北纬 36°56'，海拔 753~1004 米。打南沟北起沟口，南至岭垴与大南沟南岔的西沟岭对接，东至大南小南沟的西角，西至南圪道东角，沟口离村约 1000 米。半山沟的东段，东西都是悬崖峭壁，两崖中间有一个小沟，是通往上半沟梯田的羊肠小道，道窄且陡，毛驴都不能交叉而行，小道两侧都是较窄的梯田。打南沟呈南北走向，是大南沟北岔主沟南部的一个支沟，为了不与大南主沟重名，人们称其为打南沟，自古至今从未变更。

打南沟共有梯田 251 块，总面积 50.5 亩，石堰总长 17 877 米。其中荒废梯田 56 块，面积 8.9 亩，石堰长 1051 米。区域内现有花椒树 938 棵，黑枣树 47 棵，核桃树 41 棵，柿子树 10 棵，杂木树 32 棵。有石庵子 8 座，其中一座上刻着“民国十二年”（1923），有 2 口水窖。半山洼悬崖根底部下约 50 米处，有 1 座拦水坝，是 20 世纪 80 年代所建。西谷筒上端有一个大的石窟，石窟口由石头砌垒并留有石门，石窟内空间较大，能容纳十多个人藏身避雨。

打南沟的南坡和西谷筒的半沟处悬崖以下都为二类土地，土质为黑沙土，土层也较厚，耐旱性较强。西谷筒土质为黄矸土，但偏红，土层不太厚，较耐旱，属于三类土地。区域内都适宜种植玉米、谷子、高粱、青豆等粮食作物，和南瓜、红萝卜、白萝卜等蔬菜，也适宜种植柴胡、远志、荆芥、知母等中药材，以及荏的、油葵等油料作物。

西谷筒　西谷筒，东至大南小南沟，西至后沟，南至山垴，北至白路，是打南沟的一个小支沟。上端有一个天然石窟，似筒状，所以被称为西谷筒。人们用石头将西谷筒上端的石窟口砌垒住，只留一个较小的门口，外人很难发现，窟内空间比较大，也不潮湿，平时人们做地，可遮风挡雨，战乱时，这里就成了藏身的好地方。日寇大扫荡时期，李所吉和多户人家就藏身于此逃过了劫难。西谷筒上半段的梯田是李所吉的父亲于清末民初修建，他边拚地边修石庵子。虽然很辛苦，但每晚收工以后，看着梯田一天天延伸，心里乐滋滋的，很有成就感。

（李志红收集，李书吉整理）

3　南圪道

南圪道，东经 113°81'，北纬 36°57'，海拔 821~1083 米。东至打南沟西岭，西至石井沟岭，北至悬崖，南至长礤山顶部，是大南沟北岔最后最远的一处。山高坡陡，底部短，中部长，又分成三个山洼，但到上部，山坡又呈三角形，海拔高，寒冷迟退早来。南圪道区域共有梯田 63 块，总面积 13.1 亩，石堰总长 5377 米。其中现已荒废梯田 6 块，面积 1.1 亩，石堰长 320 米。区域内现有花椒树 78 棵，黑枣树 16 棵，杂木树 7 棵，石庵子 4 座，梯田石堰内还有多个地庵子。此区域山峰高度仅次于小南尖山。区域内的耕地大部分是二类土地，少部分是三类土地。黑渣土质的梯田较多，少部分为白渣土，都是条状梯田，土层较厚，又处阴坡，比较耐旱。由于这里海拔地势高，只适宜种植玉米、谷子、高粱和青豆等春播秋收的稙庄稼，还适宜种黄豆、黍子、红薯、土豆、豆角、红萝卜、白萝卜和蔓菁，以及荏的、油葵等油料作物。

南圪道地处大南沟北岔的顶部，山势跌宕，形成了三个小山洼。到了顶部，山峰又聚拢在一点上，远远望去就是一个大圪道。因其位于北岔沟的偏南方位，所以人们就按它的地形取名为南圪道。

南圪道全区域原为李氏家族所有，但在清朝末期，部分区域卖给了刘更元、刘加元的祖父，他带领儿孙们在这里修梯田。有一年大旱，别处的土地颗粒无收，只有这里的收入跟平常年头差不多，使全家渡过了灾年。他临终前告诫子孙："今后不管遇到多大的困难都不要卖南圪道的土地，保住了它就保住了全家人的性命！"

（李志红收集，李书吉整理）

4 后沟

后沟另包括牛鼻的旮旯、走路磏、岩洼和捎近洼，共 5 个地名。东经 113°81'，北纬 36°58'，海拔 751~1020 米。东至荒沟门的，西至牛鼻子沟的崖根，南至山岭与大南沟和南圪道东角相接处，北至石井沟岭，在大南北岔沟的后底部，最远处距离村庄约 1750 米。沟深坡陡，其南山坡更陡，没有梯田。特别是牛鼻的旮旯，因三面均是悬崖峭壁，日照时间极短，区域内没有梯田，但植被繁茂，荆棘丛生，给人一种阴森的感觉。

该区域内共有梯田 131 块，总面积 32.1 亩，石堰总长 5635 米。其中荒废梯田 32 块，面积 4.7 亩，石堰长 1213 米。区域内现

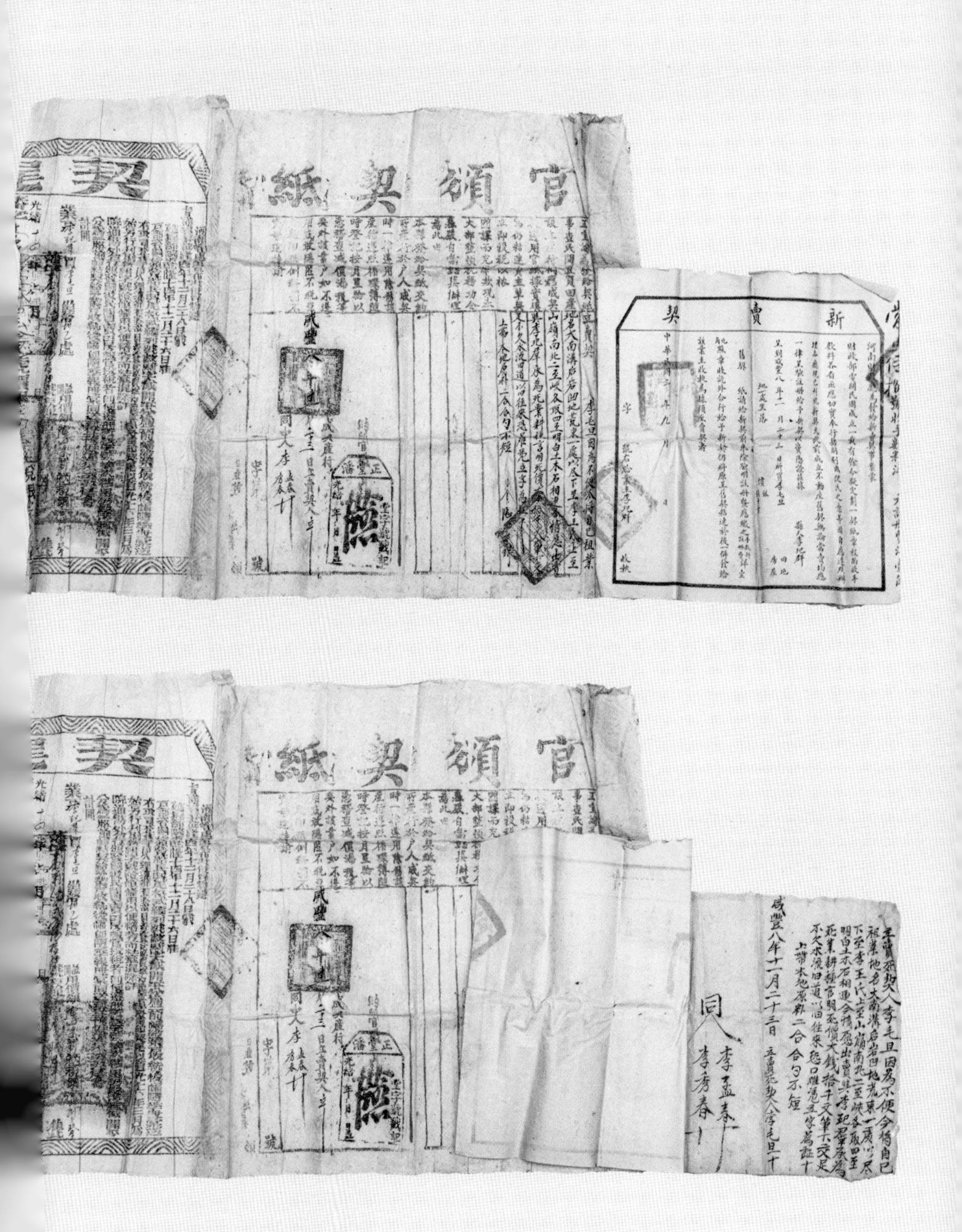

大南沟北岔后岩洼荒沟

有花椒树702棵，黑枣树19棵（其中百年以上黑枣树4棵），柿子树4棵，杂木树5棵，石庵子5座，还有多个地庵子。区域内植被非常茂盛，尤其是野皂荚和野生连翘特别多，是人们主要经济收入来源之一。山坡上到处都有野生的柴胡、远志、知母、豆根、黄芩、苍术、地榆等多种药材。3米多宽的水泥硬化道路通到区域最下端的黄沟门处，沟口处还有1口水窖。

区域内的耕地分为两类，后沟正沟洼和岩洼、捎近洼下半段耕地为黑渣土，土层较厚，有黏性，耐旱性强，一般年头都有收成，为二类土地。岩洼的和捎近洼半山洼以上及走路磢的两块梯田，石厚土薄，又都是白渣土，土质焦，极不耐旱，属三类土地。都适宜种植玉米、谷子、高粱、青豆等春播秋收的植庄稼，但二类、三类土地收成产量相差较大。夏至一到，各种庄稼就都不能播种了，就是播种了也不会有收成。此区域还适宜种植南瓜、豆角、红萝卜、白萝卜等蔬菜。

牛鼻的旮旯　　后沟牛鼻的旮旯，东至打南沟，西至南圪道，南至上塆，北至走路磢。由于在北岔沟最后段，两山相夹，沟深坡陡，地域狭窄，三面都是悬崖峭壁，悬崖底部的两个石窟并列在一起，酷似老牛的两个鼻孔，所以被称为牛鼻的旮旯。

走路磢　　走路磢，东至田间主路，西至山塆，南至南圪道，北至捎近洼。走路磢的下底部只有两块梯田。洼不宽，弯弯曲曲，盘山而上的石阶道路呈“之”字形，至磢的上端后岔为三条路，一条通往南圪道，一条向北平行，经过捎近洼，通到石井沟岭；中间一条偏右向上至空滴水岭，一直延伸至后塆栈九峰山和北小尖山。此洼梯田少，石头多，所以被称为走路磢，1976年以前是通往石井沟和后塆栈最主要的道路。后来，王金庄隧道修通以后，人们就很少走这条路了。

捎近洼　　捎近洼，东至黄沟，西至走路磢，南至田间主路，北至上塆。地势非常陡峭，道路不但陡，而且很窄，牲口驮着东西不能走顶头（即相向而行）。若遇上顶头驮子，空着的牲口需要牵到梯田里避让。此洼虽然路陡难走，但若去往石井沟或后垴栈，走此洼比走路碶近 300 多米，因此得名捎近洼。

（李志红收集，李书吉整理）

5 黄沟

黄沟地处大南沟北岔中后端，东经 113°81'，北纬 36°56'，海拔 751~1030 米。东至炭窑坡和铁匠沟上垴西角，西至捎近洼东角，南至沟口的水泥硬化道路，北至长碶岭。黄沟海拔落差将近 300 米，地势陡峭。由于山高坡陡，道路曲折，从沟口到达顶峰，实际路程在 1000 米以上。从沟口向上走，约百米处有一口水窖，供人们在地里饮用。再往上走，地势急收狭窄，东西两边各矗立一座悬崖。两崖对峙，间隙不足 50 米，而中间还有一个与崖对峙的山角，从此处分为东西两个山洼。东山洼沟口约 20 米处有一段沟窄石多，没有梯田，再往上至岭垴，恰似一把抻开的扇子。洼口处的第一块梯田堰长不足 4 米，最上靠山坡的梯田堰长 200 多米。由于山高路陡，整个黄沟的梯田，80% 的土地都是条状梯田，仅有一块近 6 米宽的梯田，但不长。东西两洼最下端的梯田是通往长碶上半沟的主要道路。

整个黄沟共有梯田 107 块，总面积 23.45 亩，石堰总长 4972 米。现有荒废梯田 45 块，面积 12.86 亩，石堰长 2210 米。区域内现有花椒树 459 棵，黑枣树 35 棵（其中百年以上黑枣树 10 棵），核桃树 2 棵，柿子树 2 棵，杂木树 4 棵，水窖 1 口，石庵子 5 座，地庵子 3 座。东洼中段向上去的石阶路东边略高处，有 1 座不大的石窟。每年夏秋两季，只要雨水调匀，石窟内就会有一股小山泉水流出，人们为了取水时方便舀水，还在石窟口修了一个蓄水的小坑。

黄沟从沟口至两悬崖土质为红渣土，有黏性，比较耐旱，为二类土地。两崖处岔开的东西两洼下段为黑白混合渣土，两洼上段则为黄石渣土，不是渣多就是土层薄，极不耐旱，都属三类土地。区域内所有的耕地，都适宜种植玉米、谷子、高粱、豆类等春种秋收的稙庄稼，和土豆、南瓜、豆角等蔬菜。渠洼地也适宜种植油葵、荏的等油料作物，和柴胡、远志、荆芥等中药材，尤其适宜花椒树、柿子树、黑枣树、核桃树等树木的生长。

关于黄沟的地名，有两种说法。一种说法是此沟多长两种黄色植物。一种是黄蓓草，是喂牲口的上等畜牧草；一种是药材黄芩。另一种说法是沟内植被繁茂，杂草繁多，因此得名“荒沟”，因“荒”“黄”谐音，故称黄沟。

（李志红收集，李书吉整理）

6　铁匠沟

铁匠沟另包括炭窑坡，共2个地名，在大南沟北岔中段。东经113°80'，北纬36°58'，海拔746~1030米，东至小北沟西角，西至黄沟东角，北至滴水后垴，南至大南沟北岔硬化水泥道路。最底部的铁匠沟口，距离村庄较近，只有1000米左右。此区域海拔落差大，山高坡陡，没有5米宽以上的梯田，自沟底至沟岭全是条状梯田。铁匠沟正洼中段矗立着一座6米多高的悬崖，沿崖根1米宽的小路走去，到突出的小山角处转入狭窄的小山洼，沿小山洼而上，地势逐渐宽敞，越往上越宽敞，直至山岭。梯田的石堰，全是青灰色的石头砌垒而成，石堰最长的一块梯田长 200 多米，最短的不足 3 米，最大的地块也不足 0.5 亩，最小的地块只有 0.04 亩。山坡上植被繁茂，荆棘丛生。木本植物多是马机荃（学名山皂荚）、荆条、酸枣、黑叶的（学名大叶铁线莲）和陈柳棍（学名小叶梣）等。

铁匠沟共有梯田 116 块，总面积 27.2 亩，石堰总长 11 328 米。其中荒废梯田 38 块，面积 5.3 亩，石堰长 1442 米。区域内现有花椒树 572 棵，黑枣树 59 棵，柿子树 15 棵（其中百年以上柿子树两棵），核桃树 9 棵，香椿树 1 棵，较大的杂木树 11 棵，石庵子 12 座，地庵子 5 座。

铁匠沟最下段至中段基本为浅黑色土质，渣石较少，较有黏性，为二类土地。铁匠沟东小洼和中段的崖头以上都为白渣土质，土层薄且焦，极不耐旱，为三类土地。还有少部分梯田为非耕地，不能产粮。不论是二类土地还是三类土地，都适宜种植玉米、谷子、高粱和豆类等粮食作物，只是产量多少不同罢了。也都适宜种植土豆、南瓜、豆角等蔬菜，和油葵、荏的等油料作物，最差的土地仅适宜种植小豆和南豆等耐贫瘠作物，不过产量很低。

相传，早在明末清初，李氏族中有个铁匠，手艺很好，农闲时就生起火炉，为村民们打造锹、镢、镰、斧、锄、犁、耧、耙等农用工具，人们就把此沟称为铁匠沟。

铁匠沟内地庵子共有五个，其中一个最具有代表性。1940 年后，时任晋冀鲁豫边区政府组织部部长兼中共太行军区政治委员的老一辈无产阶级革命家李雪峰同志，在王金庄村组织群众，发展党员。全面抗战期间，李雪峰同志常常到村中组织和发动人民群众，指挥军民反扫荡，当时就由共产党员李景昌或刘兰馨引领李雪峰隐蔽到铁匠沟这个地庵子之内，为了安全，也不定时辗转在小北沟、灰峧、小桃花水的几个地庵子之中。铁匠沟这个地庵子是李景昌近族中的一位兄长所建，知道的人很少。小北沟和小桃花水的地庵子是李景昌自家修建，灰峧沟的一个地庵子是刘兰馨父亲所修建，所以在这几个地庵子隐蔽，保密性很好。尤其铁匠沟这个地庵子，所在地段狭窄，向下可望见沟口，向上可望百多米的山坡。进可攻，退可守，易守难攻，还可以沿着山坡或顺着山岭退避到小北沟李景昌修建的地庵子里。

清末民初，李勤定的祖父在这里修梯田时，由于垒堰技术不好，就用换工的方式，请本族中的一个兄弟前来帮助垒石堰。常常是连拚几天，把抱出来的石头堆放起来，再请族兄来帮忙垒一天，然后去还人家两天工。仅几年时间，就将自己家的山坡修成了如今的层层梯田。

炭窑坡　相传，李氏祖先迁居王金庄后，发现大南沟的山坡上生长着多年的木本植物，种类繁多，非常茂密，对修梯田有阻碍，于是就在山坡下端修建了一座土窑，烧制木炭，以供冬季室内取暖，所以此坡就叫炭窑坡。虽然现在看来，此坡已是层层梯田，难觅当年的踪迹，但炭窑坡这个地名一直沿用至今。

（李志红收集，李书吉整理）

7　小北沟

小北沟另包括大南古兵寨、寨洼的、寨坡、白路、小窑、大庵的，共 7 个地名。东经 113°80'，北纬 36°58'，海拔 734~987 米，距离村庄不足 750 米。东至茶臼峧后角，西至铁匠沟东角，南至大南沟北岔主道路，北至山岭。山高坡陡，垂直落差 250 多米，全是条状梯田。小北沟最下端的一块梯田长度仅为 6 米，最上端的长 300 多米。包括前寨坡在内，下长上短，收拢于古

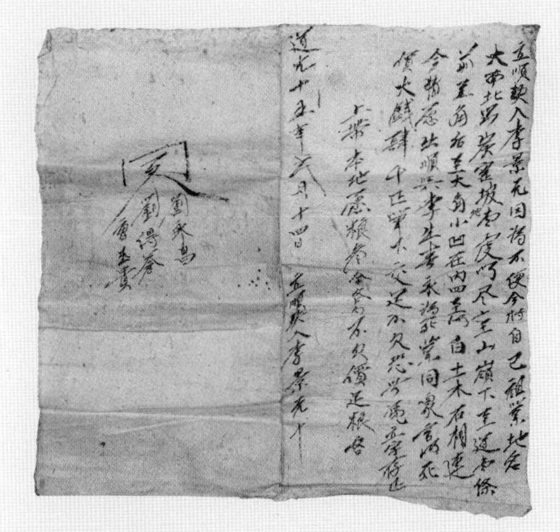

大南沟北岔炭窑坡

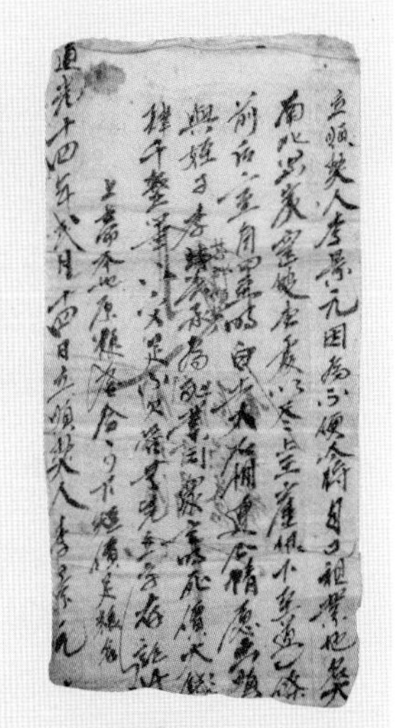

大南沟北岔炭窑坡

兵寨悬崖底部，与古兵寨呈三角形。小北沟位于大南沟北岔的前端，为了不与大南沟南岔北沟混淆，人们就称它为小北沟。

该区域内共有梯田 173 块，面积 20.72 亩，石堰总长 18 982 米。其中荒废梯田 57 块，面积 10.12 亩，石堰长 3369 米。区域内现有花椒树 419 棵，黑枣树 78 棵，柿子树 11 棵，核桃树 4 棵，杂木树 10 棵。寨坡上端有 1 座凸出的悬崖，悬崖顶部有 1 座春秋战国时期所建的古兵寨。有清朝时期甃水窖 1 口，有 2015 年李同江任五街村党支部书记时领导村民修建的蓄水柜 1 座，有石庵子 2 座。

此区域内的土地均处在阳坡，都是白渣土（黄渣土），石厚土薄，土质焦，黏性差，极不耐旱，只有下段少部分土地勉强为二类土地，绝大部分是三类土地，适宜种植谷子、玉米、高粱和各种豆类作物，和土豆、南瓜、豆角、红萝卜、白萝卜等蔬菜。二类耕地还适宜种植油菜、油葵、茬的等油料作物，和柴胡、黄芩、荆芥等中药材。

寨坡　寨坡，是因为顶部有一座春秋战国时期建的古兵寨，所以命名为寨。

而寨坡在古兵寨的前方悬崖的下边，地势绕山而转，中间凸起，底宽上窄，呈梯形，中间有道向上盘绕的小路，直通古兵寨悬崖根下，小路前端又称前寨坡，小路后端则称后寨坡，现在被人们统称为寨坡。因多为李姓所辖管，故又称李家寨坡。

小窑　寨坡最下端的北面面朝大路，有一个天然的料姜石小窑，贴近小窑周边的土地，人们也习惯地称之为“小窑”。小窑在大南沟南岔与北岔的岔路口，团结水库后端不远处。

白路　早年，大庵的至铁匠沟沟口的一段道路，是由白石矸铺成的，所以叫白路。1976年五街大队将这条道路拓宽成能通行农用机动三轮车的田间土路。2009年，支部书记李石廷和村主任李同江领导村民进行重修。2016年山洪冲毁了多个路段。2017年，五街大队又对这条道路进行了拓宽和硬化。至此，从前的白路已被埋没，但至今人们仍称这段路为“白路”。

大南古兵寨　大南古兵寨，东至茶臼峧，西至小北沟，南至田间主路，北至山垴，相传是两千多年前的春秋战国时期所建，位在小北沟和茶臼峧相连的地方，四面悬崖峭壁，东面的悬崖处有一个很狭窄的缝隙，人们只有爬过这道缝隙，才能到达寨内，是一个绝佳的易守难攻之处。历经几千年的沧桑岁月，当年人们栖身的石房子不见了踪迹。20世纪60年代，植树造林专业队大量栽种柏树，如今已长大成林。因它在大南沟北岔的山头上，所以被称为大南古兵寨，简称大南寨。又因它所在的区域旧时为李氏家族所有，所以也叫李家寨。

（李志红收集，李书吉整理）

8　龙泉沟

龙泉沟另包括茶臼峧、庙坡、庙三亩、小井坡、大南西坡、白玉顶磨盘垴、白玉顶奶奶庙（西顶），共8个地名6个地段。东经

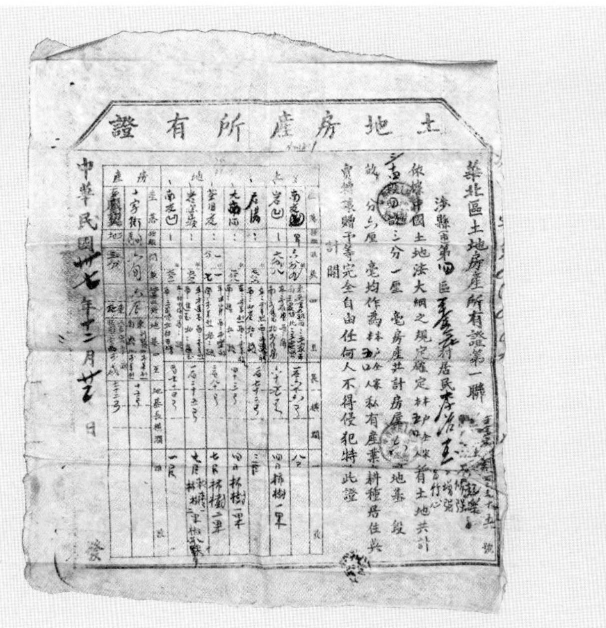

土地房產所有證

華北區土地房產所有證第一聯

涉縣（市）第四區王金庄村居民李启王

依據中國土地法大綱之規定確定林玉口全家所有土地共計三十畝三分一厘　毫房產共計房屋　間地基　段　畝　分　厘　毫均作為林玉口全家私有產業耕種居住典賣轉讓贈予等完全自由任何人不得侵犯特此證

計開

中華民國卅七年十二月廿　日

大南沟北岔茶臼岐

113°81'，北纬 36°58'，海拔 709~944 米。上至白玉顶奶奶庙，下至大南西坡和小井坡的最下端的五街村头，东至大南西坡的北角，与滴水沟的南拽谷相连，西至大南古兵寨寨坡的东角，最低处是大南西坡的底端。龙泉沟主洼呈东南—西北走向，正洼的下端有六层为李氏和曹氏的坟茔。连接左角和庙坡的右角的是一条弯弯曲曲盘山而上的石阶道路，一直通向白玉顶奶奶庙。最大的一块土地是庙三亩，最小的一块梯田在古兵寨北面的小洼处，面积不足 0.03 亩。龙泉沟分南、北两洼。北洼较深，上半洼的路要从南洼中角悬崖根部绕过才能到达。这条路也是通往白玉顶奶奶庙的大路。龙泉沟下有个黄龙洞，每逢夏季，泉水涌流，因此将这条沟称为“龙泉沟”。从远处看山势，又像多条龙，因此也叫“龙全沟”。

此区域共有梯田 384 块，总面积 109.43 亩，总堰长 50 104 米。其中荒废梯田 71 块，面积 17.43 亩，石堰长 4841 米。区域内现有花椒树 2294 棵，黑枣树 159 棵（其中百年以上黑枣树 19

棵），核桃树 96 棵，柿子树 44 棵，杂木树 75 棵。峰顶略下方一段地势较平缓山岭处有 1 座奶奶庙，2 座较大的石庵子，2 座石房屋，2 口水窖。左侧山坡洼处，即茶臼峧的上端，有 2 个石窟，人称狐仙洞。庙宇右下方是 1 个矗立的悬崖，悬崖下方 150 米处有 1 座敞口灵观爷庙宇，其下约 50 米处就是磨盘垴，有 2 座石庵子。

龙泉沟区域内仅庙三亩和龙泉沟第一块耕地土层厚，土壤肥沃，早些年还播种小麦，为一类耕地，其他沟坡均为二类和三类耕地。龙泉沟和茶臼峧及大南西坡石厚土薄，石渣较多；小井坡的耕地土质微红，土层较厚，有黏性，耐旱性较强，均为二类耕地。全区域内均适宜种植玉米、谷子、高粱、豆类等粮食作物，和土豆、南瓜、豆角等蔬菜，也适宜种植油葵、荏的、油菜等油料作物，以及柴胡、连翘、知母、荆芥等中药材。

白玉顶奶奶庙　　金盘山、白玉顶、龙泉沟、黄龙洞，均是寓意吉祥如意的风水宝地，奶奶庙就坐落在金盘山白玉顶上。对于这座奶奶庙最早供奉的神灵，说法不一。笔者亲自登峰顶，抄录了最早重修庙宇时刻在石柱上的一副对联："坐太山镇神州巍巍乎娲皇圣母，掌东岳灵应宫赫赫然碧霞元君"，又摘录了最早重修庙宇时所立的石碑上刻的一段文字：

"娲皇圣母宇宙补天修地，然后地平天成。人得涬然而兴德配天地，功益帝王巍巍乎，民无得而润之矣。如我乡西旧有圣母巍灵赫然籍万众，龙神宝殿由来久矣，从前岂无好善之人？但胜地不显，虽逢圣会，托巫追修庙于山顶……"

从上述石刻文字看，太山即太行山。从摘取的碑文看，此庙不应是娲皇圣母主宫，也不可能是碧霞元君的主宫，很可能是两位尊神的行宫。

20 世纪 40 年代庙宇倒塌，后经村民捐资献工，在旧址上重新修建，终因庙宇空间不大，至今未还原最初所塑神像，新雕塑神像只有送子奶奶和眼光奶奶等尊神。奶奶庙下边的磨盘垴处，还有一座小庙，说是灵官爷，为奶奶庙

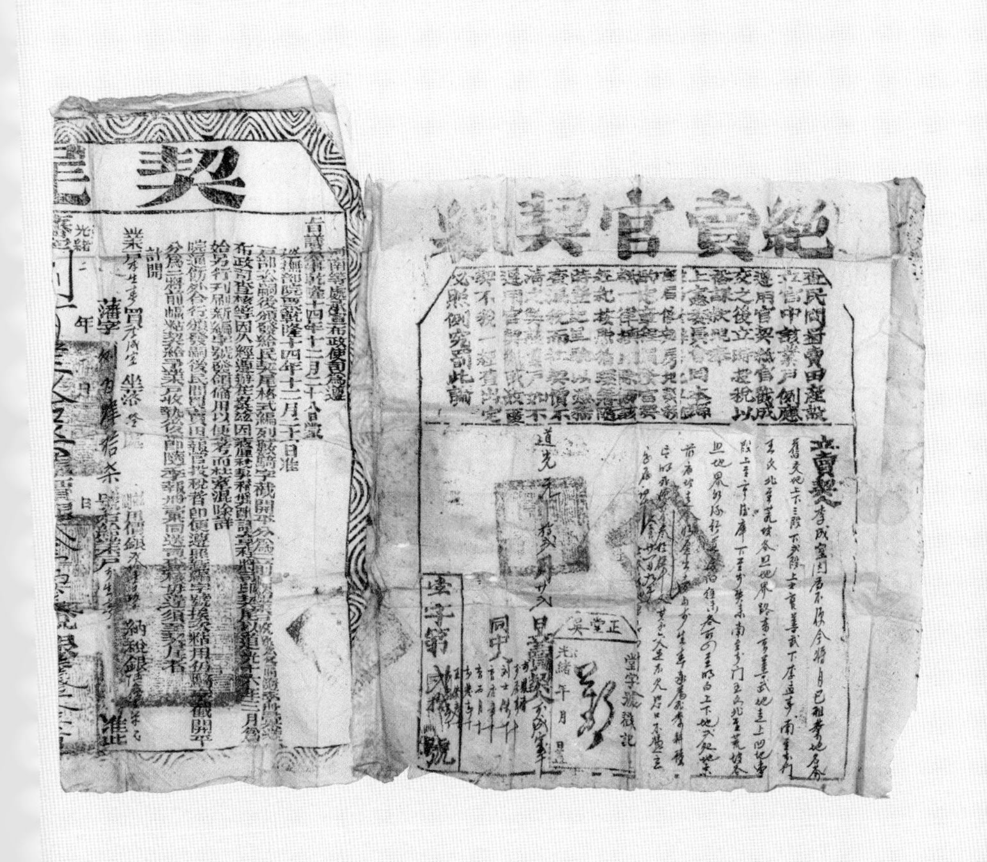

大南沟北岔茶臼峻

守护神。不知从何时起，村民们口口相传，金盘山白玉顶奶奶庙就是九奶奶庙。

（李书吉撰写）

茶臼皎　茶臼皎在龙泉沟后面，山很高，但沟不深，像洼，又像坡。茶臼皎下端有一个石臼，为李氏祖上挖制，当时有石匠工具的人很少，挖个石臼很不易。王金庄口语叫石臼为茶臼，茶臼上面这个地带自然就叫成了茶臼皎。

庙三亩　庙三亩在龙泉沟下面，东至小井坡，西至龙王庙，南至水库，北至田间水泥道路。王金庄整体地势山高坡陡，随地就势建造梯田，地块不大。龙泉沟下面这块地南头是龙王庙，庙旁的三亩地就叫庙三亩。

小井坡　小井坡在龙泉沟下口，东至村头，西至龙泉沟，南至庙河，北至上崖根。小井坡下面叫庙河，庙河里有一股清泉水，长年不断。先民在泉水处修建了一眼小井，干旱年全村人都吃过这眼小井的水，所以小井西面的坡就叫成了“小井坡”。

白玉顶磨盘垴　白玉顶磨盘垴在龙泉沟半山腰上，东至龙泉沟，西至茶臼皎，南至水库，北至奶奶顶崖下。沿着石阶向白玉顶攀登，走到半坡上的角形地带，有一处平平整整的岩石，圆圆的，如同磨盘一样，置于正角上，由于这个特殊标志又在白玉顶崖下，这里就叫白玉顶磨盘垴。

（李书吉收集整理）

地块历史传承情况

1　大南小南沟

1946　李振东家庭
1956　二街、三街、四街和五街大队
1976　五街大队第三、第四、第六生产小队
1982　李怀榜、李桃顺、李香明等家庭

窑坡

1946　李顺的、李界的、李虫寿等家庭

打坪

1946　李运堂、李孟林、李乃林等家庭

2　打南沟

开发　李氏宗族
1946　李维旭、李维英、李维楷等家庭
1956　五街和四街大队

1976　五街大队第一、三、四、七生产小队
1982　五街刘乃金、刘书民、刘京海等家庭

3　南圪道

开发　李氏宗族
1946　李孟林、刘振怀、刘更元等家庭
1956　五街第二、第五、第七生产小队
1976　五街第六生产小队
1982　刘凤民、李刚灵、李拉定等家庭

4　后沟

开发　李氏先人李堂子孙
1956　三街、四街、五街多个生产小队
1976　五街大队第二、第四和第五生产小队
1982　五街刘陈海、刘和定、刘国森等家庭

后沟主沟底端
1946　李云堂家庭

后沟大部分和岩洼、牛鼻的旮旯
1946　李守德家庭

捎近洼
1946　三街曹仁定、曹小楼、李乃林等家庭

5　黄沟

开发　李氏家族
1946　李小井、李苍的、李福廷等家庭
1956　四街大队
1976　五街大队第一、第二和第三生产小队
1982　五街刘学明、刘记定、李军灵等家庭

6　铁匠沟

开发　李氏子孙
1946　下段为李运堂、李田玉家庭所有，中段为李荣昌家庭所有，最上段为李善德家庭所有，最下端处东小洼为李维朝家庭所有
1956　90% 归四街集体所有，只有很少的一部分归五街大队
1976　五街第六和第七生产小队
1982　五街李池良、李贵德、李国海等家庭

炭窑坡
1946　李志玉、李进玉等家庭
1956　五街第五生产小队
1982　五街李运良、李争怀、李金库等家庭

7　小北沟

小北沟、寨洼的和寨坡
开发　李氏家族
1946　曹胜安、李景昌、李荣昌等家庭
1956　四街大队
1976　五街大队第一、三、五、七生产小队
1982　刘土定、刘富江、刘金海等家庭

小北沟最上端
开发　四街大队
1976　四街大队
1982　四街大队村民

8　龙泉沟

开发　李氏先人
1946　李有良、曹大汉、刘改顺等家庭
1956　三街、四街和五街大队
1976　四街大队、五街大队
1982　庙三亩由四街第三、四、五生产小队的家庭耕种；其他由五街七个生产小队的家庭耕种

秋笔　摄

五　石井沟

石井沟是王金庄24条大沟之一，包括石马寨和后垴栈两条小沟，共13个地名，位于王金庄村西北处。东至石井沟岭，西至九峰山岭，南至张家庄村的椒树洼，北至石井沟村北的古墙峪。该沟是王金庄村西北的一个过岭山沟，最近处石井沟距离王金庄村约2000米，最远处的是九峰山小尖山，距离王金庄村有7500米，人们往返一趟至少要4个小时。整个区域沟深坡陡，山势险峻，跌宕起伏，沟壑山洼相连，坡坡垴垴绵延弯曲，梯田环绕。

据李书吉收集整理，石井沟是一个过岭沟，从山岭到沟底有800多米深，四面环山。沟中间坐落着清乾隆年间从王金庄迁来的李姓在此建立的村落，村前河堰根有一石井，故称石井沟。

王金庄在此区域有多处梯田与石井沟村的梯田相掺。区域内共有王金庄村梯田1016块，土地总面积227亩，石堰总长46 556米。其中荒废梯田217块，面积81.1亩，石堰长13 540米。区域内现有花椒树2595棵，黑枣树143棵（其中百年以上的黑枣树有29棵），柿子树8棵，核桃树3棵，杂木树33棵，还有王金庄五街村第六生产小组村民李书榜栽种的1亩多杨树林。因为此区域距离村庄远，石庵子多达32座，其中60%的石庵子内有用石头铺成的石床，供人们耕作梯田、采摘花椒和秋收时夜晚住宿。有水窖3口，陡嶙的和难上马、石马寨每到夏秋两季只要雨水正常，就有一股微小的山泉水溢出，缸窟窿洼的上部悬崖

113°79'E 36°51'N
ASL 850~1030m
ASL
1100m
区域占总量比例
梯田 227 亩
1
2
石堰 46 556 米
1
2
花椒树 2595 棵
1
2
1
石马寨
2
后堖栈
600m

根部有一个直径 2 米多的天然石窟窿，形似水缸的缸口。区域内的九峰山海拔为 1159 米，比小南尖山还高 66 米，它由涉县更乐镇管辖，是方圆 20 里最高山峰。2015 年，更乐镇在其峰顶建立了 1 个钢架结构的测风仪。

石井沟多是阴坡，有的山坡和山洼以黑土为主，有的是红沙土为主，还有的为红黑土相混合，土层较厚，有黏性，日照时间短，耐旱性强。除靠近石井沟村的几块地能种小麦外，其他只能种植庄稼，适宜种植谷子、玉米、高粱、豆类等粮食作物，和土豆、南瓜、豆角、植红萝卜、白萝卜等蔬菜。此区域特别适宜土豆的生长，盛产的土豆个大、沙爽，相比别处口感更好，收成更高。2019 年大旱之年，此区域种的谷子还有 70% 的收成。此外还适宜种植柴胡、荆芥、知母、丹参等多种药材。

1　石马寨

石马寨另包括难上马、长磙、陡嶙的和古墙峪，共 5 个地名。东经 113°80'，北纬 36°59'，海拔 850~1030 米。东至红崖圪道岭，西至石井沟村前北部的古墙峪，南至陡嶙的南山角，北至康栲栳洼南山岭及下山角的底部。石马寨是石井沟这条大沟的第一区域，从滴水沟穿过王金庄隧道即到达。最近处距村 4 里左右，最远处却有 6 里之多。1979 年滴水沟与石马寨之间的王金庄隧道开通之前，去此区域要翻越海拔 800 多米的山岭。山高路陡，崎岖坎坷，行走非常困难。整个区域洼洼悬崖非常多，沟沟坡势陡峭。有些山坡因地势特别陡峭，虽无法修筑梯田，但山坡上植被繁茂，荆棘丛生，最多的木本植物是马机荃、酸枣、连翘、荆条及杂柴等，同样都是人们生存所需的资源。石马寨、长磙和陡

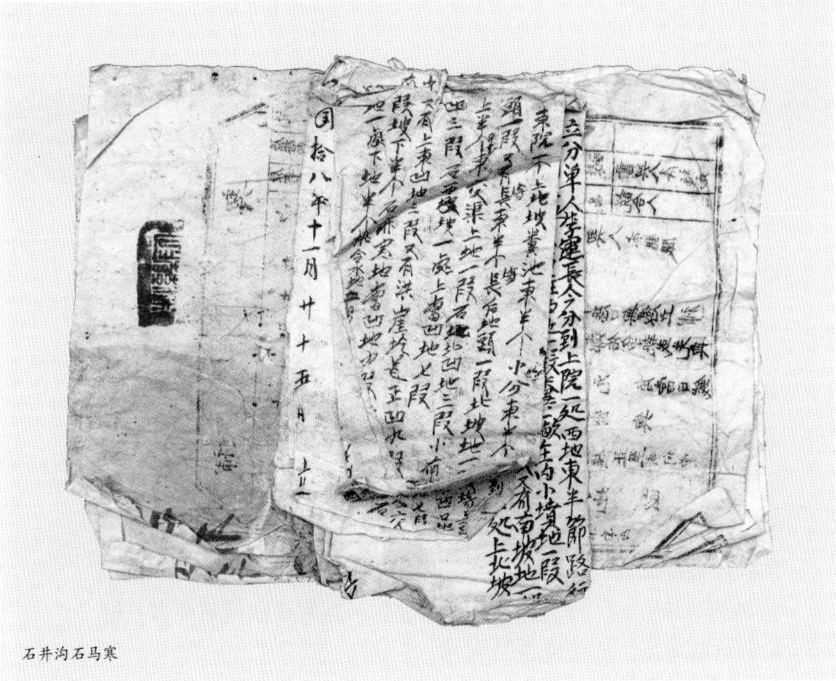

石井沟石马寒

嶙的俱属东洼，难上马属东南洼，这样的山洼由于下午阳光照射时间长，不利于庄稼生长，因此收成不如西洼。古墙峪虽是西洼，但洼小，其上边的悬崖又很高，对庄稼生长也不利。

石马寒共有梯田 417 块，总面积 55.2 亩，石堰长 10 788 米。其中已荒废梯田 43 块，面积 9.3 亩，石堰长 1635 米。区域内现有花椒树 1304 棵，黑枣树 56 棵，柿子树 4 棵，杂木树 15 棵，石庵子 14 座。

石马寒正下沟和南洼的土地偏黑土质，土层较厚，有黏性，耐旱性较强，属二类土地。适宜种植春播秋收的谷子、玉米、高粱、豆类等粮食作物，和土豆、南瓜、豆角、红萝卜、菜根等蔬菜。还适宜种植柴胡、荆芥、知母、丹参等多种药材。南小洼的红质土地，尤其适宜栽种丹参、地榆等中药材，但不适宜种植土豆。

难上马、长磙、古墙峪则是黄偏黑土质，土层较厚，处于西洼地带，比较耐旱，为二类土地。不仅适宜种植春播秋收的谷子、玉米、高粱，更适宜在小满和芒种两节气之间播种二耧谷子，就是民谚所说的“小满接芒种，一种顶两种”，这稙不稙、晚不晚的谷子，能有双倍的收获，但仅适宜西洼土质较好的地段。

石马寒底部是王金庄隧道的出入口，是连接王金庄村与外界的交通要道，距隧道口百米处是2019年井店镇新建的“林蔽园”花园，园内植有奇花园圃，筑有牌坊奇石。不远处有1座小型的太阳能发电站，是邯郸军分区为帮扶石井沟村村民脱贫所建。直走10米处向左拐可进入石井沟村，村口有一座石井沟村的牌坊。石马寒南旮旯、难上马的悬崖根部和陡嶙的上中段，各有1股微小的山泉水。特别是石马寒南旮旯的这股泉水虽然不大，但无论干旱多久，从来没有断流过。

难上马　难上马，在王金庄隧道上面，东至张家洼，西至石花沟，南至滴水垴，北至北上马垴，石井沟人称疤的坡。据说刘疤的祖父从李氏手中买下此山坡，前去拚地时，赶着一匹马，因为坡特别陡，马上不到山坡上，只好把马拴在山坡的下半腰，然后带领儿孙们一边修梯田，一边修路。就这样日复一日，年复一年，难上马一坡的梯田修好了，路也修通了，连马都上不去的荒山坡，变成了如今的层层梯田。

长磢　长磢在石马寒靠近石井沟方向，东至荒沟岭，西至石井沟村，南至捎近洼，北至石马寒。磢的特征是，地形像小沟，坡度陡，由于长期水土流失，被冲刷得只剩下乱石头或石多土少，这样的沟就叫磢。但长磢也有土层较厚的梯田，算好地。

陡嶙的　陡嶙的是石马寒靠近石井沟的一道洼，在长磢后边，东至荒沟垴，西至石井沟，南至捎近洼，北至石马寒。梯田从石井沟村修到了石井沟岭，由于坡度陡、山势嶙峋而称陡嶙的。

（曹献红收集，李书吉整理）

2　后垴栈

后垴栈另包括空滴水、大石头洼、山核桃树碶、红土坡、山神庙坡、北小尖山、林斗洼（九峰山），共 8 个地名。东经 113°92'，北纬 36°57'，海拔 850~1030 米。东至石井沟岭，与大南北岔相连，西至九峰山前角，南至张家庄村的椒树洼，北至石井沟村村边。一个大大的半圆形后垴栈道把此沟抱在了怀中。这条栈道也是王金庄梯田区域内海拔最高的一条道路，平均海拔高度在 940 米。整个区域山坡陡峭，悬崖峭壁层层叠叠，其峰岭弯曲延伸，起伏跌宕，延绵近十里，形状宛如一条舞动的巨龙。空滴水岭下的崖根处，有一个直径 2 米多的大石窟，恰似这条巨龙的眼睛。大自然的神工妙笔令人赞叹！

后垴栈区域内共有梯田 599 块，总面积 171.8 亩，石堰总长 35 768 米。其中荒废梯田 174 块，总面积 71.8 亩，石堰长 11 905 米。区域内现有花椒树 1291 棵，黑枣树 87 棵（其中百年以上的黑枣树多达 29 棵），柿子树 4 棵，核桃树 3 棵，杂木树 18 棵。有石庵子 18 座，绝大部分石庵子盘有火炕，还有 4 个用石头筑垒的羊圈，农历六月六羊出坡，住到立冬节气才回村。还有 3 口水窖。

此区域内只有空滴水沟口处的十多块土地，地块宽大肥沃，土质红黑相掺，黏性大，为一类土地，面积占区域内土地的 5%。其他沟洼坡的土地，80% 为黑土地，多为条状梯田，虽然有渣石，但土层厚，有黏性，又地处阴坡，耐旱性强，一般旱情都能有收成。1942 年的大旱之年，此区域种植的谷子仍有 60% 的收成，玉米也有 55% 的收成，被称为“保命田”，属二类土地。有 15% 的坡边地因土层较薄，山坡上多年生长的木本植物根系侵入，吸收了梯田内的养分，作物长势差，收成少，为三类土地。均适宜种植谷子、玉米、高粱、青豆等粮食作物和土豆、南瓜、

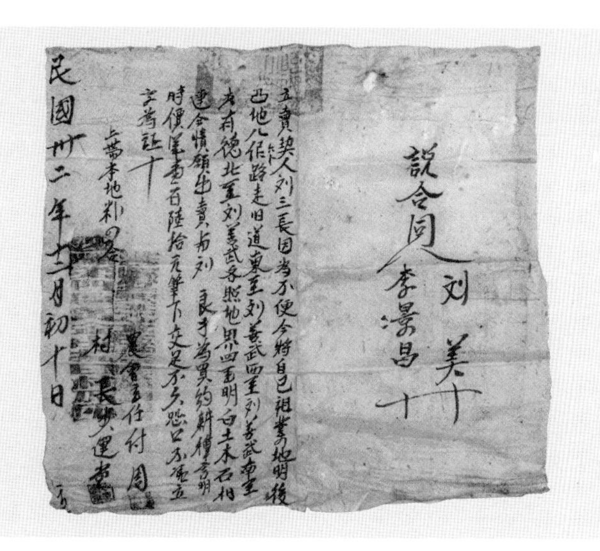

立賣契人刘三長因為不便今將自己祖業地明後
西地八作路走旧道東至刘姜武西至刘姜武南至
大有德北至刘姜武各照地界四至明白土木石相
連今情願出賣与刘 良才為業約耕種言明
時價洋壹百陸拾元筆下交足不欠恐口無憑立
字為証 十
上帶本地粮
農會主任 付周
村長 運書
民國卅二年十二月初十日

説合同人 刘美 十
李景昌 十

石井沟后垴栈

豆角、红白萝卜等多种蔬菜。

北小尖山　北小尖山是相对九峰山的主峰而言。北小尖山位于九峰山主峰北部，海拔没有主峰高，所以人称北小尖山。

听老辈人讲，北小尖山原来属于王金庄三街村曹氏祖先修建并耕种，曹姓家族中有一人，腿脚有残疾，走路一瘸一拐，还特别爱唱，人送外号“瘸唱的”。他每天挎着一个小圆篓，边走边唱。虽然喜欢唱，可他目不识丁，多数唱词也记不清，只会唱《穆桂英挂帅》中“辕门外三声炮如同雷震，天波府里走出来我保国臣”一句。因此，他就反反复复地唱这一句，干活也唱。从家到后垴北小尖山有约 15 里地的路程，他一直哼着唱，到小尖山还是唱着这句，后来人们就留下了口号：“三街瘸唱的，一句保国臣就唱到后垴小尖山了。”

山神庙坡　山神庙坡地处石马寒后面的石井沟南面，东至石井沟岭，西至山核桃树碳，南至石井沟村，北至上垴。山神庙建在岭上，这里的地名以山神庙命名，上半部分叫山神庙岭，下半部分叫山神庙坡。

林斗洼　林斗洼在石马寒西边，东至鬼哭沟，西至更乐村的招风旮旯，南至玉林井，北至更乐林场。清末，此洼由曹林斗家买下，修了层层梯田，故称林斗洼。

（曹献红收集，李书吉整理）

地块历史传承情况

1　石马寒

开发　李氏先人李虎宗族
1946　李平顺、曹礼祥、李松元等家庭
1956　三街，五街三、四、六和七生产小队
1976　四街大队
1982　四街曹庆雷、曹言定等家庭

难上马、长碘、陡嶙的和古墙峪
开发　李氏先人李昇宗族
1946　曹大汉、刘疤的、刘增吉等家庭
1956　二街、五街大队
1976　五街大队
1982　五街李军灵、刘土定、李榜陈等家庭

2　后墒栈

开发　李昇长子李让及其子孙
1956　三街、四街和五街大队
1976　五街大队
1982　五街村多个家庭

北小尖山
1946　三街曹小平、曹乃苍等家庭

林斗洼
1946　四街曹林斗、曹庆春和三街曹庆新等家庭

林斗洼南边洼地
1946　曹三安、刘壮光、刘卫的等家庭

红土坡
1946　刘增顺、刘更元、李兴祥等家庭

山核桃树碘
1946　刘从正、刘富堂、曹全顺等家庭

大石头洼
1946　李寿的、李乃林、曹书录等家庭

山神庙坡
1946　曹仁定、李铁良、李京良等家庭

空滴水
1946　李生玉、李维谋、李虫水等家庭

秋笔　摄

六　滴水沟

滴水沟位于王金庄西北方向，包括康栲栳洼、张家洼、高堰洼、滴水后沟、石门沟、滴水打南沟共 6 个沟洼，最远处距村 2000 米左右。滴水沟呈东西走向，东至王金庄村头，西至山岭，与石井沟中的石马寒、难上马和长碶岭相连，南至铁匠沟岭，北至南岭。此沟狭窄坡陡，悬崖重重，洼洼都有两层的悬崖，区域内除 7 · 19 抗洪纪念广场之前的渠洼地平缓、地块较大外，其余全都是条状梯田。最大的地块仅 0.95 亩，最小的一块不足 0.6 厘地。南北两山的峰岭山坡，处处都是郁郁葱葱的柏树林。

滴水沟内共有梯田 745 块，总面积 152.62 亩，石堰总长 37 241 米。其中荒废梯田 178 块，面积 33.72 亩，石堰长 9224 米。区域内现有花椒树 2521 棵，黑枣树 154 棵，核桃树 42 棵，柿子树 22 棵，杂木树 38 棵。区域内共有石庵子 39 座，水窖 2 口。沟口处有李氏迁至王金庄时立的坟茔，半沟处有 1976 年修的乡村公路王金庄隧道。2016 年井店镇修建了 7 · 19 抗洪纪念广场。2020 年，国家为了进一步改善交通条件，投资将此隧道进行拓宽和喷浆加固，并安装了太阳能顶灯和环形彩灯拱门，为开发旅游打卡地、拉动经济发展奠定基础。沟前东角处有 1 个梯田观景台，上方的半坡处建有 1 个空气质量监测点。

滴水沟渠洼地较少，多山坡地。广场之前的渠洼地十多年前曾种小麦，均为一类土地，适宜种植小麦、玉米、谷子、高粱、青

113°81'E 36°47'N
ASL 710~1030m
ASL
1100m
区域占总量比例
梯田 152.62 亩
1 2 3 4 5 6
石堰 37 241 米
1 2 3 4 5 6
花椒树 2521 棵
3 4 5 6
1 康栲栳洼
2 张家洼
3 高堰洼
4 滴水后沟
5 石门沟
6 滴水打南沟
600m

豆、黄豆、黍子等粮食作物，和南瓜、豆角、土豆、萝卜、白菜、北瓜、青椒、西红柿、菠菜、黄瓜、丝瓜、茄子等蔬菜。南山坡梯田，黑沙土较多，土层也较厚，耐旱，属二类地。北坡梯田，白沙土较多，堰高，渣多土薄，极不耐旱，若遇干旱年，则颗粒无收，为三类土地。

1 康栲栳洼

康栲栳洼位于滴水岭沟的背面，东经 113°86'，北纬 36°59'，海拔 906~974 米。东至岭沟红崖圪道，西至崖头下的玉林井村耕地，南至石马寒，北至石花沟的九毛洼南角。此小沟是滴水沟的一部分，是过岭山洼，距村约 2000 米。域内最下部的一块梯田修建在玉林井村所辖山坡上端的两丈多高的悬崖边上，有恐高症的人不敢在这块梯田上干活。至此向上山势逐渐展开，但由于洼浅，全是条状梯田。山坡上植被繁茂，种类多样。

据李书吉收集整理，此洼最下边很窄，越往上越宽，呈凹形，两边是山角，形成半包围状，很像古时候的栲栳圈椅，因此取名为“康栲栳洼”。

康栲栳洼共有梯田 57 块，总面积 7.93 亩，石堰总长 2640 米。其中荒废梯田 43 块，面积为 6.7 亩，石堰长 2280 米。最长的一块地长 162 米，最短的不足 10 米。区域内现有花椒树 8 棵，黑枣树 2 棵，杂木树 6 棵。原有 3 棵棠梨树，1 棵山楂树，1 棵杏树，后来调整插花地时，被原生产队砍伐掉了。现有石庵子 3 座，羊圈 1 座，水窖 1 口。

康栲栳洼土地为红渣土，土层较厚，有黏性，耐旱性较强。适宜种植春播秋收的玉米、谷子、高粱和各种豆类等庄稼。此洼南半部分最适宜种南瓜、土豆、红萝卜、白萝卜、豆角等蔬菜，属于二类地。岭头处的 5 块地，为石沙土，人称石子的地，土层薄，只适宜种植谷子和青豆（春天种），若种玉米，多不结穗，属三类土地，也适宜种植南豆和小豆。

2 张家洼

张家洼另包括王金庄隧道和 7 · 19 抗洪纪念广场，共 3 个地名，是滴水沟的一个小沟，位于隧道口上方。东经 113°80'，北纬 36°59'，海拔 772~990 米。东至高堰洼西角，西至石牛塘东角，南至乡村公路王金庄隧道口和 7 · 19 抗洪纪念广场，北至山岭，属阳坡地。山高坡陡，石厚土薄，受中段崖头阻隔，向上攀登非常艰难，加上山路两边及山坡丛生的荆棘，更给攀登增加了难度。从洼底到洼岭仅 500 多米的路程，却至少要用 1 个小时才能上到山岭。

此洼梯田由张氏先人开发修筑，因而得名张家洼。

张家洼现有梯田 77 块，总面积 11.9 亩，石堰总长 3246 米，其中荒废梯田 8 块，面积 1.2 亩，石堰长 246 米。此洼地块最长石堰长 152 米，最短不足 10 米。区域内现有花椒树 107 棵，黑枣树 17 棵（其中百年以上老黑枣树 2 棵），杂木树 10 棵（但不包括岭边和山坡上种植的柏树），石庵子 3 座。半山洼处有股清澈甘甜的山泉。

张家洼地势陡峭，石多土少，多为白石渣土，土层薄，极不耐旱。下半洼为二类梯田，上半洼为三类梯田。前半坡几块地为非耕地。适宜种植谷子、玉米、高粱等粮食作物和豆类，以及南瓜、土豆和豆角等蔬菜，不适宜种植对土层厚度要求较高的红萝卜、白菜、红薯，北坡野生柴胡、知母、远志较多。

7·19 抗洪纪念广场 在王金庄滴水沟隧道东口处，建有一处 7·19 抗洪纪念广场，占地面积约 3600 平方米。每天有来自四面八方的游客到此观光游览。2016 年 7 月 19 日，王金庄发生了几十年不遇的特大洪涝灾害。无情的山洪冲毁了道路，冲走了很多大小车辆，淹没了多家村民的财产。梯田里长势正旺的庄稼，冲毁倒伏多达 70%。灾情发生后，井店镇党委和政府及时领导群众开展自救，疏通了河道，修复道路，使得八方支援的物资，及时送到了灾民的手中。在外工作、经商的村民也都积极筹资捐物，重建家园，尽快恢复到了灾前生产生活水平。

为了纪念抗洪抢险的艰苦奋斗精神，井店镇党委和政府在此处建立了 7·19 抗洪纪念广场。广场中心竖立了抗洪中的群体形象雕塑。塑像的背后是鲜红的党旗。金黄色的镰刀斧锤下，“不忘初心，牢记使命”八个大字熠熠生辉。西边用石头筑起的石堰边上，“新时代、新思想、新目标、新征途”十二个火红的大字醒目耀眼，激励着人们要敢于战胜困难，勇于共克时艰。广场东边有一字排开的五个大石庵子，表明石庵子是王金庄坡堖耕田间不可缺失的组成部分。

7·19 抗洪纪念广场，会把王金庄人民抗洪抢险的伟大精神永远铭刻在子孙后代的心中！

（李书吉收集整理）

3 高堰洼

高堰洼是滴水沟的一个小沟，另包括纱帽山，共 2 个地名。东经 113°81'，北纬 36°58'，海拔 724~972 米。高堰洼东至滴水门，西至 7·19 抗洪纪念广场和张家洼前角，南至沟渠南路，北至上岭与上马沟南岭相接，属阳坡地。高堰洼主洼，洼浅山陡，石厚土薄，悬崖重重，石堰高。只有 7·19 抗洪纪念广场前的渠沟地，地势平缓，地块也比较大，梯田均是条状。因地势陡峭，多块地的石堰高达 3 米多，因此人们称此洼为高堰洼。

高堰洼共有梯田 92 块，总面积 26.59 亩，石堰总长 7623 米。其中荒废梯田 45 块，面积 12.29 亩，石堰长 3884 米。最长的地块堰长 215 米，最短不足 6 米。区域内现有花椒树 205 棵，黑枣树 5 棵（其中百年以上黑枣树 2 棵），柿子树 5 棵，渠洼地内有一片优种核桃树林，石庵子 2 座。因为山顶凸起的悬崖形状就像一顶纱帽，人称此山为纱帽山。山坡柏树成林。

7·19 抗洪纪念广场以下至滴水门老坟的渠洼地红黑土相间，土层较厚，耐旱性强。适宜种植小麦、玉米、谷子、高粱等粮食作物和各种豆类，和土豆、红薯、豆角、南瓜、白菜、红萝卜、白萝卜、茄子、青椒、西红柿、北瓜、黄瓜等蔬菜，堰根处宜种植扁豆角（即眉豆角），属一类土地。沟北为阳坡地，二类土地。靠岭处为三类土地，如遇旱年，收成至少减半，甚至绝收。山岭上有野生柴胡、远志、沙参等药材。

4　滴水后沟

滴水后沟另包括石牛塘、滴水垴，共 3 个地名。东经 113°81'，北纬 36°59'，海拔 722~1030 米。主沟呈东西走向，东至王金庄隧道口，西至滴水垴，与长磢岭相接，南至大南沟北岔的铁匠沟，北至石马寒。沟底及其西帮的山洼，不但地势陡峭，而且悬崖重叠，所有道路七拐八弯，拾级而上，给人悬崖重重疑无路的感觉。山坡植被繁茂，野皂荚、酸枣、连翘、陈柳棍和荆条随处都是，岭边垴头和山角上，成片成片的柏树林长势旺盛。

区域内共有梯田 215 块，总面积 38.6 亩，石堰总长 7518 米。其中荒废梯田 60 余块，面积 10.03 亩，石堰长 1853 米。区域内共有花椒树 574 棵，黑枣树 31 棵（其中百年以上老黑枣树 5 棵），柿子树 1 棵，杂木树 5 棵，石庵子 19 座，天然石窟 4 孔。其中石牛塘半洼处的西角有 1 个两头通透的石窟窿，人称“透间岩”。

渠洼地和后南洼均是黑渣土，土层较厚，有黏性，耐旱，见苗就能有收成，属二类地。石牛塘的上半部分和滴水垴的岭边部分，耐旱性更差，虽然也适宜种植玉米、谷子、高粱和豆类，若遇旱年，则收成甚微，旱情严重甚至绝收，但这类地现已荒废。

石牛塘　石牛塘位于滴水后沟和滴水垴之间，因所在地理位置而得名。石牛塘有两个天然石洞。一个较大，但不深，就是人们所说的“石屋岩”。另一个较小，也不深，但通透，人们称之为“透间岩”。相传，石屋岩内住有一头石牛，每当夜深人静时，它就出来溜达，吃草。山神爷为了预防它跑到别处，就在前角的石崖上戳了一个山洞，把牛拴着。有一年，南蛮人寻宝到此，发现了石牛，趁着半夜牛出来时，偷偷把牛给牵走了。从此，这里只留下了拴牛的石洞和牛吃草的小山洼，人们便将此处称为“石牛塘”。

（李书吉收集整理）

5　石门沟

石门沟是滴水沟中段的一个山洼。东经 113°81'，北纬 36°59'，海拔 752~1030 米。东至打南沟西角，西至滴水沟，南至山岭，北至 7 · 19 抗洪纪念广场，属阴坡地。此沟的半山腰处耸立着一座 7 米高的悬崖，右侧山角处也耸立着一座悬崖，将沟分割成上洼、下洼。

据李书吉收集整理，此沟的半沟处相向矗立着两个石崖，中间相距不足 5 米，恰似一道石门。跨过石门拾级而上，地势拓宽，形成一个大大的墚凹，人称簸墚，石门沟因此得名。还有一种说法，石门即是南天门，跨入石门，恰巧就是白玉顶奶奶庙。

沟内现有梯田 153 块，土地面积 42.5 亩，石堰总长 8744 米。其中荒废梯田 22 块，面积 3.5 亩，石堰长 961 米。地块石堰最长 150 多米，最短不足 10 米。区域内共有花椒树 922 棵，黑枣树 61 棵，核桃树 7 棵，杂木树 9 棵，石庵子 9 座。山坡间柏树成林，植被茂盛。

石门沟下半截的地块为红黑土，土质黏，较耐旱，为二类土地，适宜种植谷子、玉米、高粱等粮食作物和各种豆类，以及豆角、土豆、南瓜、红萝卜、白萝卜等蔬菜。因为地处阴坡，不宜种植小麦。石门沟上半截土质为白渣土，土层薄，不耐旱，为三类土地。虽然上半截适宜种植的作物和下半截一样，但一般年收成不及下半截，如遇旱年，收成甚微，甚至绝收。山岭上有柴胡、远志、沙参、前胡、黄芩等多种野生药材。

6　滴水打南沟

滴水打南沟是滴水沟的一个支沟，另包括小南洼、南拽谷，共 3 个地名。东经 113°81'，北纬 36°47'，海拔 752~934 米。东至南拽谷，西至石门沟前角，上至岭头，与大南沟北岔的茶臼皎和龙泉垴（即白玉顶）衔接，下至 7 · 19 抗洪纪念广场及前后南边的旧路，此沟最远处距村庄 2.5 里。区域内的山峰东起南拽谷，西

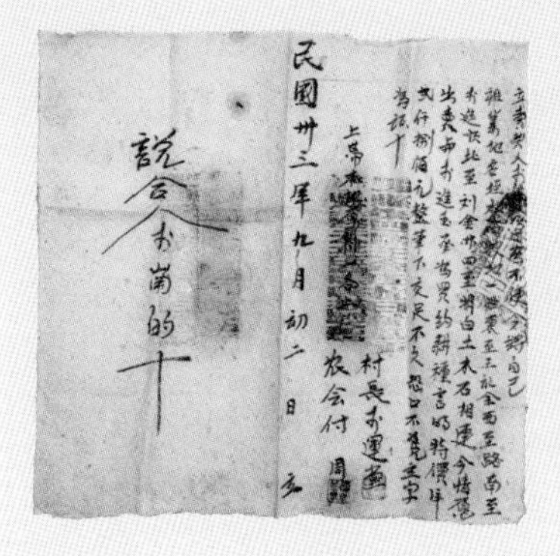

民國卅三年九月初二日

村長
农会付

滴水南坡

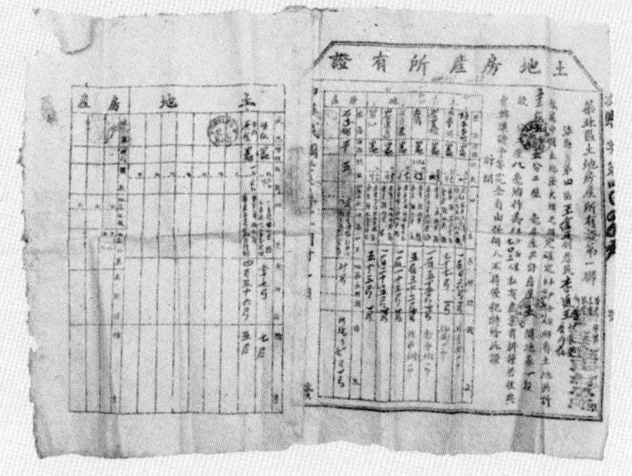

土地房產所有證

滴水南坡

至滴水打南沟垴，峰峰相连，一峰高于一峰，植被繁茂。滴水打南沟因其位于滴水沟中段的西南方而得名。因为大南沟北岔也有一个打南沟，为了不混淆两处地名，人们把这条沟称为滴水打南沟。

滴水打南沟共有梯田 151 块，总面积 25.1 亩，石堰总长 7470 米。因距离村较近，均未撂荒。区域内共有花椒树 705 棵，黑枣树 38 棵（其中百年以上黑枣树 6 棵），核桃树 35 棵，柿子树 16 棵，大棠梨树 1 棵，杂木树 7 棵，石庵子 3 座，下方的旧路旁有 1 口水窖。南拽谷山角下有多个坟茔，有一个石梯子。

滴水打南沟的土地多为黑渣土，南拽谷下段为红黑土相间，均为阴坡地，土层较厚，有黏性，耐旱性强，有“见苗三分收”的说法，多为二类土地。因是阴坡地，日照时间短，只适宜春播秋收，种植稙庄稼，比如玉米、谷子、高粱和各种豆类，山岭上有野生柴胡和玄参。前些年山上还长有苍术，近些年却无故不见了。

南拽谷　南拽谷在滴水打南沟前面，东至大南西坡，西至打南沟前面的小南洼，北至上垴，南至滴水门。明代，李氏一族由井店迁至王金庄，最先在南拽谷搭房建舍，居住于此，后移到村中，并将南拽谷做了坟地。此地本是

"南庄谷"，但由于"南庄谷"与"南拽谷"谐音，渐渐把"南庄谷"叫成了"南拽谷"。

（李书吉收集整理）

地块历史传承情况

1 康栲栳洼

开发 李氏祖先李虎及其子孙
1946 五街李平顺、李彦田、李景田等，二街五队曹大汉等家庭
1956 五街三队、四队和二街五队
1976 四街五队
1982 四街五队曹云海、曹反顺、刘书定、曹国魁等家庭

2 张家洼

开发 李氏家族
1946 张铁胆、张焕梅、张献魁等家庭
1956 二街、三街、四街大队
1976 四街大队
1982 四街刘灵榜、刘建灵、李翠云等家庭

3 高堰洼

开发 李氏家族
1946 刘书祥、曹石庆、曹黄毛等家庭
1956 三街、四街和五街大队所属生产小队
1976 四街大队的五个生产小队
1982 四街刘爱明、曹福灵、曹榜明等家庭

4 滴水后沟

开发 李氏家族
1946 李良顺、李平顺、李栋良等家庭
1956 三街、四街、五街大队所属生产小队
1976 四街大队
1982 四街刘云榜、刘三的、曹社余等家庭

5 石门沟

开发 李氏祖先李昇一族
1946 下半沟为李全的、李苍的等家庭所有，上半沟为四街刘改顺家庭所有
1956 下半沟为五街第六生产小队所有
1976 四街大队
1982 四街曹海榜、刘礼云、曹海国等家庭

6 滴水打南沟

开发 李氏祖先
1946 刘书祥、曹石庆、刘改顺等家庭
1956 三街、四街、五街大队所属生产小队
1976 四街大队
1982 曹胜所、曹凤禄、曹春怀等家庭

秋笔　摄

七　大崖岭

大崖岭包括南大崖岭、北大崖岭、石树峧、小南弯和半崖沟的共5条小沟。上至山岭与石花沟岭相连，下至南岔门，南至石树峧角，北至杉树沟角，整个沟呈东西走向。位于王金庄的西北方向，距村大约1500米，1964年以前是通往井店和县城的重要通道，道路宽3~4米，可以通行三轮车和摩托车。

据曹翠晓收集，李彦国整理：旧时，王金庄村民出村去井店、县城，都要从村西爬过海拔900多米的大崖岭，步行去一趟5个小时才能到达。大崖岭古道经历代重修而成，最近一次大修在1949年冬天。中华人民共和国成立后，村党支部、村农民协会为人民谋福利，日出劳力100多人，大干3个月，用青石条重修爬山台阶，使来往行人出入更为方便。王金庄有21道岭，命名方式各不相同，大崖岭因山岭两边有较高的悬崖峭壁而得名。

大崖岭共有梯田432块，总面积126.27亩，石堰总长30 505.6米。其中荒废梯田72块，面积21.99亩，石堰长6026.58米。区域内现有花椒树3151棵，黑枣树130棵，核桃树11棵，柿子树7棵，桐树7棵，杂木树43棵，石庵子10座，其中一座新建石庵子是刘云定所盖，沟口有1口民国时期修的水窖。渠洼地的沟口看起来很小，周围全是石崖峭壁，土壤贫瘠，遍山长满了马机荠和各种野生植物。北边悬崖陡壁较多，开垦的田地甚少，但土壤肥沃，收成比北洼高。

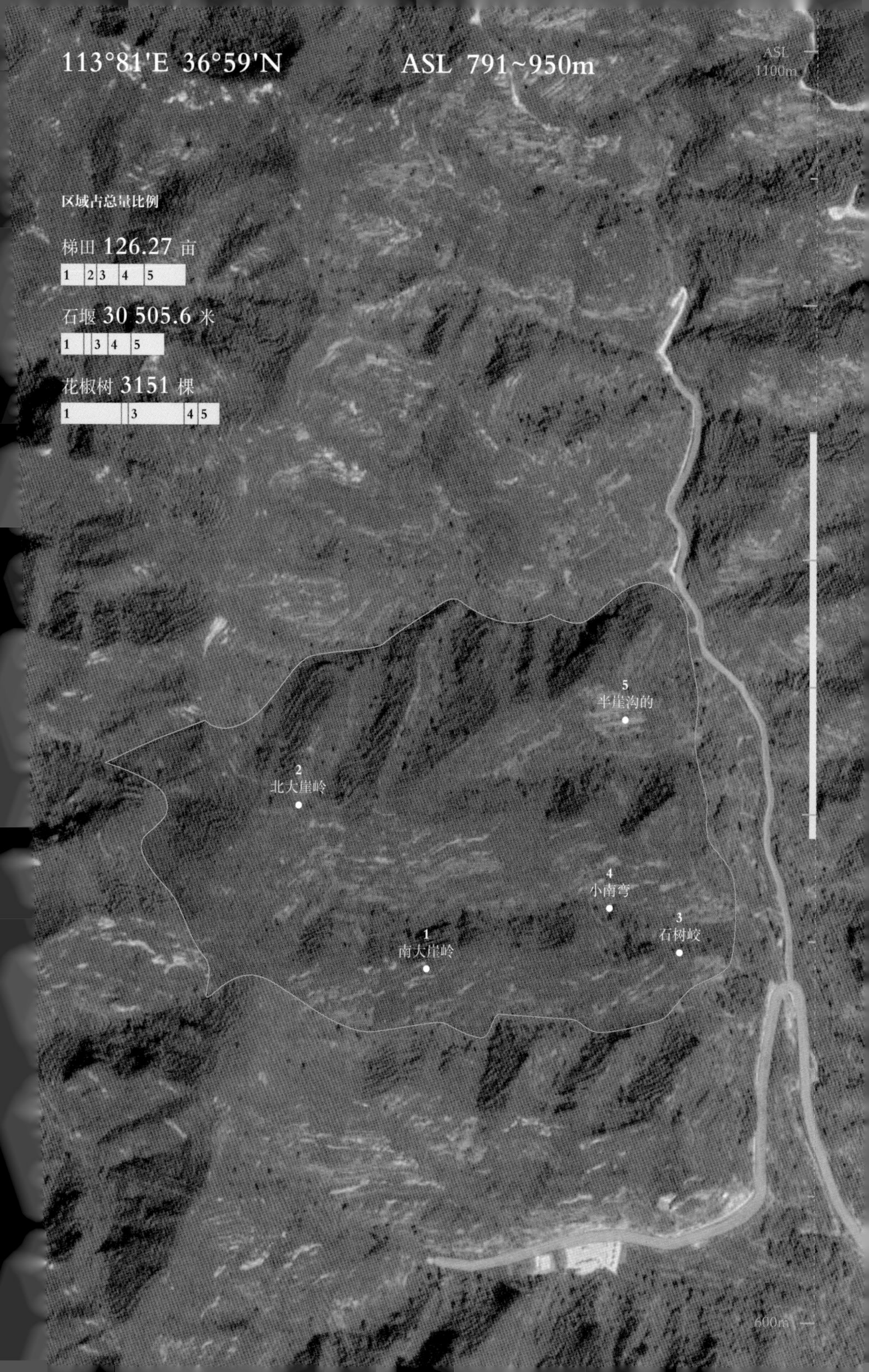
113°81'E 36°59'N
ASL 791~950m
ASL
1100m
区域占总量比例
梯田 126.27 亩
1 2 3 4 5
石堰 30 505.6 米
1 3 4 5
花椒树 3151 棵
1 3 4 5
5
半崖沟的
2
北大崖岭
4
小南弯
3
石树峧
1
南大崖岭
600m

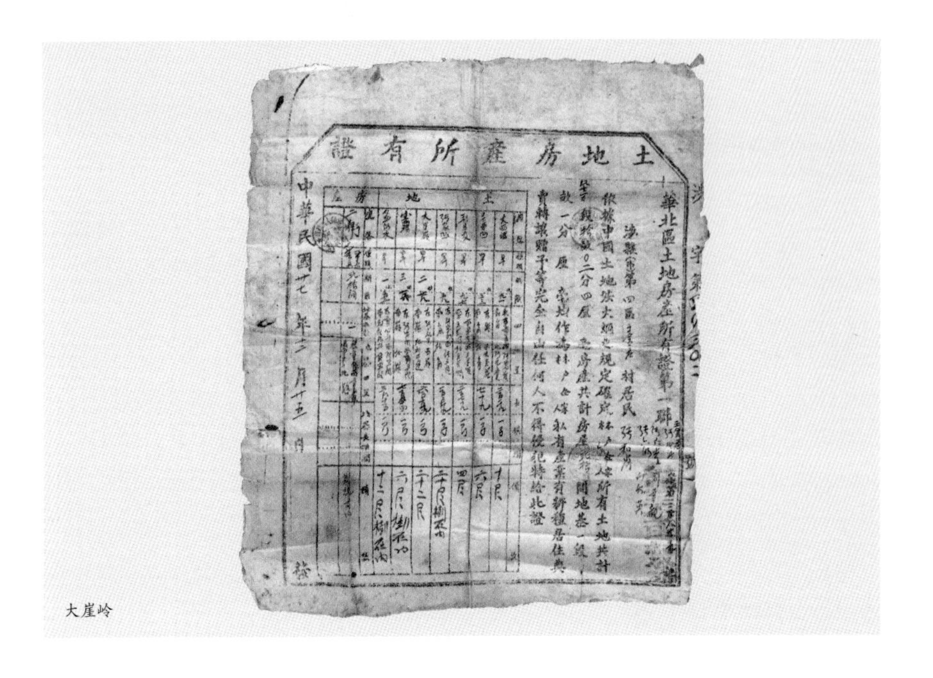

土地房產所有證

華北區土地房產所有證第一聯

依據中國土地法大綱之規定確定……所有土地共計……畝……分……釐……房產共計房屋……間地基……作為……私有產業有耕種居住典賣轉讓贈予等完全自由任何人不得侵犯特給此證

中華民國三十七年……月……日發

大崖岭

大崖岭拥有王金庄最长的一块梯田，地长 420 米，位置在大崖岭路南 60 米处，南至康楞栳洼。1982 年南半块地分给了李军灵家，后北半块地分给了李海仓家耕种。

大崖岭地势较低，比较平缓，土层较厚，属红白土质，地块比较大，所以抗旱能力较强。适宜种植玉米、小麦、高粱、豆角、油葵等作物，也适宜种植花椒树、核桃树、柿子树、桐树等耐旱树木。2000 年，政府大力推广优种核桃树，核桃价格每斤（1 斤=500 克）在 12 元左右，所以村民大量栽种，渠洼地核桃树也明显增多。

1　南大崖岭

南大崖岭另包括石板鞍角和红土洼，共 3 个地名。东经 113°80',北纬 36°59',海拔 780~917 米。上至垴岭，下至岭沟主路，东至石树峧北角，西至北大崖岭南角，地处大崖岭南边，距王金庄 2500 米。

南大崖岭共有梯田51块，面积24.11亩，石堰长6861米。其中荒地21块，面积6.26亩，石堰长1654米。区域内现有花椒树1224棵，黑枣59棵，桐树30棵，柿子树2棵，椿树1棵。南大崖岭属红土地，土层较厚，较耐旱，适宜种植玉米、谷子、高粱、大豆等粮食作物，和南瓜、没丝豆角、萝卜等蔬菜，也适宜种植油菜、油葵、荏的等油料作物，和柴胡、黄芩、连翘等中药材，花椒树、核桃树、黑枣树、柿子树等耐旱果树和杂木树也适宜种植。顺着山路一直走，路的两边还生长着各种野生药材。

大崖岭的岭头比较平坦空旷，植被茂盛，狼经常在这里出没，故称狼道。曹明党曾是一位在解放战争时期负过伤的老战士，复员后，他在大崖岭给生产队放羊。有天夜里，他睡得正香，忽然被外面的动静吵醒，他以为是刮风，没在意。不一会儿，声音越来越大。九月的天气已经微寒，尤其在山里，温度更低，曹明党来不及穿好衣服，拿起镰刀就飞奔出去。这时，他看见有只狼正在羊圈里撕咬小羊，小羊已经血迹斑斑，其他羊也被吓得四处乱窜。曹明党挥起镰刀，奋不顾身地向狼冲去。狼被吓得逃走了，尽管有只羊被咬死，但多数羊没受到伤害。曹明党为了集体利益义无反顾，用生命与狼英勇搏斗的事迹一直在民间流传。

（曹翠晓收集，李彦国整理）

2 北大崖岭

北大崖岭位于大崖岭的北边，东经113°80'，北纬36°59'，海拔880~980米。东至杉树沟角，西至石花沟上岭，南至岭沟主路，北至岭沟西沟岭。这条山路是通往井店、县城的重要通路。山顶对面的山叫猴子抬轿，西边是茶壶山，东边通往石井沟岭，往下走是石花沟，再往前走就是玉林井。

北大崖岭共有梯田 36 块，总面积 11.57 亩，石堰长 2035 米。其中荒废梯田 5 块，面积 1 亩，石堰长 271.58 米。区域内现有花椒树 116 棵，桐树 6 棵，黑枣树 6 棵，横路上有 1 口水窖，前角上有个上百年的石庵子，半山腰有 2 座新建石庵子。

北大崖岭属红白土，不耐旱，为二类土地，适宜种植玉米、谷子、大豆、高粱等粮食作物，以及豆角、南瓜等蔬菜，油葵、油菜等油料作物，还适宜种植花椒树、黑枣树、核桃树等耐旱果树，但产量不及南大崖岭。沟内有很多野生椿树、杜梨树。顺着山路一直走，路两边有很多野生皂荚树，这种树十分耐旱，很适宜在沟内生长。

20 世纪 70 年代初期，村民王永江、王书江、李勤地、李香灵、曹苏云、李海魁、李学太、刘香所、李存林等人，就是通过这条山路去往井店上的高中。那时候山路崎岖，遇到雨雪天气更是举步难行。有一年冬天的一个星期天，雪下得很大，刘香所、李学太等人返校，他们费了好大力气才爬上山顶，李香所一不小心又从山顶滑下去一大截，他站起来，继续往山上爬。他们经过刻苦学习，成为王金庄的拔尖人才。其中王永江、李勤地、李存林和李海魁先后当上了人民教师，为王金庄的教育事业做出了较大的贡献。

（曹翠晓收集，李彦国整理）

3　石树峧

石树峧另包括石花树坟和石树峧脸，东经 113°81'，北纬 36°59'，海拔 878~980 米。东至岭沟渠洼地，西至山岭与南大崖岭交界，南至岭沟西坡，北至南大崖岭小南洼前角。该沟位于大崖岭前口，山高路陡，地块较窄，距王金庄五街村大约 1500 米。

石树峧共有梯田 95 块，总面积 22.25 亩，石堰总长 4736 米。其中荒废梯田 23 块，面积 7.72 亩，石堰长 2050 米。区域内现有花椒树 1121 棵，黑枣树 51 棵，核桃树 6 棵，柿子树 5 棵，杂木树 3 棵，石庵子 8 座。

石树峧土地为红黑土，耐旱抗涝。适宜种植玉米、谷子、高粱、豆类等粮食作物，豆角、南瓜、土豆、红薯、白菜、萝卜等蔬菜，油葵、荏的、油菜、花生等油料作物，柴胡、丹参、远志、荆芥等中药材，以及花椒树、黑枣树、核桃树、柿子树等果树。

石花树坟　石花树坟在大崖岭沟的前口，是付氏家族的祖坟。过去这里石花树（学名华北五角枫）长得很茂盛，这个区域的地名都与石花树相关，周围除了石花树坟外，还有石花树沟、石树峧的、石花树西坡、石树峧前脸。

（刘玉荣收集，李彦国整理）

4　小南弯

小南弯分前南弯和后南弯两部分，中间隔一条路，东经 113°81'，北纬 36°56'，海拔 828~960 米。东至上岭，西至岭沟渠洼路，南至山岭，北至大崖岭主道。这两个小洼面积很小，土地不多，梯田以上是一片陡坡，无法修造梯田，只能长一些柴草之类的植物。

小南弯共有梯田 94 块，总面积 25.49 亩，石堰总长 6762 米。其中荒废梯田 2 块，面积 0.27 亩，石堰长 123 米。区域内现有花椒树 260 棵，黑枣树 3 棵，核桃树 2 棵，杂木树 1 棵，水窖 1 口。

小南弯属红黑土土质，耐旱，地势陡峭，适宜种植玉米、谷子、高粱、豆类等粮食作物，豆角、南瓜、萝卜等蔬菜，油葵、茌的、油菜等油料作物，以及柴胡、黄芩、荆芥等中药材，最适宜种植花椒树、黑枣树等耐旱果树。

20 世纪 60 年代，因遭受自然灾害，人们的生活遇到了困难，国家为了鼓励人们渡过难关，允许群众开小片荒，五街李维柱便带领儿子们在后小南弯修梯田。他们起早贪黑，边修边种植。根据季节气候的更替，适宜长什么作物就种什么，能种一棵就种一棵。等地块修平整了，地里也生长了好多种作物，可以说是样样齐全，使家里的生活有了改善。乡亲们照着他的方法去做，一时间，全村掀起了一股新的修坡地高潮。

（李海魁收集，李彦国整理）

5　半崖沟的

半崖沟的另包括后半崖沟的，位于大崖岭的北边。东经 113°80'，北纬 36°59'，海拔 861~940 米。东至杉树沟角，西至北大崖岭，南至岭沟渠地，北至岭沟西沟岭。因为此沟中段有一个悬崖，所以叫半崖沟的。半崖沟的形状如一把扇子，远远望去非常美观。半崖沟的共有梯田 176 块，总面积 42.85 亩，石堰总长 10 111.6 米。其中荒废梯田 21 块，面积 6.74 亩，石堰长 1928 米。区域内现有花椒树 430 棵，黑枣树 11 棵，核桃树 3 棵，杂木树 9 棵。半崖沟的属红土地，为二类土地，适合种玉米、谷子、高粱、大豆等粮食作物，和豆角、南瓜、萝卜等蔬菜。也适合种植花椒树、黑枣树、核桃树等耐旱果树。

20世纪70年代中期，五街第五生产小队的李金爱和几个姐妹一起在半崖沟的开垦梯田。她们高高兴兴地来到了山坡上，各自找好位置，紧张有序地开始劳动，好像有使不完的力气。到了中午，人们吃过干粮，在休息的时候，一阵狂风刮过，一大块石头从山顶上滚了下来，正好砸中李金爱的头部，李金爱当场身亡，当时在场的队员们都被吓傻了。年仅21岁、风华正茂的李金爱为修梯田就这样付出了年轻的生命！

（曹翠晓收集，李彦国整理）

地块历史传承情况

1　南大崖岭

开发　刘氏祖先和付氏祖先
1956　五街
1976　五街大队
1982　五街刘相所、刘聚平、刘书民等家庭

2　北大崖岭

1946　付香平、刘顺德祖辈耕种
1956　二街、三街、四街、五街
1976　五街大队
1982　五街刘付江、刘香所、刘学定等家庭

3　石树峧

开发　付竹顺先祖
1956　四街三队、五街四队
1976　四街、五街
1982　四街刘爱明、张文榜等，五街李贵金、李书德等农户

4　小南弯

开发　李进田等祖辈从付氏祖辈买下山坡修建
1956　三街四队，五街四队、七队
1976　五街大队
1982　五街刘香民、刘德金、刘和定等家庭

5　半崖沟的

开发　付氏祖先和李氏祖先
1946　四街付竹顺、刘顺德等祖辈
1956　三街四队、五街四队
1976　五街六队
1982　五街李书榜、李刚灵、曹怀虫等农户

秋笔 摄

八　石花沟

石花沟是王金庄24条大沟之一，梯田主要分布于石花主沟、老和尚旮旯，位于王金庄村西北方。东与大西沟山岭相连，西以沟口的乡村公路为界，南至九毛洼南角，北至茶壶山。沟口至沟底长1237米，沟岭距王金庄有3500米，前沟口距王金庄村则有5000米，是个过岭沟。梯田的权属方面，只有主路洼、红土坡至山岭，以及北洼的悬崖头以上完全属于王金庄，沟的前半部分及渠洼地则与玉林井村的梯田相间分布。石花沟最早由王金庄曹氏祖先开发，因其距离村庄较远，耕种土地还需要翻山越岭，往返极不方便。为了就近种地和生活，刘、曹两姓的几家先人迁居玉林井村，转而开始耕种那里的土地，于是形成了两村土地相间分布的情况。

石花沟王金庄所属梯田共有303块，总面积53.28亩，石堰总长15 563米。其中荒废梯田129块，面积40.15亩，石堰长9613米。区域内共有花椒树558棵，黑枣树59棵（其中百年以上老黑枣树12棵），山楂树5棵，核桃树3棵，杂木树39棵，石庵子18座，水窖3口，泉水1处。

石花沟底的前半段属一类土地，土质多白土，也有部分为红黑土相间，土层较厚，耐旱，日照时间较长，一年可收获两季，适宜种植小麦、晚谷子、晚玉米、黄豆和黍子。21世纪以来，因种小麦不及买白面合算，就不再种植小麦。该处土地还适宜种植各

113°80'E 36°59'N
ASL 716~936.6m
ASL
1100m
区域占总量比例
梯田 53.28 亩
石堰 15 563 米
花椒树 558 棵
老和尚旮旯
600m

种药材，如柴胡、丹参、知母等。中段的山洼处只适宜种植谷子、玉米、高粱、豆类等粮食作物，和南瓜、豆角、红萝卜、白萝卜、土豆等蔬菜，属二类土地。沟的上半段至岭处均为三类土地，白矸土多，土层薄。山坡上有柴胡、远志、沙参、地榆等多种野生药材。

据李书吉收集整理，很久以前，石花沟内长有很多石花树，树大茂盛，木质坚硬，是修房盖屋、制作家具的优质木材，因此人们称这条沟为石花沟。此沟与大崖岭背靠背，1964 年以前与大崖岭一道，是王金庄通往玉林井、井店、涉县县城的重要通道。1949 年冬天，在村党支部和村农民协会领导下，以石条对爬山台阶进行了重修，拓宽了路面，极大地方便了人们的出入行走，也方便了人们对此区域的土地耕作。

老和尚旮旯在石花沟底部，另包括九毛洼、红土角和石花旮旯，共有 4 个地名。东经 113°80'，北纬 36°60'，海拔 712~936.6 米，呈东南—西北走向。东至大崖岭岭脊和岭沟大西沟，西至沟口的乡村公路，南至九毛洼南角，北至倒峧沟的横岭。全区域为过岭地域，最近处距村约 4000 米，最远处距离村头 5000 多米。此区域悬崖多，悬崖下方的渠沟地地势较为平缓，有多个较大的地块，但多为玉林井村村民所有。悬崖以上地势非常陡峭，乱石嶙峋，石厚土薄，山间道路崎岖陡峭，山坡及山路两侧灌木丛生。荒坡面积较大，所有梯田均为条状。

石花沟的南岭处有一座悬崖，高高矗立于山头，其形状恰似古时文人用的搁笔架，故名为笔架山。其后的岭脊还有一个通透的大石窟窿，人们称它为透间岩，空间较大，能容纳一群羊夜宿。岭边还有 2 座用石头砌垒的羊圈。石花沟北面山坡最上最前端矗立着一座悬崖，其形状恰似茶壶，所以人们称它为茶壶山。区域内最多的木本植物是野皂荚、酸枣和野生连翘。此区域内九毛洼和石花旮旯土壤偏黑，土层较厚，也比较耐旱，为二类土地。红土角及下属的渠洼地，土壤偏红，有黏性，土层厚，耐旱性强，前口有几块为一类土地。土壤偏沙，石多土少，土层薄而石矸子多，极不耐旱，80% 为三类土地。均适宜种植春播秋收的谷子、玉米、高粱和豆类等粮食作物，以及土豆、南瓜、豆角、红萝卜、白萝卜等蔬菜，也适宜种植柴胡、知母、地榆等中药材。

老和尚旮旯　老和尚旮旯，原是三街村民曹和尚的地。他本不是个和尚，但老了还没有娶上媳妇，后来他就真的出家当了和尚，随后就把这里的山坡和土地卖掉了。因曹和尚曾在这里修田，故取名为“老和尚旮旯”。

曹善谋曾在老和尚旮旯修梯田时建一石檐，即兴题诗一首：“石板蓬檐意如何？防止到此雨雪多。东西来往都方便，万古千秋永不没。”（“多”为方言动词，意为“被雨雪泼打”。）

九毛洼与红土角　九毛洼在老和尚旮旯内，东至大崖岭，西至田间主路，南至红土角，北至玉林井后坡。老和尚旮旯范围较大，大旮旯套着较小的石花旮旯，旮旯角上土质属红土，叫红土角。洼内梯田由曹九毛祖上开垦，把人名和洼地地形合在一起，故称九毛洼。

（李书吉收集整理）

地块历史传承情况

老和尚旮旯

开发　付氏、刘氏家族
1946　曹九毛、曹善谋、曹子厚等家庭
1956　二街、三街、四街和五街大队
1976　五街七个生产小队
1982　五街村七个生产小组的近百个家庭

秋笔　摄

九　岭沟

岭沟包括上马、岭沟红崖圪道、杉树沟、大西沟、小西沟、艾洼、窑洼、余角的、桃树沟、长东沟、毛的沟，共11条小沟。东至余角岭一线，西至泉峧岭，南至王金庄村，北至南峧村。

据李彦国收集整理，岭沟是闭塞的村庄通向外界的重要出口。古有大崖岭古道翻山向外，今有王金庄隧道直达涉县县城。抗日战争时期，刘伯承首长从涉县城西赤岸村率129师指挥部秘密转移作战就是从岭沟东去的，磁县战役中毛驴运送军用物资也是走的岭沟。从滴水岭到泉峧岭呈倒U字形，拐到余角岭，崇山峻岭，山高沟深，故而得名岭沟。

岭沟共有梯田4006块，总面积723.52亩，石堰总长211 074米，其中荒废梯田397块，面积98.76亩，石堰长25 337米。区域内现有花椒树11 760棵，黑枣树755棵，柿子树65棵，核桃树58棵，杂木树94棵，石庵子109座，水窖15口。

岭沟梯田有坡地、洼地、堖地，多黑土，土性偏黏。洼地土层较厚，堖头坡地土层瘠薄。适宜种植黄豆、青豆、小豆、谷子、玉米等粮食作物，和山药、豆角、南瓜、萝卜等蔬菜，也适宜种植花椒树、黑枣树、梨树等果树以及桐树等杂木树。

村后三条大沟中岭沟最大，曹、李、付三大家族在岭沟均有开发梯田，多族坟地也立在岭沟，他们生前劳动在岭上，逝后埋葬在沟里，与岭沟共相守。由于岭上梯田层叠，2020年王金庄村民在余

113°81'E 36°58'N
ASL 784~1040m
ASL 1100m
区域占总量比例
梯田 723.52 亩
1 2 3 4 5 6 7 8 9 10 11
石堰 211 074 米
1 2 3 4 5 6 7 8 9 11
花椒树 11 760 棵
1 2 3 4 5 6 7 8 9 11
6 艾洼
7 窑洼
8 余角的
5 小西沟
4 岭沟大西沟
3 杉树沟
9 桃树沟
10 长东沟
2 岭沟 红崖圪道
11 毛的沟
1 上马
600m

岭沟

角岭至泉峧岭修通了一条山巅马路，由毛驴运输耕作转变成三轮车运输、旋耕机耕作，大大提高了村民们爬山、进田耕作的效率。

1 上马

上马另包括滴水西坡、上马角，共 3 个地名，地处村西 1500 米处，滴水沟北侧，东经 113°81'，北纬 36°59'，海拔 739~1005 米，东至公路，西至山垴，南至滴水沟路，北至上马沟路。地势平缓，地块长，耕作十分方便。

上马有梯田 401 块，总面积 124.47 亩，石堰总长 28 584 米，其中荒废梯田 31 块，面积 9.86 亩，石堰长 2525 米。区域内现有花椒树 2318 棵，黑枣树 68 棵，柿子树 18 棵，核桃树 18 棵，桐树 21 棵，杜梨树 1 棵，石庵子 19 座，水窖 1 口，凉亭 1 座，坟 3 座。

上马位于滴水沟地势最低处，土层较厚，坡条地，土质偏黏，属二类土地，适宜种植玉米、谷子、大豆等粮食作物，和豆角、白菜、萝卜、土豆、南瓜、红薯等蔬菜，也适宜花椒树、黑枣树、柿子树、核桃树等果树的生长。

上马角　上马角，上至山坡，下至“井禅”公路，南至滴水沟，北至上马沟路。进入上马有两条路，顺沟走，进入上马沟，顺角走，便到达上马角。上马角是介于上马沟和滴水西坡之间的凸起高地，一沟一坡夹着一角，故称上马角。

（李献如收集，李彦国整理）

2　岭沟红崖圪道

岭沟红崖圪道东经 113°80'，北纬 36°59'，海拔 739~998 米，东至通往泉峧岭的田间主路，西至山岭，北至岭沟西坡，南至上马堖。因地势较低，农民耕种较为方便。

据李现如收集、李彦国整理，岭沟红崖圪道下半腰处有一座悬崖，悬崖呈罗圈栲栳圈形状，以半圆形将崖下的土地包住。山崖高大宏伟，大部分为红色岩石，因此取名红崖圪道。因后峧沟有一洪崖圪道，“红”“洪”读音相同，为区分两者，此地称岭沟红崖圪道。

岭沟红崖圪道紧邻上马堖，地处上马堖正北，共有历代修筑的梯田 250 块，总面积 59.82 亩，石堰总长 15 838 米，无荒废梯田。区域内现有花椒树 1050 棵，黑枣树 51 棵，核桃树 3 棵，石庵子 1 座，水窖 1 口。

岭沟红崖圪道地势较低，耐旱，红黑土，为二类土地，适宜种植玉米、谷子、豆类等粮食作物，和豆角、南瓜、萝卜、西葫芦、

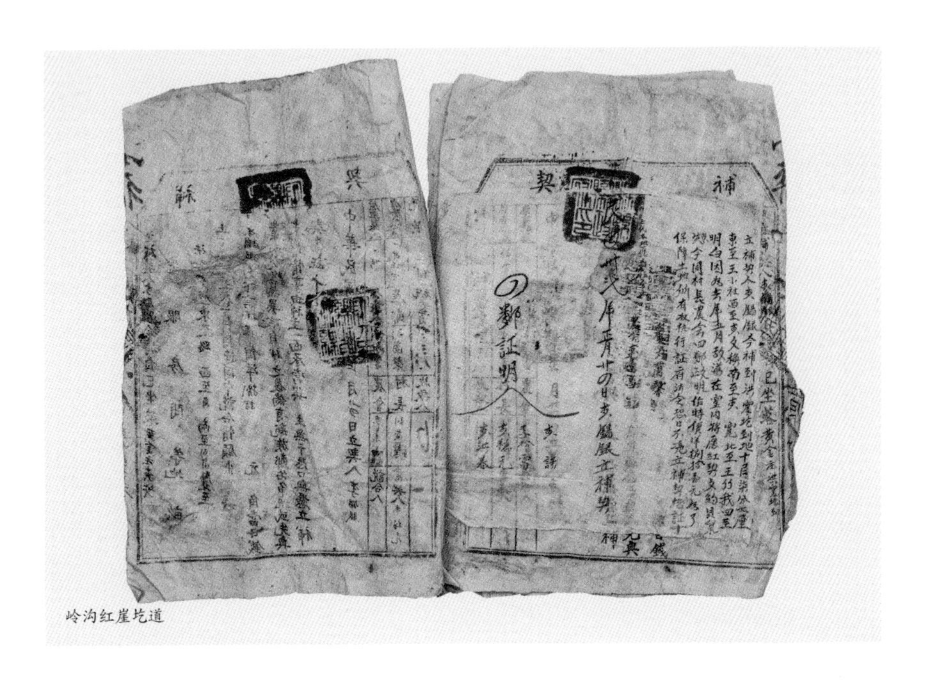

岭沟红崖圪道

白菜等蔬菜，也适宜种植油葵、油菜、花生、茬的等油料作物，尤其适宜花椒树、柿子树和黑枣树生长。

3　杉树沟

杉树沟，地处王金庄村西北部。东经 113°81'，北纬 36°60'，海拔 779~950 米。东至田间主路，西至山垴，南至大崖岭，北至大西沟。地形复杂，地块长短、大小不一，长块盘山环绕，小块不足 2 平方米。站在下面马路上往上看，上面是石崖，石崖下小山洼并不大。而看不见的石崖以上才是主要梯田，到石崖以上劳作，要从大崖岭西坡往上走才能到达，十分隐蔽，人迹罕至。除了本沟种地户，很少有人去。

杉树沟共有梯田 87 块，总面积 18.47 亩，石堰总长 4959 米。其中荒废梯田 10 块，面积 1 亩，石堰长 300 米。区域内现有花椒树 321 棵，黑枣树 23 棵，桐树 4 棵，梨树 1 棵，石庵子 1 座。梨树长在石庵子门前一片较宽阔的场地上，遮住了阳光，中午人们会在梨树下烧水做饭。

杉树沟梯田有坡地、洼地、垴地，多黑土，土性偏黏。洼地土层较厚，垴头坡地土层瘠薄。多种土壤类型造就了作物的多样性，此地适宜种植谷子、玉米、黄豆、青豆、小豆等粮食作物，和山药、豆角、南瓜、萝卜等蔬菜，也适宜种植花椒树、黑枣树、梨树等果树和桐树等杂木树。

据李彦国收集整理，杉树沟目前虽然生长着一棵百年的老梨树，特征明显，但它并不叫梨树沟。杉树沟原本没有梨树，建好石庵后，人们才在石庵子前栽种梨树。据说旧时，这条沟长满了遮天蔽日的杉树，现在一棵也没留下，只留下一个带着“杉树”的沟名。

4　岭沟大西沟

岭沟大西沟在大路西边，另包括大西沟岭，共 2 个地名。东经 113°80'，北纬 36°60'，海拔 785~1040 米。东至大路，西至山顶，南至杉树沟，北与小西沟接壤。岭沟呈南北走向，一条大路从村庄顺着沟渠直通后岭，再折翻下去到达银河井南郊村。村庄至岭沟大西沟下口约 1500 米，地势较平缓。早在 20 世纪 70 年代，这里就修通了马路，该马路于 2020 年改为水泥硬化。大西沟口场地比较开阔平缓，可停十几辆三轮车、摩托车，没毛驴的农户上山播种收获时，会把车停在此处。山脚有一个水窖，人们上山时可从水窖里舀水喝。

据李彦国收集整理，岭沟大西沟较之岭沟这条大沟而言，只是一条小沟，小沟怎么叫大西沟呢？因为这条沟后面还有一条更小的沟，为区分前后两条西沟，前面大一点的叫岭沟大西沟，后面小一点的叫岭沟小西沟，简称小西沟。

岭沟大西沟现有梯田 137 块，面积 38.42 亩，石堰长 13 581 米，其中荒废梯田 5 块，面积 1.5 亩，石堰长 50 米。区域内现有花椒树 1200 棵，黑枣树 50 棵，柿子树 5 棵，石庵子 5 座，水窖 1 口。岭沟大西沟土质多黑土，土性偏黏，洼地土层较厚，垴头坡地土层瘠薄。适宜种植黄豆、青豆、小豆、谷子、玉米等粮食作物，和山药、豆角、南瓜、萝卜等蔬菜，也种植花椒树、黑枣树等果树。以玉米和谷子两种作物倒茬轮作为主。

5 小西沟

小西沟另包括小西沟崖头，共 2 个地名。东经 113°81'，北纬 36°60'，海拔 785~1040 米。东至大路，西至山顶，南到大西沟，北以泉峧岭道路为界，在岭沟西面，距村庄约 2000 米。小西沟地形呈帮坡状，本地称这种地形为“脸”，泉峧岭在西坡，也叫泉峧岭西脸。1976 年调整插花地时，三街分到小西沟，包括一沟、一脸、一崖头。

据李彦国收集整理，小西沟、大西沟分别为岭沟西面的两条小沟，以方位命名，因呈并列关系，便在方位名称前用大小区分，此沟称为小西沟。

小西沟现有梯田 367 块，面积 54.21 亩，石堰长 17 697 米。其中荒废梯田 46 块，面积 24.43 亩，石堰长 4358 米。区域内现有花椒树 755 棵，黑枣树 52 棵，桐树 5 棵，石庵子 23 座，水窖 1 口。小西沟梯田有悬崖上的梯田，有圪梁地、洼地、垴头地、圪脸地。土质多为黄土，土性偏黏，洼地土层较厚，堖头坡地土层瘠薄。适宜种植谷子、玉米等粮食作物，和山药、豆角、南瓜、萝卜等蔬菜，也种植花椒树、黑枣树等果树。以玉米和谷子两种作物倒茬轮作为主。

6 艾洼

艾洼另包括泉峧岭和花峧，共 3 个地名。东经 113°80'，北纬 36°61'，海拔 790~1030 米。下方连着岭沟渠地，上方过泉峧岭、花峧东栈与南郊相交，东至窑洼，西至倒峧岭，是村后岭沟渠地的一处洼地。

艾洼共有梯田 434 块，面积 108.74 亩，堰长 25 297 米。其中荒废梯田有 61 块，面积 28.3 亩，堰长 5013 米。艾洼属岭沟的一个支沟，在东北坡面。区域内共有花椒树 3340 棵，黑枣树 35 棵，杜梨树 2 棵。艾洼北面有石庵子 1 座，羊圈 1 座。花峧东栈各处分布有大小石庵子 18 座，水窖 2 口，是此地的明显标识。

艾洼中下部渠洼地属红黑土质，土层厚，水土保持良好，上部坡地属白沙土质。渠地宜种小麦、玉米等高产粮食作物。洼地、坡地适宜种植玉米、谷子、大豆、高粱等粮食作物，和豆角、南瓜、白菜、萝卜等蔬菜，也适宜种植油葵、荏的等油料作物。白沙坡地宜栽土豆，口感沙绵。

很久以前，艾洼在没形成梯田的时候，生长着大片的艾草。按王金庄的风俗习惯，端午节要往门框上插艾草，以示平安、安康，所以到端午节前夕，人们就会来这里采集艾草。也由于这里土质好、土壤肥沃，后来就有几户人家来这里修田造地，称此洼地为

立賣死契人李林因爲不便今將自己祖產地名[illegible]
頃已地三段下至路上至李林東至曹寬止西至[illegible]
四至不齊土木相連今情[illegible]
為死業同衆言明死價大錢叁拾[illegible]千[illegible]
恐口难憑立字存[illegible]上帶本地原粮一升[illegible]

嘉慶拾年十二月廿三日立賣死契人李林

[illegible]

泉峧岭

艾洼。由于这里作物生长旺盛，产量高，所以村里有了“论好地就数艾洼”的说法。

泉峧岭　　从艾洼下来就是泉峧岭，此地东至艾洼，西至小西沟，南至盆的水，北至花峧，是王金庄通往南郊村的交通要道。自古两村就有通婚和农具、土地交易等方面的友好往来。王金庄村民到石土斑、倒峧耕作也要经过泉峧岭。尽管泉峧岭为山岭，但地势平缓，土壤肥沃，作物产量较高。

（王春梅收集，李彦国整理）

7　窑洼

窑洼另包括盆的水，共 2 个地名。东经 113°81'，北纬 36°57'，海拔 820~980 米。上接毛篮山，下到盆的水路，与盆的水渠洼地上下隔路相邻，东至前角，西至窑洼后角。盆的水渠地至前西坡统称盆的水。旧时，这里建有一座木炭窑，因此取名窑洼。

窑洼共有梯田 436 块，面积 69.08 亩，总堰长 26 342 米。其中荒废梯田有 60 块，面积 6.05 亩，石堰长 3957 米。窑洼是泉峧岭下的一处坡地，梯田呈坡条状。区域内共栽花椒树 583 棵，黑枣树 85 棵，柿子树 5 棵，桐树 5 棵及杨树 1 棵。

山顶形似毛篮，是此地的明显标识。窑洼地有明显的窑场遗址，盆的水各处分布大小石庵子、地庵子共 11 座，水窖 1 口。

窑洼属红渣土质，盆的水渠洼地属红黑土质，且耐旱性强，均适宜种植玉米、谷子、豆类等粮食作物，和豆角、南瓜、萝卜等蔬菜，也适宜种植花椒树、黑枣树、核桃树。村里有“买地要买西南洼，种地要种火碴土”一说，也说明窑洼土壤肥沃，适宜作物生长。

盆的水　　盆的水，东至余角的，西至小西沟，南至大西沟口，北至泉峧岭。盆的水路口有一天然形成的像石盆的石水坑，坑里一年四季活水不断。村民祖辈在这儿修田造地时，中午做饭烧水都要到这水坑里取水，所以这一大片区域称为盆的水。

（王春梅收集，李彦国整理）

8　余角的

余角的另包括水洞旮旯和余角岭，共 3 个地名。东经 113°81'，北纬 36°78'，海拔 924~975 米，北至桃树沟前角，南临长东沟后角，东至余角岭，西接下渠洼地，位于马鞍山脚下，与余角岭林场上下相连。

余角的共有梯田 406 块，总面积 52.71 亩，石堰总长 14 562 米。已荒废梯田 42 块，面积 6.53 亩，石堰长 2510 米。区域内共栽种花椒树 1530 棵，黑枣树 54 棵，柿子树 1 棵，桐树等杂木树 13 棵。

余角岭上有马鞍山，坡上有柏树林场和原先治山专业队住过的破旧石房，为此地的明显标识。余角的有水窖 2 口，石庵子 12 座，其中有 6 座位于山腰下，山腰下另有水洞 1 个，水窖 1 口。

余角的和水洞旮旯地都属红黑土质，坡条地加洼地，适宜种植谷子、玉米、高粱、大豆等粮食作物，豆角、南瓜等蔬菜，油葵、油菜、荏的等油料作物，以及柴胡、黄芩、荆芥等中药材，尤其适宜花椒树、核桃树、柿子树等耐旱果树生长。

余角的是马鞍山延伸出的余角，把大沟一分为二，东边是后峧沟，西面为岭沟，这个岭角挡在中间，故称作余角的。另一个说法是：余角岭原来生长着一丛丛的小灌木榆条，每到夏季总要结许多紫红色的小榆果，酸酸甜甜的，人们去地干活时随时都可以摘些榆果来吃。由于这里榆条多，所以人们也称它为榆角的。因“榆”“余”谐音，久而久之叫成了余角的。

余角岭　由于余角岭纵贯一道石崖，将石崖上下的土地隔开，悬崖以下的土地，耕作要从岭沟到达；崖头以上的地，耕作时要从后峧沟翻过这道岭才能耕种，因此人们将悬崖以上的土地称为余角岭。

马鞍山　到过余角岭的人，都要仰望一下岭上的山形，因其酷似马鞍，所以人们称此山为马鞍山。

相传很久以前，马鞍山中藏着一匹金马和一只金凤，这两团灵气游走在整个山间。村民们便在马鞍山修建庙宇，以慰神灵。当人们把基石准备好，要动工时，一位路过王金庄的取宝人听到此消息，夜里偷偷潜到马鞍山，想偷取这俩宝贝。由于取宝需要开山钥匙，而钥匙则是一块茅梁石，一人难以背动，取宝人便雇一村民来背。岭沟山路蜿蜒崎岖，又是夜路，异常难走。当他们走到马鞍山脚下的时候，已是气喘吁吁，满头大汗，便想把石钥匙往石台儿上搁放一下休息。谁知“当”的一声，惊起两团灵气，一团飞进东南方向的禅房一带，另一团飞向武安市与涉县交界处的桃花山，后来这两座山均建起了奶奶庙，香火异常旺盛，每天到此上香观光的人络绎不绝。而没了灵魂的马鞍山，从此便荒芜了，只留下一片基石遗址。

水洞旮旯　水洞旮旯，东至马鞍山，西至岭沟路，南至桃树沟，北至盆的水。在余角的下边，有一小石洞，每到雨季来临，洞内就流出一股水来，人们便以小石洞为名，为此地取名水洞旮旯。

（王春梅收集，李彦国整理）

9　桃树沟

桃树沟另包括后桃树沟，共2个地名，在岭沟后面。东经

113°81'，北纬 36°60'，海拔 847~984 米。东至马鞍山，西至田间主路，南至余角的后角，北至水洞旮旯前角。在很久以前，桃树沟的一处崖头上长有三棵大桃树，因此人们称之为桃树沟。
桃树沟现有梯田 266 块，总面积 27.67 亩，石堰总长 7570 米。其中荒废梯田 26 块，面积 5.72 亩，石堰长 1300 米。区域内现有花椒树 355 棵，黑枣树 31 棵，桐树 8 棵，杜梨树 3 棵，石庵子 5 座，水窖 1 口。
桃树沟梯田有崖上的悬田，有圪梁地、洼地、垴头地、圪脸地，土质多为红黑土。垴头坡地土层瘠薄，适宜种植谷子、玉米、高粱等粮食作物，和山药、豆角、南瓜、萝卜等蔬菜，也适宜种植油葵、油菜、荏的等油料作物，尤其适宜种植花椒树、黑枣树、核桃树等耐旱果树。玉米和谷子的种植方式以倒茬轮作为主。

10　长东沟

长东沟另包括南岔门，共 2 个地名。东经 113°81'，北纬 36°59'，海拔 801~910 米。东至上岭，西至马路，南至毛的沟角，北至南岔门东角。
在很早以前，村民因为种地较多，且离家较远，便在此处找了一块空闲地，把它修建成场地使用。秋天把收割的农作物堆放在场里，等收拾好了再往家里拿，这样比较方便，人们就把此地称为场东沟，因“场”“长”谐音，后来逐渐就叫成了“长东沟”。
长东沟共有梯田 159 块，总面积 48.65 亩，石堰总长 3765 米。其中荒废梯田 10 块，面积 1.76 亩，石堰长 770 米。区域内现有花椒树 308 棵，黑枣树 14 棵，羊圈 1 座，石庵子 5 座，水窖 1 口。
长东沟梯田土质多红土，适宜种植谷子、玉米、高粱、豆类等粮食作物，山药、豆角、南瓜、萝卜等蔬菜，油葵、油菜、荏的等油料作物，以及柴胡、黄芩、荆芥等中药材，尤其适宜种植花椒树、黑枣树、核桃树等耐旱果树。以玉米和谷子倒茬轮作为主。

南岔门　南岔门就在长东沟和大崖岭两条沟的沟口。东至长东沟，西至大崖岭，南至毛的沟，北至后桃树沟口。旧时王金庄没有马路，向西边县城方向走必经大崖岭，但通往银河井村的路也经过这里，外地人走到这里不易辨别方向。于是当地人在岔路口显眼的地方，立了一块路标石头，上面竖刻两行字："往南玉林井，往北银河井。"有了这块路标后，再没人走错道了。

（李纪贤收集，李彦国整理）

11　毛的沟

毛的沟另包括池东沟、红土坡、喝绵河、罗圈崖旮旯、北坡、后北坡，共 7 个地名。东经 113°81'，北纬 36°59'，海拔 753~910 米。北至山岭，南至田间主路，东至待东沟，西至长东沟。

毛的沟共有梯田 1063 块，总面积 121.01 亩，石堰总长 52 886 米。其中荒废梯田 106 块，面积 13.61 亩，石堰长 4561 米。区域内现有花椒树 6456 棵，黑枣树 292 棵，柿子树 54 棵，核桃树 37 棵，木橑树 23 棵，桃树 4 棵，桐树 2 棵，棠梨树 1 棵，石庵子 8 座，水窖 2 口。

毛的沟、池东沟、罗圈崖旮旯、北坡、后北坡，土质多为红土，石厚土薄，渣多。垴头坡地土层瘠薄，为黄矸土，极不耐旱。适宜种植谷子、玉米、高粱等粮食作物，和山药、豆角、南瓜、萝卜等蔬菜，也适宜种植花椒树、黑枣树等耐旱果树。

池东沟　　毛的沟前面一道沟是池东沟。东至上堖，西至马路，南至罗圈崖旮旯，北至毛的沟。池东沟下渠地，是经年累月冲积成的良田。旧时这里曾经是河滩，河里有一汪水池，这个水池是由于水土流失自然形成的。人们把水池东面的沟叫池东沟。

罗圈崖旮旯　　罗圈崖旮旯在村西头约300米处，东至山堖，西至马路，南至后北坡，北至池东沟。半山腰的石崖把这里分为上下两部分，石崖的形状弯成罗圈栲栳状，崖根成了旮旯形状，故称罗圈崖旮旯。

（李纪贤收集，李彦国整理）

地块历史传承情况

1　上马

开发　刘玉德、李宇吉、刘自祥祖上
1946　刘玉德、李宇吉、刘自祥等农户
1956　三街六队、四街二队
1976　四街一队
1982　四街曹群榜、李彦魁、李彦国等农户

2　岭沟红崖圪道

开发　五街李土石、李晨定等祖上
1946　李土石、李晨定等农户
1956　五街大队
1976　四街三队、五队
1982　四街曹魁定、曹勤海、刘献榜等家庭

3　杉树沟

开发　李香灵祖上
1956　五街五队
1976　五街七队
1982　五街李肥德、李社海等农户

4　岭沟大西沟

开发　曹春怀、张合的、李乃廷等祖上
1956　三街、四街、五街
1976　五街三队
1982　五街李同江、李海兰等农户

5　小西沟

开发　张书云、李毛吉、刘子云等祖上
1956　三街、四街和五街大队
1976　三街大队
1982　三街李保云、曹松良、曹献江等农户

6　艾洼

1946　刘玉良、刘所廷、李明榜等祖上
1956　四街
1976　四街
1982　四街曹金平等

花皎东栈
开发　李乃京、曹申吉等祖上
1982　四街曹四女、刘凤魁、李所的等

7　窑洼

1946　五街李松富、李建云、李海南等祖上
1956　五街三队、四队、七队
1976　四街一队
1982　四街李彦国等农户

盆的水前西洼
1946　刘廷顺祖上
1956　四街一队
1976　三街二队、六队
1982　三街刘爱国等；盆的水渠沟地由四街刘云榜等农户耕种

8　余角的

1946　刘榜祥、刘稳祥等祖上
1956　三街六队
1976　四街五队
1982　四街李香娣、曹云海等农户

打成旮旯
1946　曹勤录、曹记录、曹灵国等祖上
1956　四街四队
1976　四街四队
1982　刘省吉等农户

9　桃树沟

1946　刘建灵、曹社榜等祖上
1956　三街、四街和五街大队
1976　四街大队
1982　四街刘建灵、李录榜、曹社榜等农户

10　长东沟

开发　刘所良、刘子云、刘子良等先祖
1956　三街一队、六队，四街一队
1976　四街二队
1982　四街李现书、李松魁、曹张魁等农户

11　毛的沟

1946　李运堂
1956　四街二队
1976　四街一队
1982　四街李先定、李现所等农户

池东沟
1946　刘胜德
1956　四街五队
1976　四街三队
1982　四街李国金、曹书定、曹彦金等农户

后北坡
1946　刘省吉、刘三苍、刘子云等祖上
1956　四街四队、一队
1976　五街七队、六队、五队
1982　五街李书榜、李付榜、李香魁等农户

待东皎
1946　李小平祖辈
1956　四街四队
1976　四街四队
1982　四街李国定、刘黑吉、李付榜等农户

北坡
1946　曹增同、李勤定等家庭
1956　二街大队和四街一队
1976　五街四队、七队
1982　五街李中魁、李彩寿等农户

罗圈崖旮旯
1946　曹榜名祖上
1956　四街二队
1976　五街三队
1982　李福定、李言国、李彦怀等农户

秋笔　摄

十　倒峧沟

倒峧沟是王金庄 24 条大沟之一，包括石土斑和大洼两条小沟。前至井禅公路，后至倒峧岭，西至横岭，东至岭与银河井相掺。位于王金庄村西北（架山）5000 米处，走出五街村口，路过滴水门、上马、大崖岭口、小西沟、艾洼、正岭，为西北—东南走向，沟深大约 1500 米，左右宽 900 米。如开车经石井沟—玉林井—银河井到此地，路程约 8000 米。

倒峧沟是全村俗称的“倒翻庄沟”之一——村民们每次去耕作总是出村口、爬上岭、再下去，爬得高，走得远，平时往返一趟均得三个多小时。祖祖辈辈为了开发传承这些救命田，不知出了多少力，流了多少汗。由于要从王金庄爬到岭尖又倒折下去才能到达，因此这里被叫作倒峧沟。

倒峧沟共有梯田 539 块，总面积 76 亩，石堰总长 24 850 米。其中荒废梯田 201 块，面积 24 亩，石堰长 8040 米。区域内现有花椒树 933 棵，核桃树 60 棵，黑枣树 110 棵，柿子树 7 棵，杂木树 350 棵，石庵子 48 座，水窖 12 口，泉水 1 眼，羊圈 3 座。

倒峧沟土壤分两类，渠洼多属红黑土，适宜种植冬小麦及晚玉米、晚谷子和豆类等粮食作物。东西两坡上半坡多属红白土，适合种植谷子、豆类等粮食作物及土豆、萝卜、南瓜等蔬菜。因此沟属西南洼地，加上土质肥沃，素有“见苗三分收”之誉，是王金庄出了名的高产区之一，故而村民不怕山高路远，一直不愿将

113°80'E 36°61'N
ASL 805~891m
ASL
1100m
区域占总量比例
梯田 76 亩
1 2
石堰 24 850 米
1 2
花椒树 933 棵
2
2
大洼
1
石土斑
600m

其荒废，不少人宁可荒掉家边地，也要到此处耕种。四周的荒坡上，生长着柴胡、连翘、丹参、沙参、黄芩等中药材。

虽然倒峧沟土地肥沃，是出了名的高产区，但毕竟离村远，村民来往耕种极不方便，加上受经济大潮的冲击，1995 年以后，外出打工挣钱的人越来越多，土地开始撂荒。刚开始少数人还委托亲戚、朋友帮忙耕种，随着越来越多的人不种地，有的人也不去找人帮忙了，直接将土地撂荒。少数银河井村民看地荒了无人问津，就拾掇拾掇种了起来。开始还只是种庄稼，连种几年以后，见仍没有人管就栽上花椒树。如不尽快采取措施，将丢失的土地收回来，三街村的集体利益将会受到较大损失。

2016 年党支部、村委换届时，王真祥、曹肥定以高票分别被选为党支部书记和村主任。他们上任后，烧的第一把火就是收回倒峧沟失散的土地。为了把工作做好，他们首先到银河井村与其村干部沟通，得到他们的谅解和支持。并通过大喇叭广播广泛宣传，第一年初见成效，收回了 80%，仍有几户接着又种上了。为了不让矛盾过于激化，就让种上的户又收了一季，通过多次上门做工作，第二年才全部收回。

为了让收回来的土地发挥好效益，党支部、村委会多方筹措资金，从银河井前河修桥一座，兴修盘山路 1200 米，建蓄水池 3 座，水窖 5 口，石庵子 3 座，房子 5 间，不少村民开着工具车、机动三轮车从玉林井直接开到了地头。道路修通后，不少村民重新去耕种多年撂荒的土地，他们高兴地说："村干部苦口婆心地将失散的土地给我们收回来，还给修通了路，我们再不好好耕种就没道理了。"

传统种子保护与利用试验基地　2017 年 10 月，涉县旱作梯田保护与利用协会在王金庄挂牌成立以后，曹京灵被选为会长，曹肥定、李同江、李为青、

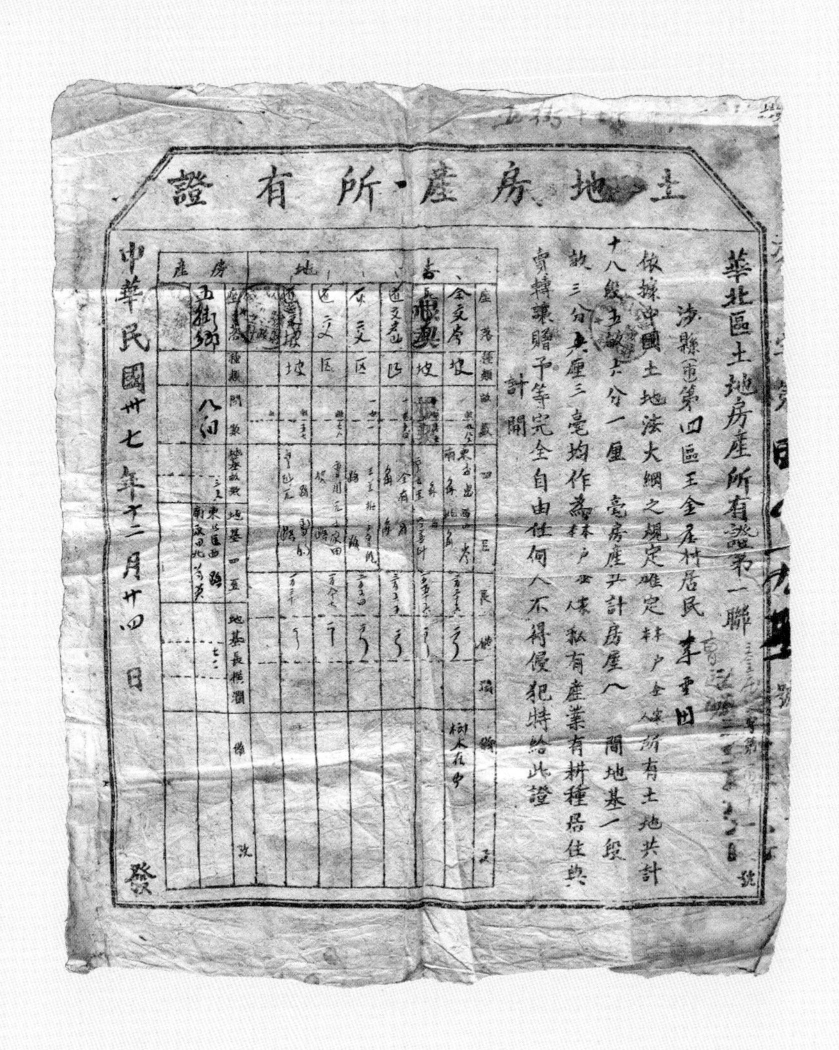

土地房產所有證

華北區土地房產所有證第一聯　　號

涉縣（市）第四區王金庄村居民李雪田

依據中國土地法大綱之規定確定本戶全家所有土地共計十八段五畝七分一厘　毫房產共計房屋八間地基一段　畝三分六厘三毫均作為本戶全家私有產業有耕種居住典賣轉讓贈予等完全自由任何人不得侵犯特給此證

計開

中華民國卅七年十二月廿四日　發

倒峧沟

王永江被选为副会长。几年来在北京中国农业大学教授孙庆忠、香港乐施会及县农业农村局贺献林副局长的指导下，梯田协会克服困难，扎实工作，各种工作开展得越来越有声色。

一直以来，王金庄到底仍保留着多少传统种子，是个未知数。为了做到心中有数，协会发动会员，深入各家各户广泛收集，并创办了涉县种子银行。经过多日努力，收集到各类传统种子 77 种，171 个品种，并一一进行了分类、编号、建档、立卡。如谷子红苗老来白、来吾县，白小豆，黄没丝豆角，绿、紫、白眉豆角，小青豆，鞭杆黄红萝卜等种子，在王金庄种植均在百年以上，目前仍被村民青睐。

为了让多数传统种子真正得到保护、传承、推广和利用，协会在各级领导和专家的支持下，于 2020 年在倒峧沟创办了传统种子保护与利用试验基地。他们采取长远规划与短期效益相结合，专业队伍与临时雇佣人员相结合，请专家进来指导与组团到外地参观学习相结合的办法，使协会会员的观念不断更新，责任感不断增强，技术水平不断提高，将试验基地办出了特色。他们不仅将收集到的 171 个品种的种子在倒峧沟扎下了根，还采取专人负责、挂牌记录、建立档案、跟踪管理的办法，让这项工作开展得有条不紊，越来越受到有关部门领导的重视。

为了将试验基地办出特色，他们将农作物管理好的同时，还开发了林果基地，让王金庄所有的干鲜水果均能在基地得到培育，为研学旅游创造条件。

为了提高工作效率，减轻劳动强度，他们多方筹资，买了 3 台旋耕机、2 台播种机、5 个喷雾器等，确保作物能够得到适时播种、科学管理，使这极有创意、极有潜力的研发项目，成效越来越大。2021 年秋季，在云南昆明召开的“高端政策论坛和对话：社区、科学与社会组织在生物多样性保护利用中的角色与合作”论坛中，王金庄生物多样性保护得到各界专家的一致认可。

（王树梁收集整理）

1　石土斑

石土斑另包括倒峧磢、小倒峧、岩洼的，共4个地名，东经113°82'，北纬36°61'，海拔825~945米。该沟上至山岭，下至田间主路，东至岭沟中的小倒峧，西至西南沟。沿着王金庄村后的岭沟路到南岔门往右拐，顺着岔的水路一直到泉峧岭往西走，过了倒峧岭就到了石土斑。石土斑为倒峧沟的一个分支，位于倒峧沟和岭沟之间，距王金庄五街村有4000米左右。

石土斑共有梯田221块，总面积24亩，石堰总长6250米。其中荒废梯田93块，面积11.15亩，石堰长3720米。区域内共有花椒树150棵，柿子树2棵，核桃树20棵，黑枣树40棵（其中百年以上黑枣树5棵），杂木树110棵，石庵子18座，水窖2口，羊圈2处。岩洼悬崖上边有泉水1眼，四季长流。有石溶洞1孔，洞口宽10米，高3米，深5米左右，常有野生动物居住。

石土斑土质为红黑土，土层厚，土壤肥沃，耐旱，为二类土地，适宜种植玉米、谷子、高粱、豆类等粮食作物，和豆角、南瓜、白菜等蔬菜。也适宜种植油葵、茬的、油菜等油料作物，和柴胡、知母、荆芥等中药材。尤其盛产花椒，其花椒颗粒大，皮厚，香味浓郁，实属上品，并且旱涝保收。

2　大洼

大洼是倒峧沟中的一个小沟，另包括横岭、倒峧西洼、倒峧渠洼地和大石板，共5个地名。东经113°80'，北纬36°61'，海拔 815~967 米。前至银河井村口渠地，后至倒峧沟中的石土斑，上至山岭，下至渠地。从王金庄村后的岭沟到南岔门往北拐，沿着岔的水一直到泉峧岭，然后往西从岭下去就是倒峧沟大洼。这是过去王金庄人到大洼耕作的必经之路。现在开车从银河井村前的一座桥一直往后走也可以到达。

大洼共有梯田 318 块，总面积 52.5 亩，石堰总长 18 635 米。其中荒废梯田 108 块，面积 12.95 亩，石堰长 4320 米。区域内有花椒树 780 棵，黑枣树 70 棵（其中百年以上老黑枣树 8 棵），核桃树 40 棵，柿子树 5 棵，杂木树 240 棵，石庵子 30 座，水窖 10 口，三街大队建的水柜 4 座，旱作梯田协会房子 10 间。

大洼区域内土质为红黑土，梯田地块大，土层厚，土壤肥沃，耐旱，旱涝保收，庄稼产量高。区域内适宜种植玉米、谷子、高粱、豆类、北方宜产的小麦等粮食作物，和豆角、南瓜、土豆等蔬菜。也适宜种植油葵、荏的等油料作物，和柴胡、知母、荆芥等中药材。尤其适宜种植花椒树、核桃树、柿子树、黑枣树等耐旱果树。现在这里成为王金庄传统老品种试验田，种植有 171 种传统老品种作物，并得到专家们的观摩鉴定。

大洼距村有 15 里地，人们要早晨四五点钟就从家里出发，爬山越岭，步行两个多小时才能到达。由于距村太远，村民耕种不便，在 1982 年实行家庭联产承包责任制时，被划定为三类土地，其实该地块粮食产量远超王金庄近村的一类土地。所以一向爱惜土地的王金庄人宁肯爬山越岭，加倍辛苦劳累，也舍不得丢掉大洼的土地。无论种植玉米还是谷子，这里亩产量都比其他土地要高产 100 多斤，因此有“小粮仓”之称。

（李香灵、刘玉荣收集，王树梁整理）

地块历史传承情况

1　石土斑

开发　四街刘凤魁祖上
1946　刘凤魁家
1956　三、四、五街
1976　三街
1982　三街曹国定、曹爱荣、刘跃国等农户

2　大洼

开发　五街村民李彩庆、李爱德、刘志亮、刘记定，三街村民曹海灵祖上
1946　五街村民李彩庆、李爱德、刘志亮、刘记定，三街村民曹海灵祖上
1956　三街，五街三队、四队
1976　三街大队
1982　三街曹献怀、曹记平、曹献平等农户

秋笔　摄

十一　后峧沟

后峧沟是王金庄 24 条大沟之一，包括张三沟、槐树沟、丫豁、洪崖圪道、陈家峧五条小沟，位于王金庄四街后峧村西北处，呈东南—西北走向。后峧沟东与羊圈旮旯相连，西与王金庄五街村北坡相接，南至四街后峧村村口，北至岭沟中余角的。沟前后长达 1500 米，左右宽 800 米。从后峧沟余角岭越过去就可以通往银河井村。

后峧沟共有梯田 1655 块，总面积 342.7 亩，石堰总长 174 528 米。其中荒废梯田 544 块，面积 84.6 亩，石堰长 54 723 米。区域内现有花椒树 8552 棵，黑枣树 978 棵，核桃树林两片加零散孤树 210 棵，柿子树 141 棵，杂木树 118 棵。其中百年以上黑枣树、柿子树、核桃树共有 100 余棵，百年以上的杂木树 30 余棵。沟内有塘坝 1 座、石庵子 36 座、水窖 3 口、泉水 4 眼、上坡寨 1 座、山洞 2 孔。

后峧沟是一条山岭纵横交错、山势陡峻、山路极其蜿蜒崎岖的大沟，现在大部分为三街村民耕种。此沟自然环境极其复杂，适合多种农作物种植。渠洼地地块面积大、土壤肥沃、土层厚、耐旱能力强，为一类土地。两坡地至山岭地块面积逐渐减小，土壤逐渐贫瘠，耐旱能力也逐渐减弱，为二类土地。靠山岭和岭头的土地为白石矸土，土层薄，极不耐旱，为三类土地。因此，村民根据梯田土壤肥沃程度、耐旱程度，因地种植。渠地种植北方宜产

113°81'E 36°59'N
ASL 785~985m
ASL
1100m
区域占总量比例
梯田 342.7 亩
1
3
4
5
石堰 174 528 米
1
2
3
4
5
花椒树 8552 棵
1
2
3
4
5
3
丫豁
2
槐树沟
4
洪崖圪道
5
陈家峧
1
张二沟
600m

的小麦、玉米、谷子、豆类等粮食作物，以及豆角、土豆、白菜、萝卜、西红柿、青椒等蔬菜；而两坡地，主要种植耐旱的花椒树、黑枣树、核桃树、柿子树，兼种玉米、谷子、高粱等农作物。山岭田地主要种植花椒树、黑枣树，以及高粱、绿豆、红小豆等耐旱作物。均适宜种植油葵、荏的等油料作物，和柴胡、知母、菊花、荆芥等中药材。

据刘玉荣收集、王永江整理，传说后峧沟原来并不是这个名字，而是叫陈家沟。据刘玉良老人讲，王金庄的祖辈迁至王金庄居住时，因为缺水，就从外地请来了一位勘测风水的先生。风水先生勘测到此沟口时说："这里地下有一股泉水，尽管不深，但水较旺，常年不会断流。"风水先生确定了井口准确位置后，人们开始挖井。挖了不到一丈深，果然有一股清澈的泉水溢出。人们非常高兴，用手捧起泉水就喝。就在人们用石头砌甃井桶时，突然发现有一块石头上刻着"陈家沟"三个字，可惜没有落款的年号。又因此沟位于王金庄村后，后来人们渐渐地将陈家沟叫成了后峧沟。

关于后峧沟的来历，还有另一种说法。相传，早年花椒在王金庄种植得并不多，后来人们发现，这一作物很适宜在王金庄种植，尤以后峧沟为最佳。因此，人们在后峧沟大量栽培花椒，年年丰收。此地的花椒因色泽鲜艳，颗粒均匀，麻味充裕而被外地人竞相购买，全村人竞相学习，开始大量种植花椒树，久而久之王金庄就成为远近闻名的"花椒之乡"。后来，人们也将此沟称为后椒沟，由于"椒""峧"谐音，逐渐叫成后峧沟。

后峧沟植被郁郁葱葱。1968 年，在王金庄村总支的领导下，组建起了由 20 多名队员组成的"王金庄治山林业队"，在后峧沟余角岭修建了 5 间平房、1 口水窖，并长期在此居住，植树造林、看林护树，为王金庄的绿化发展作出了重大贡献。

后峧沟有着丰富的红土资源和石灰岩资源。清朝末年，后峧沟中的马王角建有一座瓦窑，所生产的瓦片不仅可以供王金庄村民使用，还可以销往当时交通极其不便的张家庄、关防、西达等多地。同时，后峧沟的余角岭还建有一座石灰窑，所生产的高品质石灰在当时也非常畅销。瓦窑和石灰窑不仅为村民建房提供了便利，还振兴了当时王金庄村的经济。

现在，随着现代农业的发展，后峧沟交通逐渐便利。2016 年，王金庄在三街村书记王真祥、村主任曹肥定带领下，又将后峧沟与大西沟北岭道路修通。村民可以将摩托车、三轮车开到田间地头，用现代旋耕机耕地。这样村民们不仅大量缩短了工作时间，提高了工作效率，还让祖辈们辛辛苦苦修建的梯田减少了荒芜，为保护和传承旱作梯田奠定了基础。

1　张三沟

张三沟另包括西坡角、小罗峧、马王角，共 4 个地名。东经 113°82'，北纬 36°59'，海拔 785~910 米，南与王金庄四街村西坡角相连，北与后峧沟中的槐树沟相接，西至山岭，东至沟口的水泥硬化马路。张三沟紧挨着王金庄四街后峧村北，是距村庄较近的一条沟。该沟山势陡峻，处于后峧沟阴坡地带，呈东南—西北走向。渠洼地中间有水泥硬化的乡间小道，人们可以骑车去地里耕作，方便省力。

张三沟共有梯田 237 块，总面积 62.6 亩，石堰总长 23 720 米。其中荒废梯田 59 块，面积为 17.3 亩，石堰长 5935 米。共有石庵子 3 座，水窖 2 口，马王角崖根处泉水 1 眼——夏季下过透雨后，雨水从山顶通过岩石层过滤沉淀，再从泉眼喷涌出来。马王角泉水极其甘甜清冽，并含有丰富的矿物质和多种中草药成分，有强身健体的功效。区域内现有花椒树1800棵，黑枣树253棵，核桃树85棵，柿子树81棵，杂木树30棵。此沟黑枣树和核桃树比其他沟数量更多。其中小罗崆的山脚下有一棵两百多年的黑枣树，需要两三个大人手拉手才能抱住。马王角的山岭前沿岩石就像一匹骏马的头，还残存有清代瓦窑遗址1处。张三沟每座山岭脚下都有坟墓，据说这里是风水宝地。

张三沟渠洼地土质为红黑土，土层厚，土壤肥沃，耐旱能力强，地块面积较大，地势平缓，为一类土地。区域内修筑的两口水窖，是为方便粮食作物、蔬菜灌溉而建。适宜种植玉米、谷子、豆类、高粱等粮食作物，和豆角、土豆、白菜、萝卜、南瓜、青椒、西红柿、茄子等蔬菜，供人们日常生活所需，但在雨水多的年份，容易发生涝灾。上洼梯田地块逐渐变窄，面积也逐渐减小，土层变薄，耐旱力变弱，为二类土地，适宜种植玉米、谷子、大豆、高粱等粮食作物，耐旱的花椒树、核桃树、柿子树、黑枣树等果树，以及油菜、荏的、油葵等油料作物。靠山岭的梯田为白渣土，土层很薄，主要种植花椒树，兼种豆角、南瓜、红小豆、绿豆等豆类。山岭植被长势较好，有郁郁葱葱的松柏林、茂密的灌木丛，还有柴胡、黄芩、连翘、地黄、远志、知母等多种野生中药材。

马王角　马王角属于张三沟的一部分，海拔最高826米，山势极其陡峻。沿着一米宽的蜿蜒小路只能到达半山腰，要继续前往山顶则只有一条一尺宽的小路，只有人可以勉强攀岩上去。

站在山脚下向马王角山岭望去，仿佛能看到一匹奔腾的骏马栩栩如生地展现在面前。那马王角垴前角的岩石，就像骏马头上长着的两只耳朵，骏马昂头嘶鸣，雄壮威武，因此人们将此沟叫作“马王角”。

马王角，也叫“瓦窑角”。在明末清初，由于这里有丰富的黏性红土资源，又有一年四季长流的清澈泉水，聪慧的王金庄人便利用这得天独厚的天然优势，在马王角半山腰上建了一座瓦窑。因其生产的瓦片质量好，有口皆碑，不仅可供王金庄村民建房使用，还可通过驴驮、人扛等方式销往当时交通极其不便的周边乡村，为王金庄增加经济收入。

后来，随着社会的发展，通往县城的交通逐渐便利，瓦窑便停止了使用，而新一代的村民逐渐没有了对瓦窑的记忆。

小罗峧　小罗峧距离四街村很近，东至渠洼地，西至山岭，南至西坡角，北至马王角前角。因地势较高，道路极其狭窄蜿蜒，因此取名“小路峧”。因“小路峧”与“小罗峧”谐音，后来逐渐叫成了“小罗峧”。

（刘玉荣、王海飞收集，王永江整理）

2　槐树沟

槐树沟，东经 113°81'，北纬 36°60'，海拔 785~853 米，前与后峧沟中的张三沟后角相连，后与后峧沟中的余角岭西洼前角相接，西至山岭，东至马路，在王金庄后峧村西北部，是距王金庄四街后峧村口较近的一条沟，步行约 15 分钟即可到达。槐树沟处于后峧沟阴坡地带，呈东南—西北走向，山势地形极其陡峻，蜿蜒的小路盘旋而上，山岭梯田则修在悬崖峭壁之上。

槐树沟共有梯田 46 块，总面积 5.5 亩，石堰总长 3390 米。其中荒废梯田 19 块，面积 2.6 亩，石堰长 1460 米。区域内现有花椒树 188 棵，黑枣树 34 棵，核桃树 5 棵，柿子树 2 棵，杂木树 6 棵，石庵子 2 座。槐树沟下洼的山脚都有坟茔地，坟茔地内槐树较多，高大挺拔的槐树遮天蔽日，将槐树沟山脚下硬化的水泥道路遮挡得严严实实，所以此沟叫槐树沟。

槐树沟渠洼地为红黑土，土层较厚，土壤肥沃，耐旱能力强，地块面积较大，为一类土地。由于离村庄较近，耕作灌溉方便，适宜种植玉米、谷子、豆类、高粱等粮食作物，和豆角、土豆、白菜、萝卜、南瓜、西红柿、青椒、茄子、大葱等蔬菜，可供村民日常生活所需。上洼梯田地势陡峻，地块逐渐变窄，面积逐渐减小，土层变薄，为二类土地，适宜种植花椒树、核桃树、柿子树、黑枣树等耐旱树木，油菜、荏的、油葵等油料作物，玉米、谷子、大豆、高粱等粮食作物，和豆角、南瓜等蔬菜。岭边上垴头为白渣土，土层薄，土壤贫瘠，适宜种植花椒树、黑枣树等耐旱果树，兼种高粱、小豆等作物。玉米和谷子等农作物需倒茬轮作。山岭植被较好，有郁郁葱葱的松柏林、茂密的灌木丛，还有柴胡、黄芩、连翘、地黄等多种野生中药材。

3　丫豁

丫豁另包括石圪节、馍馍角，共 3 个地名。东经 113°81'，北纬 36°60'，海拔 785~930 米，东至荒洼的西角，西至后峧西洼，南至后峧水泥硬化大路，北至北岭。该沟位于三街、四街的村后，距村大约 2000 米。

丫豁沟共有梯田 677 块，总面积 140.8 亩，石堰长 64 330 米。其中荒废梯田 307 块，面积 39 亩，石堰长 26 927 米。区域内共有花椒树 2122 棵，黑枣树 270 棵，核桃树 45 棵，柿子树 5 棵，杂木树 20 棵，石庵子 11 座，水窖 2 口。从馍馍角上去不到 10 分钟的路程，有一股泉水，依着泉眼修建了一个池塘，村民都叫它“小池的”。另一股泉眼位于从石圪节上去不到 20 分钟路程处，在一座大石圪节底部，有一个椭圆形的洞口，每逢行雨季节，泉水也会从洞口流出，给过往行人带来方便。另外，丫豁还有一项民心工程，即从后峧入口处一直通往丫豁、北岭，直至泉峧岭，都通上了水泥路，给村民吃了定心丸，让即将荒废的梯田重新焕发生机，充满希望。

丫豁梯田分两部分，上部分为白渣土，土层较薄，不耐旱，下部分为红黑土，土层较厚，耐旱，保墒性好，适宜种植玉米、谷子、高粱、大豆和花椒树、黑枣树。本区域坡地较多，山坡上有野生的柴胡、黄芩、远志、荆芥等中药材。

据曹献红、曹娇兰收集，王永江整理，丫豁是一条东西走向的山脉，传说其东边的马鞍山与西边的余角岭本是一道山梁。不知是神工妙笔，还是愚公遗作，山梁东端像被刀削斧凿过一般，形成了一个大豁口，人们可以通过豁口到岭的另一边开荒造田。后来，人们又在此处打了一口水窖。由于山高路陡，每当人们过岭修田种地走到豁口，常常热汗直流，人困驴乏，便在这能容纳十来个人和五六头牲口的豁口前平地处歇息十来分钟，再翻过豁口，从水窖里用小锅挑上水，奔到田间地头，开始一天的劳作。久而久之，人们就亲切地称其为丫豁，这个名字一直沿用至今。

石灰窑　　丫豁西面的余角岭有一座三间平房，房后是果园，房前有一口两丈深、丈二（约 2.9 米）宽的大水窖，房前左侧有座石灰窑。此处的石灰质量好，远销周边的十里八乡，为村民们创造了较好的经济效益。余角岭石灰窑由三街曹福所、四街曹相怀合股修建。三街曹福所是烧石灰的技术能手，他把从武安冶陶用驴驮回来的黑炭按一定比例与红土混合制成煤糕，再和余角岭细青石按比例分层装窑，烧出来的石灰可抓七层砖，抹房顶不漏，糊墙不鼓。后因余角岭交通不便，石灰窑才渐渐停产。现在，那座石灰窑遗址还在，向人们诉说着曾经的辉煌。

（曹献红、曹娇兰收集，王永江整理）

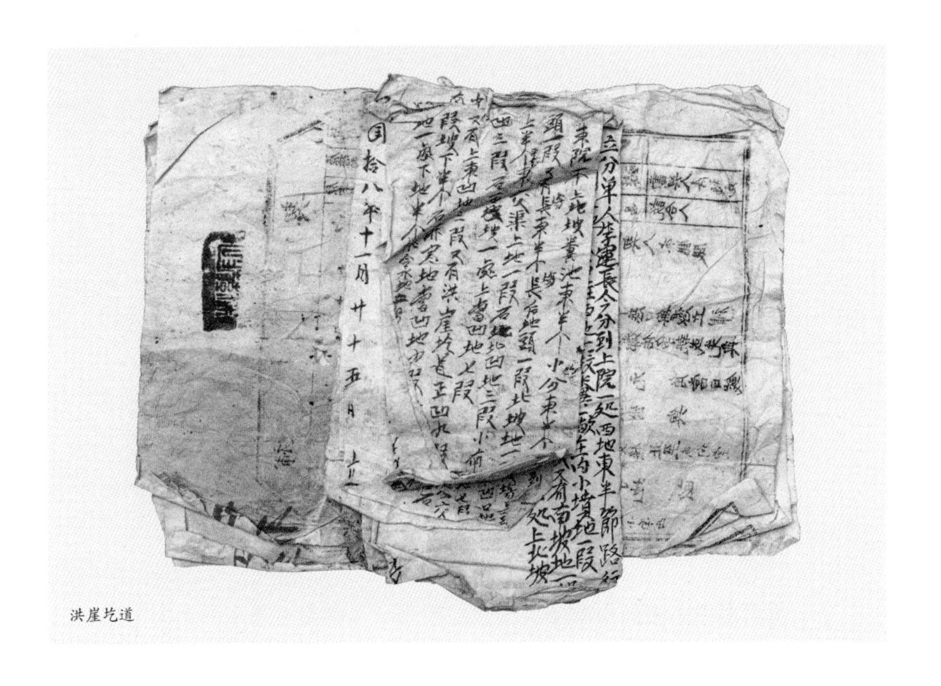

洪崖圪道

4　洪崖圪道

洪崖圪道另包括荒洼、洪崖圪道垴、椒树沟，共 4 个地名。东经 113°82'，北纬 36°59'，海拔 785~969 米。东至陈家峧西角，西至椒树沟东角，南至后峧沟水泥硬化道路，北至山岭。其位于王金庄后峧村西北部，是距王金庄四街后峧村口较近的一条沟，在张三沟正北面。

洪崖圪道处于后峧沟阳坡地带，山势极其陡峭，山间小路蜿蜒盘旋而上，梯田多数修在悬崖峭壁以上。共有梯田 280 块，面积 44.3 亩，总堰长 26 575 米，其中荒废梯田 82 块，面积 13.5 亩，总堰长 7085 米。区域内现有花椒树 1033 棵，黑枣树 123 棵，核桃树 47 棵，柿子树 15 棵，杂木树 22 棵，石庵子 11 座。洪崖圪道属红黑土质，土层较薄，适宜种豆子、玉米、谷子等粮食作物，和豆角、南瓜、红薯等蔬菜，也适宜种植油菜、油葵、茬的等油料作物，以及柴胡、黄芩、荆芥等中药材，尤其适宜种植花椒树、黑枣树等耐旱果树。

椒树沟　椒树沟，东至洪崖圪道后角，西至荒洼前角，南至后峧渠洼地水泥路，北至山岭。此沟为阳坡，土地贫瘠，不耐旱，适宜种植谷子、高粱、豆类等作物，但收成较低，相较之下更适宜种植花椒树，也因花椒树数量多，便取名为椒树沟。

（曹娇兰收集，王永江整理）

5　陈家峧

陈家峧另包括上坡寨、上坡、上坡垴、狐仙洞、陈家峧垴、赶牛道岭，共 7 个地名。东经 113°82'，北纬 36°59'，海拔 849~969 米，位于王金庄四街村与三街村的正北方。东至羊圈旮旯，西至洪崖圪道，南至村，北至山岭，为东西走向，分主沟为两面坡，北面坡东西向长，面积较大。陈家峧土地由姓陈的人家开发耕种，因此得名。

陈家峧共有梯田 415 块，总面积 89.5 亩，石堰总长 56 513 米。其中荒废梯田 77 块，面积 12.2 亩，石堰长 13 316 米。区域内现有花椒树 3409 棵，黑枣树 298 棵，核桃树 28 棵，另外还有两片柿子林（共 38 棵柿子树），杂木树 40 棵，石庵子 14 座。陈家峧西洼有泉水 1 眼，上坡有泉水 1 眼，水窖 1 口。

陈家峧大部分是坡地，属红黑土，沟中土层较厚、耐旱，保墒性好，适宜种玉米、谷子、豆类等粮食作物，以及红薯、南瓜等蔬菜。坡地土层薄，适宜种植玉米、谷子、高粱等粮食作物，和油葵、油菜、茌的等油料作物，以及柴胡、黄芩、荆芥等中药材。均适宜种植花椒树、黑枣树、核桃树等耐旱果树。

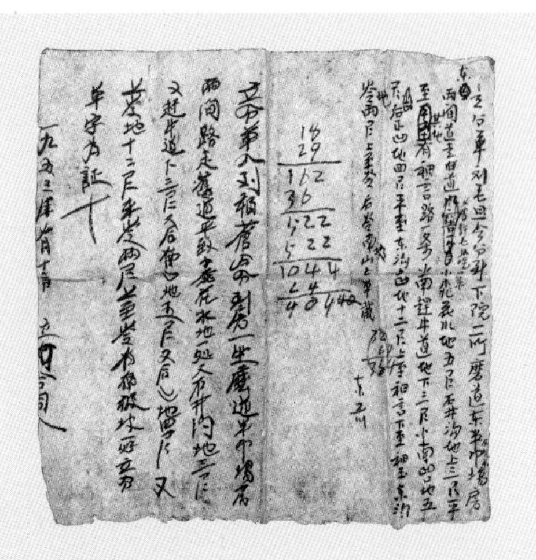

赶牛道岭

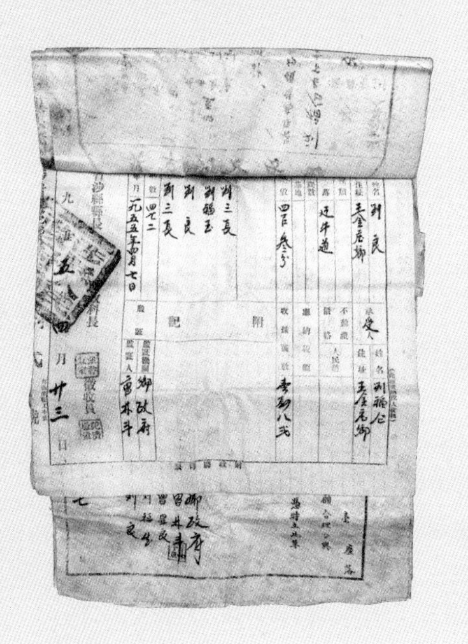

赶牛道岭

上坡寨　春秋战国时期，赵简子走晋阳，路过井店时看到涉县四面环山，攻可进，退可守，是养精蓄锐的好地方，因此他在井店村东南（现崇利制钢处）建起了简子城，在玉林井村前的大寨垴上操练兵马，并在王金庄村四周建起了大南寨、南坡寨、上坡寨、康岩寨作为烽火台。经过数年的休整，赵简子兵强马壮后，夜行晓宿，一举将邯郸夺下，奠定了赵国的基业。后来为了保护四个古兵寨，对其进行了分姓管理，分别称为曹家寨、王家寨、刘家寨、李家寨。上坡寨就是当年的曹家寨。

赶牛道岭　自古以来，王金庄喂驴、马、牛、羊较多。因多数人家都是通过陈家峧东岭、赶牛道岭去到有则水瑙、大西沟、桃花水南栈、长岭去放牧，所以得名“赶牛道岭”。

（曹娇兰收集，王永江整理）

地块历史传承情况

1　张三沟

开发　曹氏祖先
1956　三街大队
1976　三街大队
1982　三街四队曹所榜、曹献灵、张卫国，六队刘爱国、刘跃国、曹肥定等家庭

小罗峧的和西坡角
开发　四街村民曹魁定祖辈

马王角
开发　曹耀亮祖辈

2　槐树沟

开发　三街村民曹会祥、赵文定等祖辈
1956　三街大队
1976　三街大队
1982　三街四队赵文定、五队曹海定等农户

3　丫豁

开发　曹江灵祖辈
1956　三街大队
1976　三街大队
1982　三街刘录云、曹肥定等农户

4　洪崖圪道

开发　三街曹书安、曹相灵等祖辈
1946　三街大队
1976　三街大队
1982　张书魁、曹海灵、曹刚定等农户

5　陈家峧

开发　陈家祖先
1946　曹海旺、曹志民、曹路恩等祖辈
1956　二街、三街、四街
1976　三街大队
1982　曹王保、曹同良、曹乃定等农户

秋笔　摄

十二　鸦喝水

鸦喝水是王金庄 24 条大沟中较小的沟，包括鸦喝水北洼、鸦喝水南洼、羊圈旮旯和小凹的共 4 条小沟。东至北河，西至上坡垴，南以羊圈旮旯崖头为界，北与石岩峧垴、柏树坡垴接壤。地处王金庄村北 1000 米处，出村口路过疤石头、东道口、西台上即到。沟呈东西走向，沟深约 600 米，南北宽 400 米。

鸦喝水沟共有梯田 872 块，总面积 309.68 亩，石堰总长 86 257 米。其中荒废梯田较多，共有 418 块，接近梯田总块数的一半，面积 75.18 亩，石堰长 34 135 米。区域内共有花椒树 10 376 棵，黑枣树 615 棵，核桃树 444 棵，柿子树 73 棵，桐树、椿树等杂木树 391 棵；石庵子 86 座，水窖 4 眼，水池 1 座，泉水 2 股。沟口路上靠北边为王氏八世祖王好安、王好然的坟地。

鸦喝水土壤大致分两类：路以上的渠洼大块地属红黑土，土层厚，较宜种植一年两季的冬小麦和夏播种的晚玉米、晚谷子及豆类作物；鸦喝水北洼、鸦喝水南洼上半坡石厚土薄，属石灰岩土质，适合种植豆类、谷子、玉米、高粱等粮食作物，和豆角、土豆、南瓜、萝卜等蔬菜。鸦喝水属西南沟，下午光照时间短，抗旱性强，较适宜农作物生长，同样年头能比东坡地多收两成，花椒树比别的沟多收三成以上。

传说在很久以前，鸦喝水这道沟没有地名，因此人们叫它“无

113°81'E 36°62'N
ASL 655~890m
ASL
1100m
区域占总量比例
梯田 309.68 亩
1
2
3
4
石堰 86 257 米
1
2
3
4
花椒树 10 376 棵
1
2
3
4
1
鸦喝水北洼
2
鸦喝水南洼
3
羊圈旮旯
4
小凹的
600m

名沟”。

王金庄十年九旱，村民们均挤在王金庄一街南北两眼井边排队取水。一次，一个叫王金贵的老汉好不容易才从井里拔上一筲水，一个叫王三乖的人硬说他插队，二话不说朝他拔上来的水筲踹了一脚。由于用力过猛，木筲都散了。王金贵一气之下就到鸦喝水渠自己地堰根盖起三间草房住了下来。因南崖根有股泉水，他每天一大早就沿着石路盘旋而上去担水，虽苦了点，但与世无争，心情也格外舒畅。

因为当地植被较好，森林茂密，每天到泉水边喝水的各类飞鸟成群结队。有一年又遇大旱，村里又闹水荒，有些村民到水井抢不到水，也到鸦喝水泉水边来挑水。但泉水较小，挑水的人只好排队用木瓢往木筲里舀。因为人不断舀水，鸦雀们不敢近前喝水，只得落到周围的树梢上，“哇哇……”地鸣叫。鸦雀叫时间长了，让人越听越觉得凄惨悲伤。王金贵的老伴赵大妈动了恻隐之心。第二天半夜，她就起床，先舀满自己的筲，另外又舀一瓦盆水端到泉水后洼的一个石嘴上，让略识几个字的儿子在一块石板上写了“牙黑水”三个字立在瓦盆旁。虽然三个字有两字是错别字，但人们一看就知道是什么意思。以后天天如此，鸦雀们有了水喝后，再也不悲鸣了。从此，无名沟就被叫作“鸦喝水”。

（王树梁收集整理）

1　鸦喝水北洼

鸦喝水北洼另包括鸦喝水角、柏树坡、柏树坡垴、北垴，距村庄1000米左右。东经113°83'，北纬36°60'，海拔754~854米。东与西台上相连，西与石岩峧相接，上至山岭，下至田间主路。

整个沟基本上是东西走向。地块有长有短，有宽有窄，最长的地块达 200 米以上，最短的约有 10 米。站在山尖放眼瞭望，可看到王金庄所有沟、坡、岭、垴的大致轮廓。

以整个东西走向的鸦喝水沟中间的路为界，路以北称“鸦喝水北洼”，路以南称“鸦喝水南洼”。整个北洼由低到高，梯田逐阶而上，一直至山岭。北洼基本地形是一面大坡，下至柏树坡，上至山岭。这面坡面积较大，有山洼，有山梁，中间有一道梁较突出，把北洼分为两部分，就像一只乌鸦展开的双翅，这道梁就是乌鸦的身子，一只翅膀直至山岭，一只翅膀直至沟口，又好似一只开屏的孔雀，非常壮观。

鸦喝水北洼共有梯田238块，总面积60.97亩，总堰长14 695米。其中荒废梯田 120 块，面积 28.1 亩，石堰长 10 010 米。区域内现有花椒树 2064 棵，核桃树 191 棵，黑枣树 130 棵，柿子树 22 棵，杂木树 82 棵，石庵子和地庵子共 47 座，水窖 1 口。

鸦喝水北洼有渠洼地、坡地、圪梁地、山洼地，土质多属红土。渠洼地和山洼地土壤偏黏，土层较厚，坡地和圪梁地偏沙，土层稍薄。渠洼地地块宽阔，耐旱，阳光充足，适宜种植小麦、玉米等粮食作物及蔬菜类、油料作物。种谷子如早种容易坏，收成不高，如到夏季种则收成较好。山洼地适宜种植玉米、谷子、高粱等作物，如风调雨顺，坡地、圪梁地种植玉米、谷子、高粱，收成也不低。上半部分离山岭近，空气流通好，适宜种土豆、小豆、南豆。

柏树坡垴　柏树坡垴，地处柏树坡顶端，东至柏树坡，西至马鞍角，南至鸦喝水，北至石岩峧垴，多为王金庄林场所有，区域内广植松柏，四季常青，林风习习，是游览观光好去处。因地处柏树坡顶部，所以叫柏树坡垴。

（李海魁收集，王树梁整理）

2　鸦喝水南洼

鸦喝水南洼另包括南崖根、子母泉，共3个地名，东经113°83'，北纬36°60'，海拔754~850米。上至山岭，下至田间主路，前与西台上相接，后与北洼相连，与村庄相距1000米左右，与北洼中间相隔一条路，整体地形地貌与北洼相似。南、北洼是由整个鸦喝水沟一分为二形成的，二者不同之处一是南洼背阴，北洼向阳，二是南洼相对于北洼，山的凹凸较明显，沟梁较突出，耐旱。从沟下方直至山岭沿层层梯田逐级而上，中间有一个明显的山梁。南洼共有梯田337块，总面积54.31亩，总堰长27 030米。其中荒废梯田244块，面积38.38亩，石堰长17 505米。区域内现有花椒树1604棵，黑枣树211棵，核桃树76棵，柿子树19棵，杂木树163棵，石庵子、地庵子共30座，水窖2口。前部山腰石崖根处有1眼泉水长年不断，供人们耕作野炊时饮用。

鸦喝水南洼为坡地、山洼地、圪梁地。土质属于红土，下部偏黏，靠山岭处偏沙。因在背阴处，比北洼耐旱。适宜种植玉米、谷子、高粱等粮食作物，及油葵、荏的等油料作物，高粱一般为间植。上部离山岭近，空气流通状况较好，适宜种土豆、南瓜等蔬菜及豆类。

鸦喝水南崖根有股泉水，称子母泉。相传有一年大旱，村里人没有水吃。有一个叫王木头的年轻人为了保证老母亲不缺水喝，每天天不亮就担着筲到泉水边担水。

一天，王木头担水往回走的路上，遇到一群乱军，不由分说把他抓走参了军。老母亲在家等不见儿子归，就爬着来到了泉水边，也没找见儿子，就守在泉水边，一直喊："木头儿啊！木头儿啊！"村里人知道了，硬接她回家。上午接回去，下午她就又爬到泉边接着喊，往往返返，不知道有多少次。

后来，老母亲的嗓子喊得一点声音都没有了，眼泪也哭干了，可怜凄凄地死在了泉水边。因为老母亲是寻找儿子死在泉水边的，所以后人就将此泉叫成了“子母泉”，一直到今天还这样叫着。

（李海魁收集，王树梁整理）

3　羊圈旮旯

羊圈旮旯另包括红土场、王家垴、大肚磙，共4个地名。东经113°83',北纬36°59',海拔920米。东至小凹的,西至上坡垴,南至王金庄二街村上坡，北至山岭，与王金庄一街、二街村紧挨着。羊圈旮旯共有梯田150块，总面积35.2亩，石堰总长24 170米，其中荒废梯田46块，总面积5.7亩，石堰长5420米。区域内有花椒树2284棵，柿子树18棵，核桃树120棵，黑枣树58棵，杂木树26棵，石庵子3座。明显标识是半山腰处有一泉水，一年四季有水，在大旱年间其他地方没有水的时候，这里还是泉水满满，甘甜可口。

羊圈旮旯土质多是红黑土，适宜种植谷子、玉米、豆类、红薯、土豆等农作物。由于紧挨着村子，村民为了方便，大多在下半部分种植白菜、南瓜、土豆、红薯、豆角等蔬菜，上半部分种植玉米、豆类、谷子等粮食作物，可轮番耕种。

从前在王家垴上住着一户姓王的人家，一家5口人，全靠种地为生。每年打的粮食除全家生活之外还有剩余，小日子过得还算红火。为了能让生活过得更富裕，王家就从西台上买了一面坡，在全家人的共同努力下，修造了近5亩梯田。土地是增多了，可粮食的产量并不乐观，地多肥料少，仅靠一头毛驴的粪根本满足不了这些梯田肥料的供给。王家主人冥思苦想了好久都没有想到解决问题的办法。

有一天，从山西来了一位亲戚，他们晚上唠嗑的时候就聊到了给土地上肥料的问题。这个亲戚就提出，应养一些羊来解决肥料不足的问题，并且答应回家后从山西买一些羊过来。

几个月之后，这个亲戚真从山西给买来了十几只羊。王家边种地边养羊，几年之后这些羊发展成了几十只，地里的庄稼有了这些羊粪长势也非常好，产量一年比一年高。

等到羊群发展到近 100 只时，数量再增加就困难了。羊的总数到 100 只的时候就会死掉一只，这件事使主人非常苦恼。一天，从村东来了一位风水先生，他急忙把先生请到家中，把养羊的前后经过跟风水先生详细地讲述了一遍。风水先生站起来在他的房前屋后转了一圈，发现他住在了虎头山上，所以在此养羊就不能过百，因为虎羊相伤。

为了解决这个问题，风水先生指点他到王家堖旁边的沟内饲养，此后，羊的数量很快突破了 100，他靠养羊翻了身。慢慢地这条沟就叫成了羊圈旮旯。

王家堖　　王家堖东至小凹的，西至羊圈旮旯，上至西台上崖根，下至一街村，多白石矸土，宜种谷子、豆类。因地处王金庄一街村上，旧时所属权归王姓家族，所以叫“王家堖”。

（王翠莲收集，王树梁整理）

4　小凹的

小凹的另包括西台上、西台崖根、猴腰栈、东道口、疤石头、猪牛河、崖底下、河西、陈家地，共10个地名。东经113°83'，北纬36°59'，海拔680~815米，东至桃花水河，西至山岭，南至王金庄一街村头，北至石岗河小桥，距村较近，地块较大，土壤肥沃，是王金庄主要的产粮地之一。此地的地形凹陷，面积较小，因而得名小凹的。

小凹的都是路边地，共有梯田147块，总面积159.2亩，石堰总长20 362米。其中荒废梯田8块，面积3亩，石堰长1200米。区域内现有花椒树4424棵，黑枣树216棵，核桃树57棵，柿子树14棵，杂木树120棵，石庵子6座，水窖1口，水池1座。疤石头、虎头山、王金旧居遗址为此地的明显标识。

小凹的土地属黑白土，地块较大，土壤肥沃，土层厚，抗旱耐涝，保墒性能较强，为一类土地，适宜种植小麦、玉米、谷子、高粱、大豆等粮食作物。由于离村近，方便灌溉，也种植红薯、土豆、南瓜、豆角、西红柿、青椒、茄子和各种青菜等。

小凹的是王金来到王金庄后的居住地，现在还有石碾子、石槽子、两口水窖。王金出身于元代中期涉县城北关一富裕人家，从小习文练武。元至元十二年（1275），天气久旱无雨，田地无收成。邻居李大爷因交不起田赋被官府扣押，王金为了救李大爷，买通了看守，李大爷才被释放出来，而王金因行贿败露成为嫌疑犯。为了避祸，他偷偷爬过大崖岭来到现在王金庄村北的小凹的，盖了几间茅舍住了下来。几年后，家里养的鸡晚上总是到虎头山下栖息，他感到惊异，是否住的地方不好？为什么鸡不在此睡觉？

正当王金忧心忡忡时，有一天，从村前来了一位风水先生。他走到庙角时，观望了四处风水说："此好山好水也，日后能生存几千人。"正好让路边开荒的王金听到，于是王金把先生请到家里。午饭后，王金请先生看住址，先生说这里住人不好。后来从

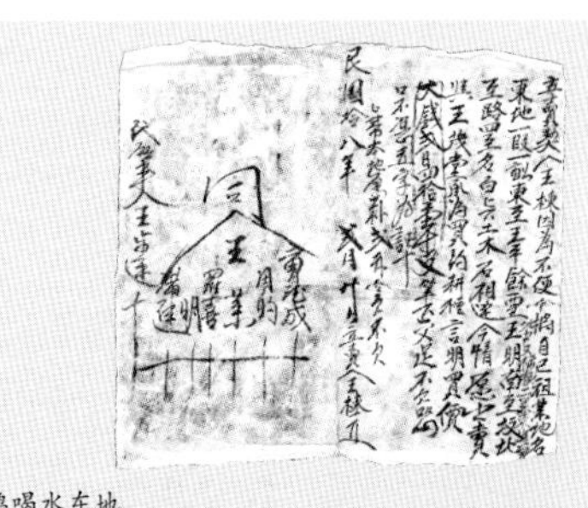

鸦喝水东地

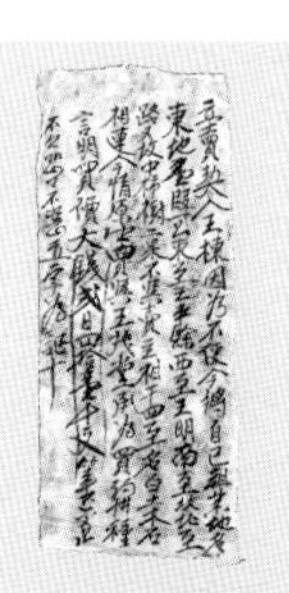

鸦喝水东地

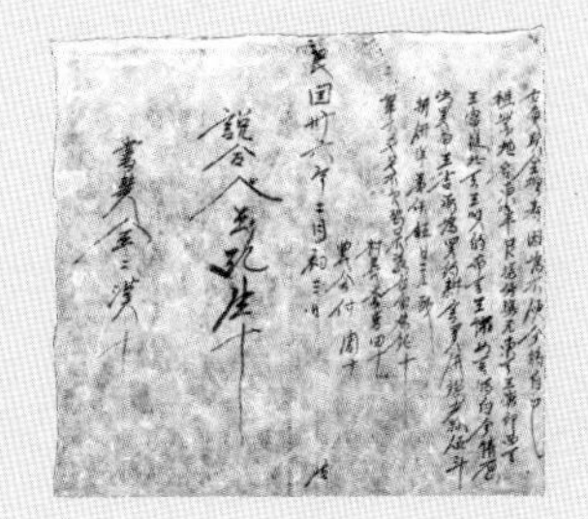

鸦喝水东地

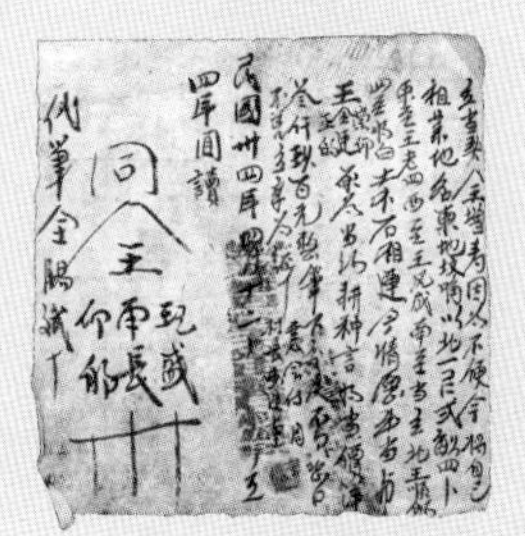

鸦喝水东地

小凹的一直走到虎头山下（也就是鸡晚上宿觉的地方）。先生看后说："这个地方很好，坐北朝南，依山傍水，日后定会人财两旺。"不久，王金选了良辰吉日，就在先生所选的地方，修建了一幢北方四合院，从小凹的搬到此处住下。因王金盖了一幢好房子，引得周围各村民众前来观看，渐渐就将此庄叫成了王金庄。

疤石头　小凹的下边路上有个疤石头，传说这块石头内藏有好多块黄金，当年鲁班路过王金庄时，发现了这块石头，便用手挖走了黄金，形成了多疤的石头。鲁班背着黄金走到村下南北姊妹井前边的石岗上时，又用手挖了3个石槽子，给王金庄留下了鲁班功。

1996年和2016年两次洪灾，从山上冲下的石渣将鲁班挖成的石槽埋到了河里，2000年硬化井禅公路，又将这些遗迹硬化在了路下。

西台上　西台上前至王家堖，后至鸦喝水，上至崖根，下至路。因地处一片坡上，石厚土薄，上半坡只适合种谷子、豆类，下半坡适合种小麦、玉米等。此地多处在小凹的路以上的圪台上，所以称西台上。

猴腰栈　猴腰栈位于王金庄村北，西台崖头中间，三面环山，唯独从王家堖

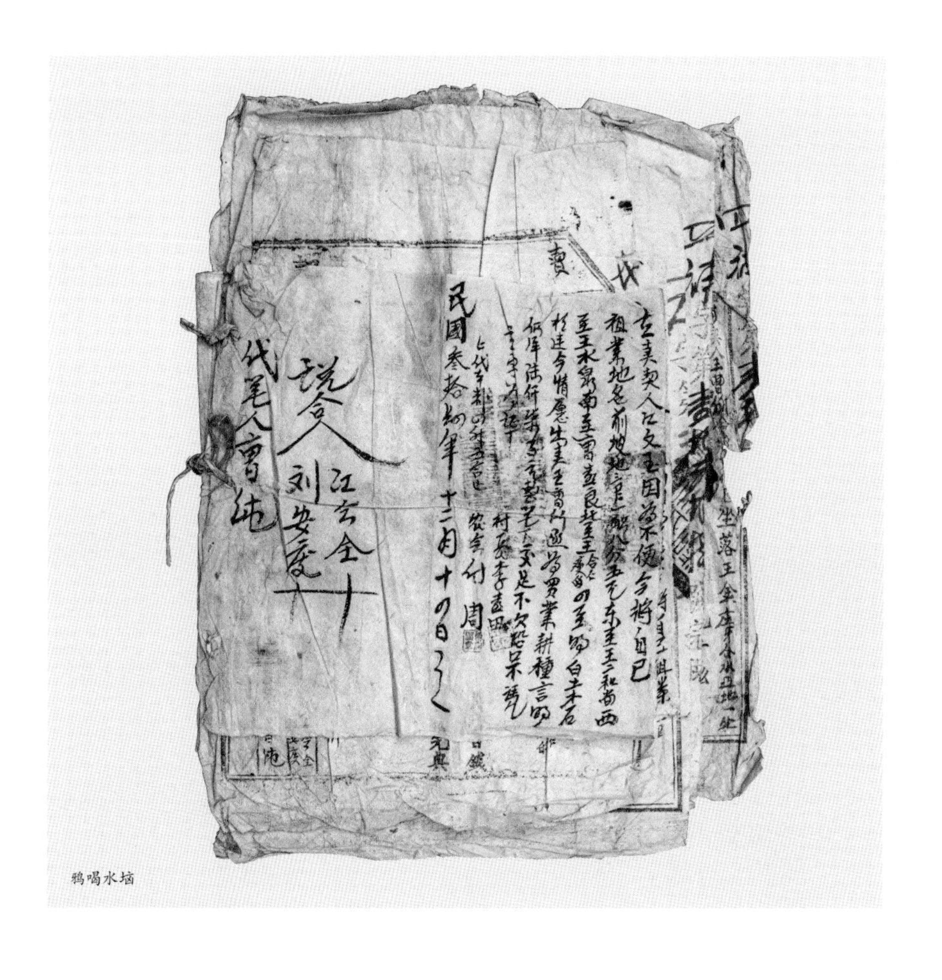

鸦喝水堖

上去，爬到半坡上有一人行小道，向东北攀旋过去，爬至崖头中间，有一间房子大小的天然石溶洞。相传古时候这里曾经住着很多猴子，因此取名为猴腰栈。

猪牛河　猪牛河位于村东北 600 米处，东至井禅公路，西至西台上，南至东道口，北至崖底下。因早年植被较好，河道不宽，沟两侧长满了猪牛爱吃的多种野菜，离村又近，村里的猪牛常常从圈里跑出来，到这里寻草吃。日子久了，人们就将这里叫成了猪牛河。

崖底下　崖底下，位于王金庄村北 1000 米处，东至官班地，西至鸦喝水角，南至猪牛河，北至河西。此处有一天然形成的大屋岩，所以人们称这里为崖底下。1963 年修通第一条公路前，此处是人们通往桃花水、银河井的要道。北面有一片石圪台，旧时建有一座石庵子和一个羊圈，崖底下是夏季羊

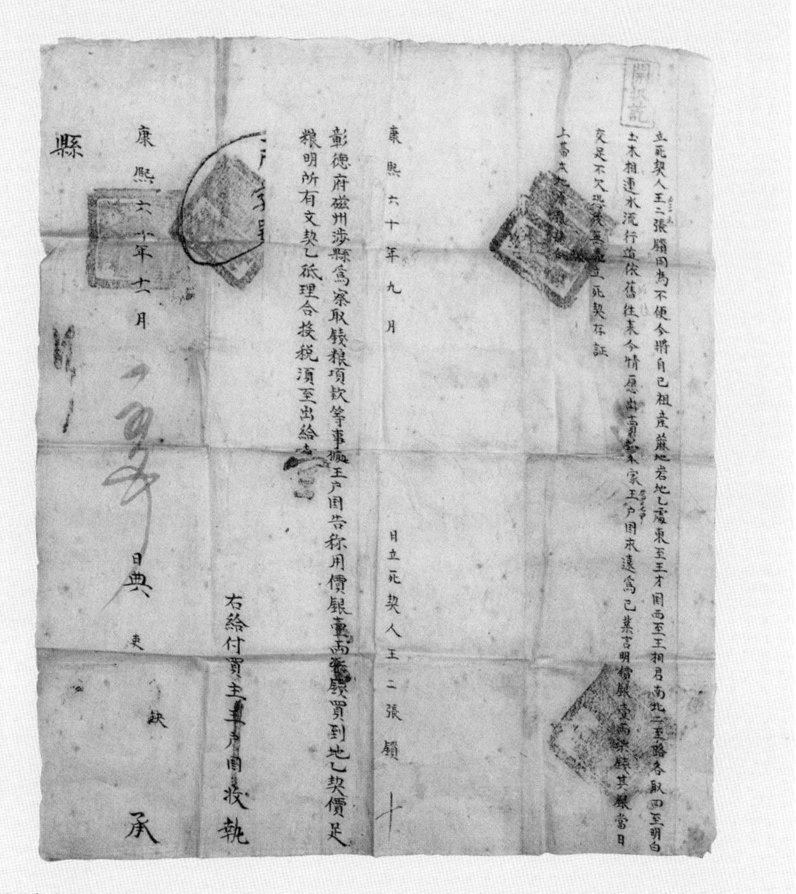
立死契人王二張顯因為不便今將自己祖產蔴地岩地乙處東至王才国西至王相君南北二至路各取四至明白
土木相連水流行道依舊往来今情願出賣於本家王户国永遠爲已業言明價銀壹兩柒錢其銀當日
交足不欠恐後無憑立死契存証
上帶木[illegible]
康熙六十年九月 日立死契人王二張顯 十
彰德府磁州涉縣爲察取錢粮項欵等事據王户国告稱用價銀壹兩柒錢買到地乙契價足
粮明所有文契乙紙理合投税須至出給者
右給付買主王户国收執
康熙六十一年十一月 日典吏 承
縣

鸦喝水东道口

出坡作凉圈的好去处。

陈家地 陈家地位于村北1500米处，上至路，下至河，前至河西，后至石岗河，地势较平坦，地块大，属高产地块，适合种植小麦、玉米等粮食作物。相传，元末明初，有一姓陈的人家从外地迁来王金庄定居后，在此处开荒种地，后因赋役太重，只好携家属又外迁，只留下了陈家地这个地名。但此处土质肥沃，故关于高产地有“论地陈家地，论渠灰峧渠，论坡康岩坡”之说。

（王永江、王树梁收集整理）

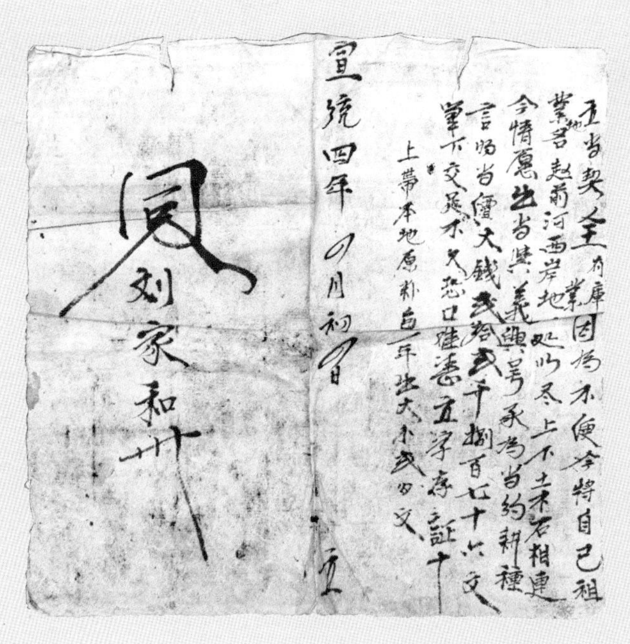
立当契全有庫業因為不便今將自己祖
業地名趙前河西岸地一処以冬上下土木石相連
今情愿出当與義興號承為当約耕種
言明当價大錢弍拾弍千捌百七十六文
筆下交足不欠恐口無憑立字存証十
上帶本地原粮[illegible]一年出大小米弍[illegible]文

宣統四年[illegible]月初[illegible]日 立

同 劉家和 十

鸦喝水河西

地块历史传承情况

1 鸦喝水北洼

开发 曹张定、王僧德、王进德等先祖
1946 曹张定、王僧德、王进德等先祖
1956 一街、二街
1976 二街大队
1982 二街曹火灵、王申榜、曹路云等家庭

2 鸦喝水南洼

开发 王顺元、王建德、王真祥等先祖
1946 王顺元、王建德、王真祥等先祖
1956 一、二、三、四、五街
1976 二街大队
1982 曹世江、曹进中、曹爱苍等农户

3 羊圈旮旯

开发 曹星斗、王昌盛、王社吉祖辈
1956 一街、二街、三街
1976 一街、二街
1982 王定水、王社廷、王正明等农户

4 小凹的

开发 王茂怀、王胜所、王相才等祖辈
1956 一、二、三、四街生产小队
1976 一、二、三、四街生产小队
1982 王永江、王胜怀、王怀所等农户

秋笔　摄

十三　石岩峧

石岩峧包括西南沟和西北沟两条小沟。上至马鞍山岭，下至田间主路，南与鸦喝水相连，北与有则水相掺。地处王金庄村北1500米处，呈东西走向，出村口从西路经过疤石头、东道口、西台上、鸦喝水角、柏树坡即到。沟深500米，宽400米。

石岩峧是全村24条大沟中较小的沟，沟内相对坡度大，共有梯田343块，总面积77.52亩，石堰总长24 882米。其中荒废梯田73块，面积13.4亩，石堰长4700米。区域内现有花椒树3478棵，黑枣树390棵，核桃树142棵（其中百年以上的核桃树、黑枣树共有120棵），柿子树20棵，桐树、椿树等杂木树89棵，石庵子37座，水窖1眼。

沟内土质分两种，下半部渠洼大块地多属红黑土，较适合种植一年两季的冬小麦和夏播晚玉米、谷子及豆类作物。沟的上半部因石厚土薄，石灰岩沙石土质，适合种植豆类、谷子等粮食作物，及土豆、南瓜、萝卜、豆角等蔬菜。因是西南沟，每到夏季，下午光照时间短，抗旱能力强，是旱作梯田农作物高产沟之一。直到目前，村民仍在耕种，撂荒地块少。

据王树梁收集整理，传说石岩峧原来叫石眼窖。在沟南坡的崖根下，有一眼只能用口径6寸（1寸=3.3厘米）大的水桶拔水的水窖。村中一位叫王一顺的村民，每天到山上修地，中午做饭，

113°80'E 36°61'N
ASL 720~890m
ASL
1100m
区域占总量比例
梯田 77.52 亩
1
2
石堰 24 882 米
1
2
花椒树 3478 棵
1
2
2
西北沟
1
西南沟
600m

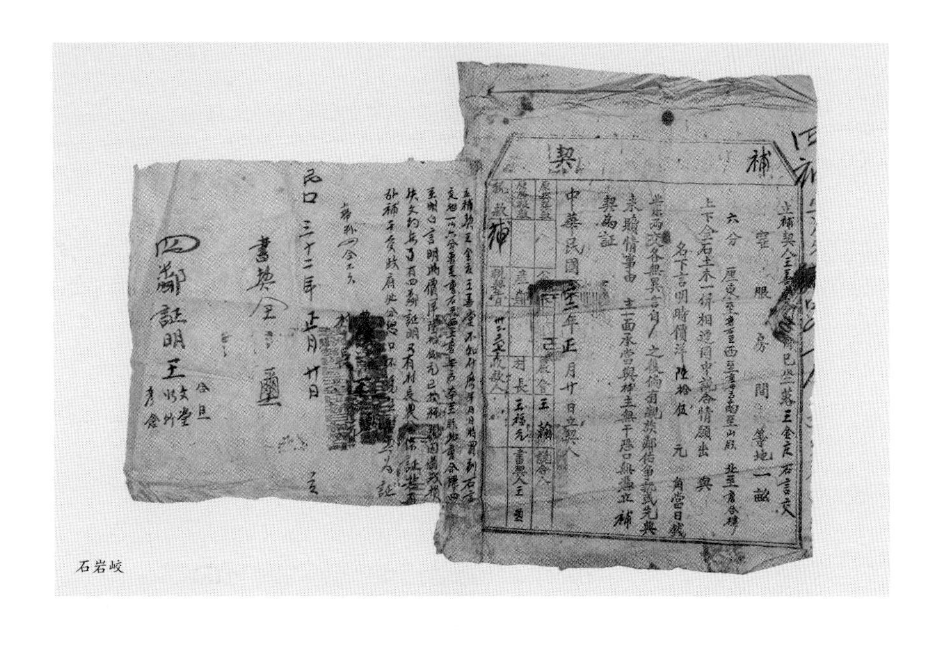

石岩峧

为了取水方便，就自带石匠工具锤笼铁撬，叮叮当当地拓宽井口。经过一些日子的开挖，井口是宽大了，但石眼窖的水源却莫名地枯竭了，这使王一顺老汉后悔莫及。没水了，他每天只好从家里往地挑水吃，因“石眼窖”与“石岩峧”谐音，久而久之，人们就将石眼窖叫成了石岩峧。

1　西南沟

西南沟距村庄约 1700 米，东经 113°83'，北纬 36°61'，海拔 755~868 米。西南沟南与鸦喝水沟北洼山梁相连，北与西北沟相接，西至山岭，东至田间主路。基本呈东西走向，从沟口一条路一直延伸至山岭。入口处一段路呈东南—西北走向，然后变为东西走向，把大沟一分为二为西南沟和西北沟。整个地形地貌从山口到山岭最高处是一面大坡，属于背阴面，其中有几个小洼和小山梁。石岩峧沟中间有一处地方较窄，只有十几米宽。这个地方把大沟分为上下两部分，从此处分别向上、向下延伸展开，呈两个扇子的形状。

西南沟共有梯田 168 块，总面积 47.73 亩，石堰总长 15 855 米。其中荒废梯田 34 块，面积 8.2 亩，石堰长 2600 米。区域内现有花椒树 2357 棵，黑枣树 253 棵，核桃树 134 棵，柿子树 13 棵，杂木树 40 棵，石庵子、地庵子共 19 座，水窖 1 口。

西南沟有坡地、圪梁地、山洼地。土质多属红土，上半部分土层稍薄些，下半部分土层较厚。整个梯田在阴面，相对耐旱。适宜种植玉米、谷子、高粱及豆类、油料作物，也适宜种植花椒树、核桃树、黑枣树等果树。下部邻路的地块较宽阔，可以种小麦、玉米、谷子等粮食作物，和豆角、南瓜、白菜、萝卜、薯类等蔬菜。

（李海魁收集整理）

2 西北沟

西北沟另包括小南沟和没底沟，共 3 个地名。东经 113°81'，北纬 36°60'，海拔 721~869 米，西至山岭，东至田间主路，南与西南沟相接，北与有则水沟南山梁相连，距村庄约 1000 米。西北沟与西南沟以石岩峧沟中间的路为界，路南为西南沟，路北属于西北沟。

西北沟共有梯田 175 块，总面积 29.79 亩，石堰总长 9027 米。其中荒废梯田 39 块，面积 5.2 亩，石堰长 2100 米。区域内现有花椒树 1121 棵，黑枣树 137 棵，核桃树 8 棵，柿子树 7 棵，杂木树 49 棵，石庵子、地庵子共 18 座。

西北沟包括渠洼地、坡地、山洼地、圪梁地，土质为红白土相间。渠洼地和山洼地土层较厚，偏黏；坡地、圪梁地土层稍薄，

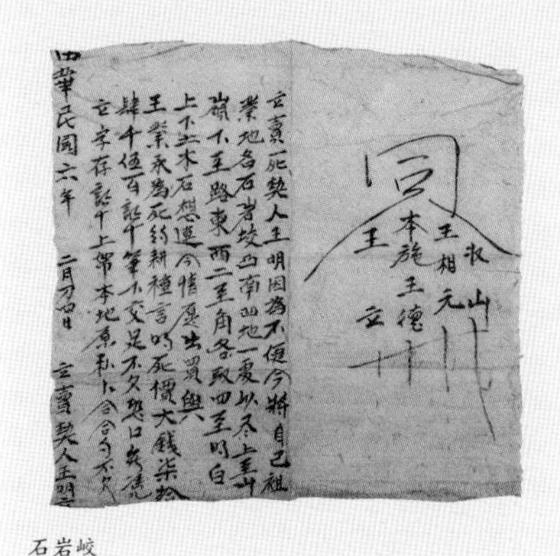

中華民國六年 二月初四日

石岩峡

民國三十二年十一月十六日

石岩峡

偏沙。渠洼地适宜种植玉米、谷子、高粱、小麦等粮食作物及南瓜、豆角等蔬菜，但雨水多的年头种谷子容易坏，收成不高。山洼地、坡地种植玉米、谷子、高粱均可。圪梁地也可种植这些作物但收成不高，雨水调匀的年头收成也不低。靠近山岭的地块通风条件较好，适宜种土豆和豆类等作物。

没底沟　没底沟，东至下河，西至山岭，前至西北沟，后至有则水寺南碘，属坡条梯田，土层较薄，适宜种植谷子、豆类等。因沟浅，没有形成沟口、沟底的形状，由此称为没底沟。

（李海魁、王树梁收集整理）

地块历史传承情况

1　西南沟

开发	王深山、曹明玉、曹明德等先祖
1946	王深山、曹明玉、曹明德等先祖
1976	二街
1982	曹巨恩、曹加录、王相才等

2　西北沟

开发	王庆有、王庆余、曹现京等祖上
1946	王庆有、王庆余、曹现京等祖上
1976	二街、四街
1982	二街王金魁、付现灵等和四街刘军魁、刘爱明等农户

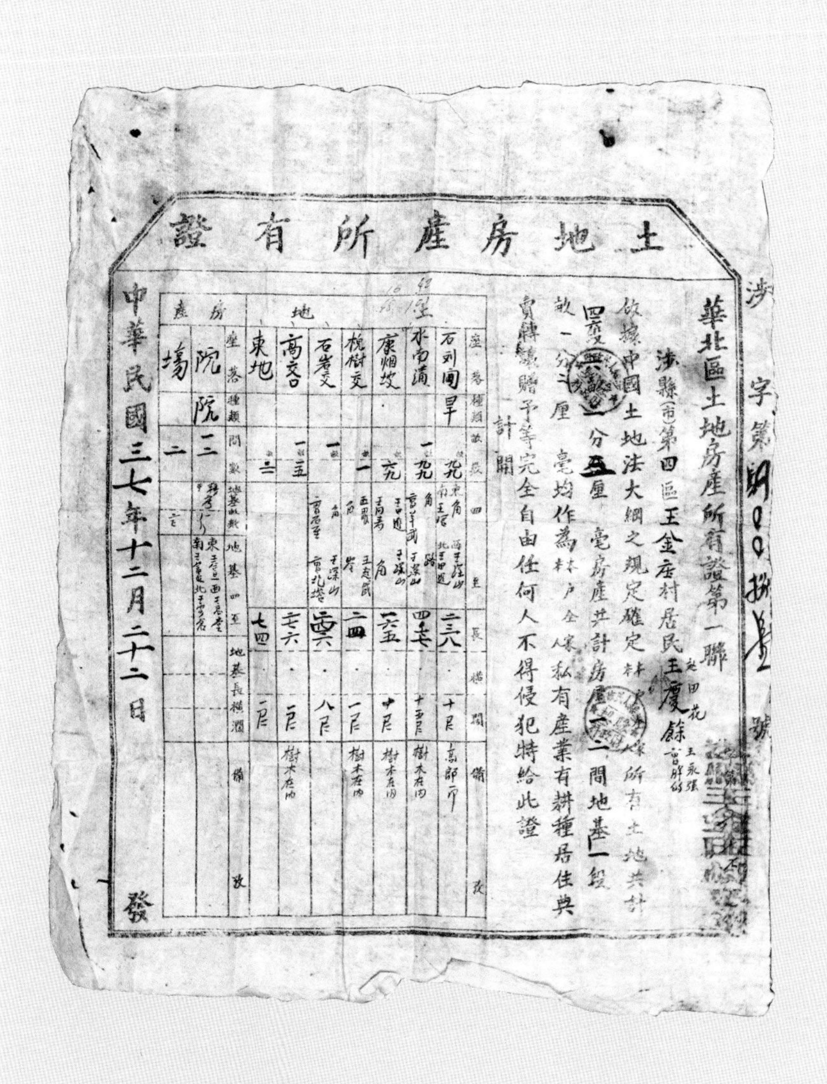

土地房產所有證

華北區土地房產所有證第一聯

涉字第[illegible]號

依據中國土地法大綱之規定確定涉縣(市)第四區王金庄村居民王慶餘林户全家所有土地共計四十四畝一分五厘　毫房產共計房屋一間地基一段一分二厘　毫均作為林户全家人私有產業有耕種居住典賣轉讓贈予等完全自由任何人不得侵犯特給此證

計開

座落	種類	畝數	四至	長	闊	備考
石刘凹	旱	九九	[illegible]	二三八	十尺	高部市
水南滴		一九九	[illegible]	四五七	十五尺	樹木在内
康烟坡		六九	[illegible]	一六五	十尺	樹木在内
槐樹交		一	[illegible]	一四	一尺	樹木在内
石岩交		一	[illegible]	一四六	八尺	
高窑		一五		一七六	一尺	樹木在内
東地		二		七四	一尺	

座落	種類	間數	地基畝數	地基四至	地基長横濶	備考
院	院	二	[illegible]	[illegible]		
場		二				

中華民國三十七年十二月二十二日　發

石岩峧

秋笔　摄

十四 有则水沟

有则水沟包括桃树洼、明国寺小南沟、寺南碶、付家嘴四条小沟。东以桃花水河为界，西与马鞍山接壤，南与石岩峧、没底沟相掺，北与大西沟、水南沟相连。地处王金庄村北 2000 米处，呈东西走向，出王金庄村口，从西路途经疤石头、东道口、西台上、鸦喝水、石岩峧，就到了有则水沟。因沟内有不老水、佛寿泉等多处泉水，而得名有则水，也称有滴水。

有则水沟共有梯田 512 块，总面积 138.26 亩，石堰总长 33 475 米。其中荒废梯田 462 块，面积 104.1 亩，石堰长 23 875 米。区域内现有花椒树多达 2234 棵，核桃树 535 棵，黑枣树 367 棵，柿子树 27 棵，杂木树 772 棵，石庵子 42 座，水窖 11 口，水池 1 座，泉水 2 眼。有 1966—1967 年开凿的引水石槽 800 米（现已残缺不全），以及明国寺遗址，寺背后是从清代完整保留至今的禁林（以荆条、藤条灌木为主）250 多亩，以及 20 世纪 70 年代村林业队建筑的窑洞 3 拱。其中中间窑洞的门框上写着一幅“古寺无僧风扫地，森林防火月照明”的对联，既反映出了古迹的冷落萧条，也提醒人们要提高森林防火的责任意识。

有则水土壤分三类，渠洼地多属黑土，土层较厚，较适宜种植小麦、玉米、谷子等粮食作物。北半坡以上属白石矸沙土，适宜种植豆类、土豆、谷子等作物。南半坡以上多属红黑土，适合种植萝卜、南瓜、土豆等蔬菜。全沟较宜种植花椒、黑枣、核桃、

113°82'E 36°60'N
ASL 720~920m
ASL
100m
区域占总量比例
梯田 138.26 亩
1 2 3 4
石堰 33 475 米
1 2 3 4
花椒树 2234 棵
2 4
1
桃树洼
4
付家嘴
3
寺南硖
2
明国寺小南沟
600m

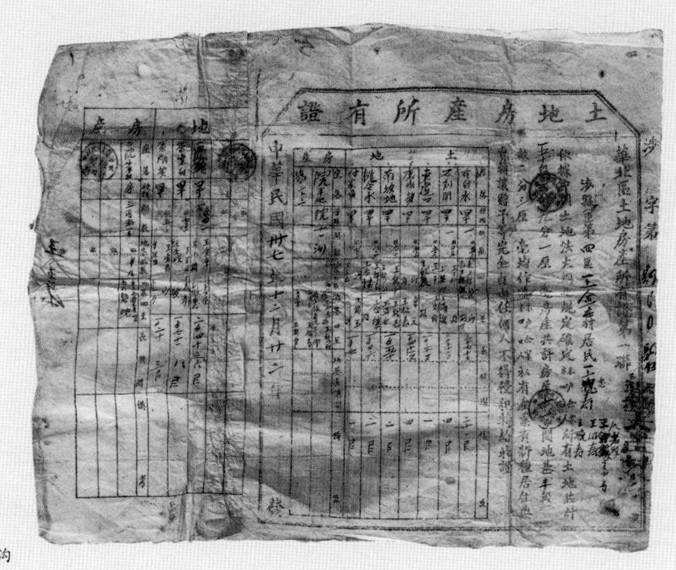
土地房產所有證

中華民國卅七年十二月廿二日

有则水沟

梨、杏等干鲜果类。

有则水沟在 1949 年以前属明国寺财产，每年由寺住持承包给村民，年底只收地租，多数为五五开或四六开，有时寺与农户粮食对半分成。遇有灾年，寺住持体恤民情，寺要四成，种户留六成。为了防止树木与粮争地，直到 20 世纪 60 年代，整个山沟没有一棵干鲜果树或杂木树。1945 年土地改革时，这些土地被分给五道街的贫下中农耕种，1956 年建社后，地随人入社，成为五道街插花地，1976 年调整插花地归二街大队耕种，1982 年实行家庭联产承包责任制后，承包给村民。1993 年为了建果园将几十亩渠洼地收归大队（村委会）经营。

有则水，包括马鞍山，坡场广阔。1968 年冬季，为了贯彻执行好伟大领袖毛泽东主席“绿化祖国，实行大地园林化”的伟大号召，王金庄村党总支（五个大队联合支部）成立了林业专业队，对全沟进行荒山治理，采取边修梯田边栽树、专业治理与群众治理相结合、季节植树与平时植树相结合的办法，截至 1990 年，荒山森林覆盖率达到95%。1993年以王金庄林业队治理的荒山为核心区，原王金庄乡被国家林业部命名为全国绿化先进单位。经过20年的奋斗，原来的不毛之地变成了王金庄干鲜水果最齐全的山沟之一。如今进入有则水沟，林风习习，鸟语花香，若进一步打造，建成旅游景点，一定会游客如织。

林业专业队由二街大队共产党员、退役军人王二汉任队长，四街大队党支部委员李正玉任副队长，队员主要有一街王平水、王兰飞、王德的、王新有；二街王二汉、曹忠山、付孟的、曹孙义、曹土榜；三街曹兴斗、曹志玉、王红义；四街李正玉、李进顺、曹羊乃、李秋所；五街李乃林、李忠寿、李所德、李勤所、李晨定、刘坤怀等，最大的72岁，最小的只有16岁。为了搞好绿化，林业队对有则水沟、长岭、马鞍山岭、赶牛道岭、上坡垴、岩凹垴、高峧垴、康岩寨垴一沟、三岭、四垴进行了长远规划。

林业队成立初期，需要大量的树苗，队员们不得不自己开发苗圃，播上大量的柏树、花椒、白杨等，除满足专业队栽植外，还供应各大队、社员春季、雨季造林所需。为了提高树苗成活率，他们采取大修简易梯田和刨鱼鳞坑的办法，使每年的植树成活率由原来的60%提高到了90%。

常年在山上植树，没有遮风避雨设施，林业队除在明国寺遗址盖起5间平房，新建了3座石拱窑洞外，还在长岭、马鞍山周围兴建3米见方的石庵子8座。为了提高人们的森林保护意识，林业队到处书写“森林防火，人人有责”“森林重地，禁止牛羊”等标语进行广泛宣传，还多次建议村党总支，不断修正《村规民约》，如随便上林区放牧，发现一次罚款10元，偷伐一棵镢把树罚款5元。因为有了村规可循，山上的树木得到了有力的保护。

林业队采取长期与短期相结合、环境保护林与经济林相结合的办法封山育林。根据沟内酸枣荃多的特点，1969—1975年嫁接红枣树 4500 多棵，栽植花椒树 15 000 棵，黑枣树 2800 棵，核桃树 1500 棵。

半个多世纪过去了，当年植树的老人多已作古，只有满山遍野的松柏见证着他们曾经夜以继日、扎根高山、绿化家园的精神。

（由五街村当年林业队队员刘坤怀、李晨定讲述，王树梁收集整理）

1　桃树洼

桃树洼另包括不老水、佛寿泉、老虎洞、东马鞍山等地名，东经 113°83'，北纬 36°60'，海拔 759~880 米。前以明国寺门前横路为界，后与有则水沟中的寺后小南沟相接，上与长岭相隔，下以田间主路为界，呈西北—东南走向。

全沟共有梯田 80 块，总面积 21.8 亩，石堰总长 5600 米。其中荒废梯田 72 块，面积 19.6 亩，石堰长 5560 米。区域内现有花椒树 75 棵，黑枣树 25 棵，核桃树 15 棵，柿子树 11 棵，杂木树 278 棵，石庵子 13 座，水窖 5 口，泉水 2 眼，水池 1 座。

桃树洼土质为红黑土，土层厚，土壤肥沃，耐旱能力强。区域内适宜种植玉米、谷子、豆类、高粱等粮食作物，和豆角、土豆、白菜、萝卜等蔬菜。上洼梯田地块逐渐变窄，面积也逐渐减小，适宜种植耐旱的花椒树、核桃树、柿子树、黑枣树等果树，油菜、茬的、油葵等油料作物，和玉米、谷子、大豆、高粱等粮食作物。山岭植被较好，有郁郁葱葱的松柏林、茂密的灌木丛，还有柴胡、黄芩、地黄等多种中药材。

不老水　不老水位于有则水正沟通往山顶的路堰根悬崖上，离地 1.5 米处有一个水桶般粗细的溶洞，洞底有一道流水槽，洞的四壁长满绿苔，淙淙泉水顺着水槽往外流，崖底有一个筲水锅大小的水坑，大水不溢，小水不竭。水坑旁有一块极像狮子的钟乳石，离钟乳石 2 米处还长着一棵垂柳。身居其中，令人心旷神怡，流连忘返。相传旧时明国寺的多位住持常年喝此处泉水，均得高寿，所以叫不老水。

佛寿泉　佛寿泉位于不老水约 100 米处的小北沟崖根，崖根有个水坑，水量略大于不老水，日均出水量 15 担左右。不同的是 20 世纪 60 年代，王金庄村总支筹资在水坑东南 20 米处的平地修建了一座长 20 米、宽 10 米、深 2.5 米的水池，水池底部有一出水口。佛寿泉当年经过 2000 米长的引水石槽将水坑的水引到新挖的水池，解决了人畜饮水问题。后因管理不善，水槽废弃，只有水池还在发挥作用。因老和尚喝这里的水有了高寿，所以叫佛寿泉。

东马鞍山　东马鞍山位于王金庄村北，西马鞍山东边，是村后主峰之一，海拔近千米。20 世纪 60 年代至 80 年代，经过 20 年的绿化，森林覆盖率极高，是旅游观光的理想地。因山形中间低两头高，远远看去像个马鞍，又地处东边，所以叫东马鞍山。

（曹纪滨、王树梁收集整理）

2　明国寺小南沟

明国寺小南沟另包括苇的圪道、明国寺北沟（简称寺北沟），共 3 个地名。东经 113°83'，北纬 36°60'，海拔多在 710~900 米，上到山岭，下至田间主路，前与寺南碳相连，后以山岭横路为界。此沟共有梯田 137 块，总面积 33.3 亩，石堰总长 10 410 米。其中荒废梯田 125 块，面积 30 亩，石堰长 9000 米，这些田地多因政府实行退耕还林政策而撂荒，种上了树木。区域内现有花椒树 353 棵，黑枣树 135 棵，核桃树 13 棵，柿子树 3 棵，白杨、梧桐、椿树等杂木树 201 棵，石庵子 8 座，水窖 3 口。

明国寺小南沟土壤大致分两类，渠洼地多为红黑土，适宜种一年两季的冬小麦和晚玉米、晚谷子及豆类作物。苇的圪道与寺后小南沟上半部，石厚土薄，多为石灰岩沙石，只适宜种植耐旱的稙谷子、豆类和土豆、南瓜、豆角等蔬菜。

明国寺　　在王金庄，有关明国寺和不老水的传说由来已久，妇孺皆知。传说，明国寺修建之前，那里建有一座尼姑庵，尼姑姓岳，身材苗条，年轻貌美。后因用火不慎，尼姑庵被火焚毁，尼姑亦不知去向，有的说尼姑远走他乡，有的说死于火焚，有的说羽化成仙。

忽一日，一位法号祖冬的僧人从山西五台山游历至王金庄桃花水岭上。祖冬环顾四周，山峦重叠，林木葱葱，曲折山径，一股山泉从山脚涌出。祖冬大喜："好一处修身养性之地啊！"后决定在尼姑庵基础上修建一座寺院。

兴建寺院需要资金、技术、人力、物料，祖冬就云游四方，托钵化缘，不仅筹集到足够的粮款，还带来了宗尧等徒弟。

一个春风和煦的早晨，有则水群山间回荡起阵阵鞭炮声，是祖冬和他的众徒弟们在举行寺院开工仪式。王金庄周村的不少民众也前来支援。经过一年多的苦战，一座古色古香的寺院建了起来。寺的东院为佛祖殿，西院为关圣殿、观音堂，院中用做工考究的青石圆门，把整个寺院一分为二。寺院建在有则水沟，故被称为有则水寺。

经佛门划定，有则水寺有山场、耕地上百亩。祖冬把近百亩耕地以低于市场一半的价格租赁给了王金庄的贫民，剩余的由他和徒弟们耕种。在精耕细作之下，再加上土地本来就是旱能浇、涝能排的高产田，几乎年年大获丰收。每年除本寺消耗以外，还接济王金庄村一些贫困户，即便这样每年还有不少余粮。明嘉靖八年（1529）大旱，王金庄村近百户人家几乎颗粒无收，交不起田税。住持祖冬知道后，替乡亲们交粮 30 余石，乡亲们颇为感动，联名上奏彰德府，要求给该寺请功授奖。知府看到奏章后也深受触动，为有则水寺题名"明国寺"，请最好的工匠制成了金匾，并亲自挂到了寺门口。自此，有则水寺改称明国寺。

住持祖冬会农耕、通经书、懂音律，他不但将寺内的十多名徒弟个个教育得德才兼备，还在农闲时间到村里办书房和音乐传授班，教村民识字学算，吹拉弹唱。从此，王金庄村就有了娱乐班相传，一直到中华人民共和国成立前夕，村里的老乐队还是“尺工尺、六工六”地教着后生们。

明国寺位于舀水河畔，山清水秀、环境幽雅，住持祖冬性格开朗，豁达大度，一直活到 105 岁才驾鹤西去。继他之后，住持照亮活了 88 岁，照玉活了 95 岁，心思活了 101 岁，悟信活了 92 岁。因此，民间又把明国寺叫长生不老寺。

（讲述人王林定，王树梁整理）

苇的圪道　苇的圪道位于有则水正沟中间渠地里，南至南坡，北至田间主路，东西皆临渠地，是王金庄境内为数不多的苇子地之一，是旧时村里编席子用的芦苇的主要产地。进入 20 世纪 80 年代，随着芦苇编席渐渐退出历史舞台，苇子地也逐渐荒废，只留下一个地名。因在明国寺后边渠的地，靠堰根有个坑，所以叫苇的圪道。

明国寺北沟　明国寺北沟上至长岭，下至田间主路，前至付家嘴，后至正沟，是有则水林场，是红枣、梨、桃、杏主要栽植地。20 世纪六七十年代，果树旺期能年产新鲜水果上万斤。2000 年以后，村林业队解散，果园也逐渐荒废。因此沟地处明国寺北边，所以叫明国寺北沟。

（王树梁收集整理）

3　寺南碛

寺南碛另包括分正洼、寺南垴，东经 113°84'，北纬 36°62'，海拔 745~910 米。前与有则水沟中的小北沟相连，后与有则水沟中的桃树沟相接，上至山岭，下至渠洼地，处于有则水沟阴坡地带，呈西北—东南走向。此沟地处明国寺正南，又有石头碛，因此得名寺南碛。

寺南碶全沟共有梯田 63 块，面积 18.9 亩，石堰总长 3450 米。其中荒废梯田 55 块，面积 15 亩，石堰长 3000 米。区域内现有花椒树 118 棵，柿子树 21 棵，黑枣树 19 棵，核桃树 4 棵，杂木树 167 棵，石庵子 1 座，水窖 1 口。

寺南碶土地属红黑土，土层较厚，土壤肥沃，耐旱能力强。区域内适宜种植玉米、谷子、豆类、高粱等粮食作物，和豆角、土豆、白菜、萝卜等蔬菜。坡地梯田地势陡峻，地块逐渐变窄，面积减小，较贫瘠，适宜种植耐旱的花椒树、核桃树、柿子树、黑枣树等果树，油菜、茬的、油葵等油料作物，和玉米、谷子、大豆、高粱等粮食作物。玉米和谷子等农作物需轮作倒茬。山岭植被较好，有郁郁葱葱的松柏林、茂密的灌木丛，还有柴胡、黄芩、地黄等中药材。

（曹纪滨、王海飞收集整理）

4　付家嘴

付家嘴下分小北沟、南崖根、水南洼的，东经 113°80'，北纬 36°62'，海拔多在 722~850 米，上与长岭相连，下以桃花水河为界，前与水南洼相连，后与桃树洼相掺，位于明国寺东，呈东北—西南走向。因此地多由付家祖先开发，因此称为“付家嘴”。付家嘴全沟共有梯田 232 块，面积 64.26 亩，石堰总长 14 015 米。其中荒废梯田 210 块，面积为 29.5 亩，石堰长 6315 米。区域内现有花椒树 1717 棵，核桃树 518 棵，黑枣树 138 棵，柿子树 16 棵，杂木树 126 棵，石庵子 20 座，水窖 2 口。有王家坟地一座。

付家嘴土地属红黑土，土层较厚，土壤肥沃，耐旱力强。区域内适宜种植小麦、玉米、谷子、豆类、高粱等粮食作物，和豆角、土豆、白菜、萝卜等蔬菜。两坡地势陡峻，地块逐渐变窄，面积减小，较贫瘠，适宜种植耐旱的花椒树、核桃树、柿子树、黑枣树等果树，油菜、荏的、油葵等油料作物，玉米、谷子、大豆、高粱等粮食作物。玉米和谷子需轮作倒茬。山岭植被较好，有郁郁葱葱的松柏林、茂密的灌木丛，还有柴胡、黄芩、地黄等中药材。

水南洼　水南洼东至桃花水河，西至山岭，北至田间主路，南至付家嘴。因地处西南沟，比较耐旱，土质属红黑土，被人们称为高产区，适合谷子、玉米轮茬耕种。此沟有一股泉水，又地处南边，所以叫水南洼。

（曹纪滨、王树梁收集整理）

地块历史传承情况

1　桃树洼

开发　明国寺
1946　王祥的、曹大汗、王子股等
1956　二街大队
1976　二街大队
1982　二街村民

2　明国寺小南沟

开发　明国寺
1946　农户
1956　全村插花地
1976　二街大队
1982　二街村民

3　寺南碘

开发　明国寺
1946　二街王廷寿、王顺的、曹大汉等
1976　二街大队
1982　二街村民

4　付家嘴

开发　付氏祖先，王廷元等祖上
1946　二街村部分没有土地的村民
1976　二街、三街大队
1982　二街曹会恩、曹社明等农户

秋笔　摄

十五　桃花水大西沟

桃花水大西沟是王金庄 24 条大沟之一，包括葡萄树洼、北沟、南沟三条小沟。东至高速辅路，西以井店镇银河井村南岭为界，南与有则水相望，北与老疙瘩峧相掺。地处王金庄村北 4900 米处，呈东西走向。途经小凹的、东道口、西台上、鸦喝水、石岩峧、有则水。沟前后长 1200 米，左右宽 750 米，是王金庄东西走向最大的一条大沟，因此得名。

桃花水大西沟共有历代修建的梯田 1237 块，总面积 269 亩，石堰总长 134 145.4 米，其中荒废梯田 320 块，面积 48.8 亩，石堰长 30 232 米。区域内现有花椒树 5922 棵，黑枣树 336 棵，核桃树 57 棵，柿子树 22 棵，杂木树 182 棵，石庵子 38 座，水窖 17 口，水池 1 座，泉水 1 眼。

桃花水大西沟土地主要为渠洼地，土壤肥沃，土质为红黑土，土层厚，耐旱，日照时间长。适宜种植北方宜产的小麦、玉米、谷子、高粱、豆类等粮食作物和各种蔬菜及果树，为一类土地。渠洼地至两坡地地块逐渐变窄，土层变薄，土壤变得贫瘠，适宜种植玉米、谷子、高粱、豆类等粮食作物，和豆角、南瓜、萝卜等蔬菜，也适宜种植油葵、油菜、荏的等油料作物，和柴胡、知母、荆芥等中药材，尤其适宜种植花椒树、黑枣树、柿子树等耐旱果树。

113°82'E 36°60'N
ASL 757~1031m
ASL
1100m
区域占总量比例
梯田 269 亩
1
2
3
石堰 134 145.4 米
2
3
花椒树 5922 棵
1
2
3
2
北沟
1
葡萄树洼
3
南沟
600m

1　葡萄树洼

葡萄树洼另包括孤垴的和北岭，共 3 个地名。东经 113°82'，北纬 36°60'，海拔 817~876 米，东至山神庙，西至北洼前角，北至山岭，南至田间主路，位于王金庄村北，距村约 8000 米。
葡萄树洼总共有梯田 91 块，总面积 12.1 亩，石堰总长 893.5 米。其中荒废梯田 18 块，面积 1.2 亩，石堰长 90 米。区域内现有花椒树 534 棵，黑枣树 26 棵，柿子树 4 棵，杂木树 12 棵，水窖 2 口，石庵子 6 座。
葡萄树洼土质多红黑土，耐旱。适宜种植玉米、谷子、高粱、豆类等粮食作物，和土豆、红薯、豆角、南瓜、萝卜等蔬菜，也适宜种植油菜、油葵、荏的等油料作物，和柴胡、黄芩、荆芥、菊花等中药材，尤其适宜种植花椒树、黑枣树、柿子树、核桃树等耐旱果树。玉米、谷子须轮作耕种。

民国时期，曹存柱一家在此生活，起早贪黑修梯田，日子过得紧巴巴。遇到灾荒年，地里的野菜、树皮都被饥饿的村民挖光、扒光，很多家庭流离失所，曹存柱一家的生活更是雪上加霜，向官府纳粮交税也更不堪重负。曹存柱经常忍着饥饿坚持修梯田，有时没啥充饥就吃野菜和从土中刨出来的昆虫，渴了就去水南洼的泉水坑里挑水喝。中华人民共和国成立后，穷苦人翻身做了主人，梯田也越修越多。村民还在桃花水大西沟的田地里栽了好多果树，其中葡萄树最多。秋天，葡萄树枝叶茂盛，果实累累，所以此洼称为葡萄树洼。

北岭　北岭东至大桃花水渠洼地，西至葡萄树洼，南至桃花水大西沟沟口，北至老疙瘩峧，是葡萄树洼西北的一道山岭，又是桃花水大西沟北面的山岭，因此得名北岭。

（王翠莲收集，王永江整理）

2　北沟

桃花水大西沟分为南北两道沟。北边这道沟，称为北沟。北沟另包括北栈、双檐的角、软枣树洼，共 4 个地名。东经 113°82'，北纬 36°60'，海拔 934~1031 米。位于王金庄村北，东至葡萄树洼，西至山岭，南至南洼北角，北至山岭。

北沟总共有梯田 418 块，总面积 73 亩，石堰总长 48 666.9 米。其中荒废梯田 124 块，面积 20.1 亩，石堰长 12 295 米。区域内现有花椒树 964 棵，黑枣树 94 棵，柿子树 4 棵，杂木树 50 棵，水窖 11 口，石庵子 26 座。

北沟土质多是红黑土，耐旱，可种植玉米、谷子、豆类、高粱等粮食作物，和土豆、豆角、南瓜、红薯、萝卜等蔬菜。也可种植油菜、油葵、荏的等油料作物，和柴胡、黄芩、荆芥、远志等中药材。最适宜种植花椒树、黑枣树、柿子树等耐旱果树。玉米、谷子等农作物需轮作耕种。

软枣树洼　北沟、北栈大部分梯田，都是清朝中期曹氏祖辈修建，距村约 5000 米。由于当时无法解决饥饿问题，曹氏祖辈就在北沟的一个洼里大量种植软枣树（即黑枣树）。软枣成熟后，人们饿了可以充饥，冬季还可以把软枣通过土炕烤熟，碾成软枣面（称炒面），当主食吃。软枣炒面存放几十年都不会变质，成块后，拨开照样能吃。曹氏家族在北沟修建了 70 多亩地，软枣和

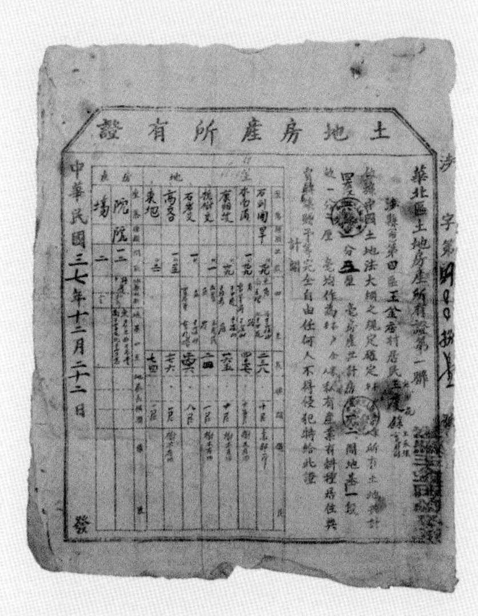

土地房產所有證

華北區土地房產所有證第一聯

中華民國三十七年十二月二十二日

桃花水大西沟水南沟

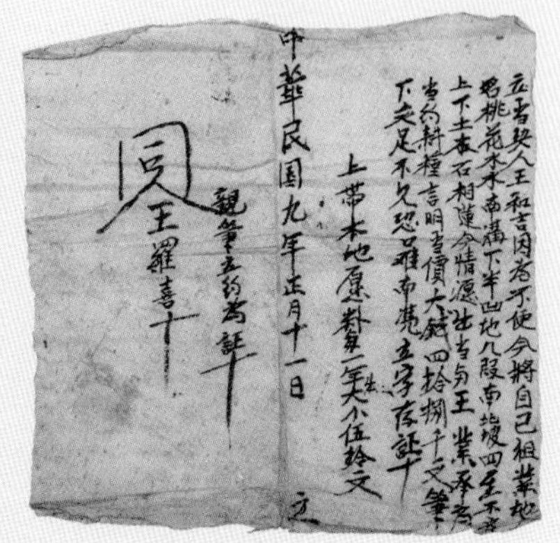

中華民国九年正月十一日

親筆立約為証

王羅喜十

桃花水大西沟水南沟

软枣炒面成为了他们历代修建梯田时的主要充饥食品。因栽种了很多软枣树，后人就把北沟的这个洼命名为软枣树洼。

（王翠莲收集，王永江整理）

3　南沟

南沟另包括水洞旮旯、长岭和南栈，共 4 个地名。东经 113°82'，北纬 36°60'，海拔 757~1033 米。东至大池，西至北岭栈，南至长岭栈，北与北沟相望。

区域内共有梯田 782 块，总面积 184.5 亩，石堰总长 84 585 米。其中荒废梯田 178 块，面积 27.5 亩，石堰长 1787 米。区域内现有花椒树 4424 棵，黑枣树 216 棵，核桃树 57 棵，柿子树 14 棵，杂木树 120 棵，石庵子 6 座，水窖 4 口，泉水 1 眼，水池 1 座。另有沟口大水池一座、水洞旮旯 2 眼，以及起连坡墓地，为此地的明显标识。

南沟土地属红黑土，土层较厚，位于阴坡，耐旱、保墒性较好。因是西南沟，适宜种植玉米、谷子、高粱、豆类等粮食作物，和豆角、南瓜等蔬菜。

长岭　长岭东至付家嘴，西至马鞍山，南侧是明国寺后禁林，北是大西沟至水南洼的背坡，全为林场禁地。林场林木茂盛，是多年大力植树造林的丰硕成果。因这道岭长达 1500 米，所以叫长岭。

南栈　南栈位于南沟，和北沟、北栈相连，是从王金庄经赶牛道岭、鸦喝水、石岩峧垴通往桃花岭的仅供人行走的小路。尽管山道不宽，曲弯回肠，但较平坦。2015 年前后，三街村党支部、村委会多方筹资，从后峧沟开始，人行道拓宽，修成了 3~4 米宽的机动三轮车路，极大地方便了村民们耕作和游客观光。因地势长，和山岭平齐而得名南栈。

（王永江收集整理）

地块历史传承情况

1　葡萄树洼

开发　曹存柱祖辈
1976　三街大队
1982　三街曹爱良、曹正所、刘近德等居民

2　北沟

开发　曹榜庆、曹石义、刘从正祖辈
1976　三街大队
1982　三街付月荣、刘波海、李为青等农户

3　南沟

开发　曹刘成、曹胜德、王业等祖先
1956　一、二、三、四街生产小队
1976　三街大队
1982　三街曹移榜、曹路平、曹爱云等

秋笔　摄

十六　大桃花水

大桃花水是王金庄梯田24条大沟之一，包括拱洼的、老疙瘩峧和板屋崖碟三条小沟。东与龙虎乡王庄村地域相接，西至北岭，南至桃花水大西沟，北至银河井南峧村。位于太行高速辅线上游，距村庄4000米，呈南北走向，东西坡，沟坡交错，岭尖对峙。途经东坡上、东峧沟口、北河、猪牛河、官班地、犁马峧、茶桌子、东不连坡、高峧口、萝卜峧口、石岗河、寺照东沟、灰峧沟口、小桃花水等，前后沟长1500米，宽1200米。

大桃花水共有梯田446块，总面积171.482亩，石堰总长73 624米。其中荒废梯田53块，面积16.789亩，石堰长9575米。区域内现有花椒树9474棵，核桃树296棵，黑枣树186棵，柿子树13棵，杂木树49棵，水窖3口，石庵子17座。有明代山神庙1座，石板岩1座，羊圈1座，为此地的明显标识。

大桃花水由于山场地域开阔，渠洼地土质肥沃，适宜种植小麦、谷子、玉米；坡地适宜种植谷子、玉米、大豆、高粱以及各种菜类，也适宜种植花椒树、黑枣树、柿子树、核桃树等果树，尤其是在明代就盛产桃类，故称桃花岭。据考，明代就有王氏先族在此开发填造梯田30多块，后历代先辈又陆续修建，直到“农业学大寨”时期仍在修建新梯田。大桃花水坡岭相连，纵横交错，但因多年施肥不合理，不利于农作物生长。

113°74'E 36°74'N
ASL 789~1050m
ASL
1100m
区域占总量比例
梯田 171.482 亩
1
2
3
石堰 73 624 米
1
2
3
花椒树 9474 棵
1
2
3
1
拱沣的
2
老疙瘩岐
3
板屋崖碳
600m

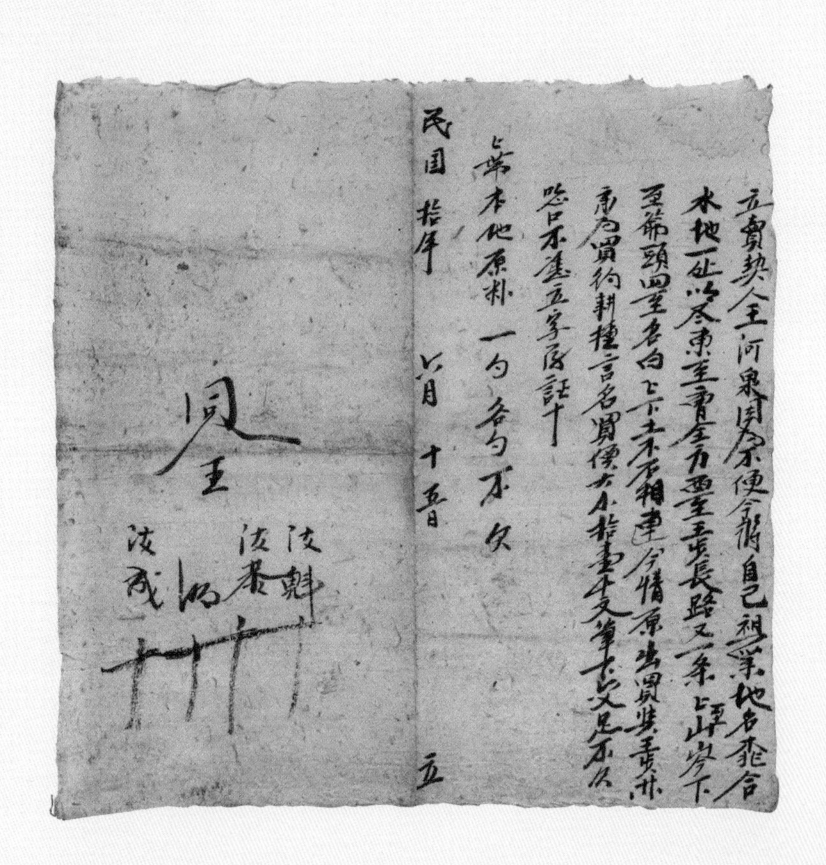

立賣契人仝王河泉因為不便今將自己祖業地名巷合
水地一处以冬東至甬仝方西至王贵長路又一条上下山岭下
至爺頭四至各白上下土木石相連今情願出賣與王贵林
永為買約耕種言名買價大小拾壹千文筆下交足不欠
恐口不憑立字為証十
上帶本地原粮一勺各勺不欠
民国拾年六月十五日　　立
同　王汝魁十　汝春十　汝成十十

据王林定、李志琴、王树梁收集整理，早在元末明初，这里因地理位置过高，气候寒冷干燥，常年缺水少雨，粮食产量很不稳定。明万历年间，王金庄有几户王姓、刘姓人家到此居住，为保平安建起了山神庙。由于常年缺水造成人畜饮水困难，他们就在洼地前开沟淘河，历经不懈努力，才从河底挖出一股小泉水。因水小灌不满水桶，每天只得用瓢掏水喝，久而久之人们就将此地叫成了“掏喝水”，渐渐衍化成了谐音“桃花水”。后来，人们为了就近种地，王、刘两姓到银河井定居立村，这就是直到今天桃花水山神庙仍然归属银河井村所有的原因。因在涉县方言里，“掏”与“舀”是同义字，在旧时人们也将“掏喝水”写成“舀喝水”，在村中的古碑文上曾出现过。
如今，桃花水岭春季桃花盛开，芳香遍野，太行高速路车水马龙，人欢马叫。站在桃花岭往东眺望，村庄星罗棋布，远处重峦叠嶂，群峰绵延起伏，美景如画。1972 年长春电影制片厂拍摄的《艳阳天》、2016 年北京飞天影视中心拍摄的电影《驴背上的村庄》都在此取景拍日出，也有很多新闻媒体、摄影爱好者相继宣传报道了大桃花水的梯田风光，这里现已成为吸引游客观光的好地方。

1　拱洼的

拱洼的包括桃花水岭，属大桃花水的一部分。东经 113°67'，北纬 36°57'，海拔在 890~920 米。前至老疙瘩峧后角，后至桃花水岭，上至山林，下至渠洼地路，东西走向，南北坡，坡沟交错，山岭相缠，沟深 500 米，呈口小肚大的沟状。
拱洼的共有梯田 128 块，总面积 32.235 亩，石堰总长 39 655

米。其中荒废土地 12 块，面积 1.322 亩，石堰长 2795 米。区域内现有花椒树 3600 棵，桃树 130 棵，黑枣树 59 棵，柿子树 5 棵，桐树 7 棵，石庵子 2 座，水窖 1 口。

拱洼的土质属于红黑土，抗旱保墒性能较强，下半沟为二类土地，上半沟和桃花水岭为三类土地。适宜种植玉米、谷子、高粱、大豆等粮食作物，以及豆角、南瓜等蔬菜，也适合种植花椒树、黑枣树、核桃树等耐旱果树。

桃花水岭　　相传，明嘉靖年间，在王金庄村北拱洼口住着一户叫王石头的人家，夫妇俩年过四十，还未生育，很是着急。一天，从龙虎石泊村来了一位老郎中，石头请他诊断。经过一番望、闻、问、切，郎中说道："要想生一男半女，以后得多吃桃子。"说罢悠然而去。此后石头两口子，便没日没夜地栽桃树。没过几年，房前屋后，就栽满了桃树。后来，妻子果然有了身孕，生下一子，起名叫桃生。乡亲们听说多吃桃子就能生儿子，凡婚后久不生育的便都来买桃吃，但石头总是分文不取。桃生十六岁时，石头去世了。这时的桃树均进入盛产期，每年除了让乡亲们吃以外，还剩很多。桃生就每天到武安冶陶镇的集市上去卖。一天，一位老大娘走到桃生的担子前说："我家闺女桃花病了好些时日了，什么也不吃，今早猛然说想吃桃子。"桃生一听是给闺女治病，就白送了她几个，一连几天总是如此。病中的桃花姑娘吃了桃子，渐渐开了胃口，很快就恢复健康。大娘看桃生长得一表人才，心地又善良，就将桃花许配给了他。桃生以桃为媒，娶了如花似玉的桃花姑娘。

桃生一家以种桃起家，便对桃树情有独钟，不但广栽，而且注重管理，因此桃子年年丰收。明万历九年至十一年（1585—1587），连续三年大旱，地里的庄稼颗粒无收，但是这里的桃子仍然有收成。这些桃树，不仅让桃生一家度过了灾荒年，还使不少路过的饥民充了饥，解了渴，后来人们都称这里为桃花水岭。

（李志琴、王林定收集，王树梁整理）

2　老疙瘩峧

老疙瘩峧另包括桃花水门和山神庙坡，共3个地名。东经113°74'，北纬36°57'，海拔789~920米。前至桃花水门庙坡，后至老疙瘩峧后角，上至山林，下至渠地路。是南北走向的东西坡，坡沟交错。

老疙瘩峧共有梯田259块，总面积113.817亩，石堰总长30 433米。其中荒废梯田21块，面积8.967亩，石堰长3050米。区域内现有花椒树5016棵，核桃树269棵，黑枣树83棵，桃树10棵，柿子树8棵，杂木树40棵，石庵子9座，水窖3口，山神庙1座。

老疙瘩峧土质属红黑土，抗旱保墒性能较强，为二类土地。桃花水门为一类土地，庙坡为二类土地。均适宜种植玉米、谷子、大豆、高粱等粮食作物，和豆角、南瓜、萝卜、白菜等蔬菜，也适宜种植油葵、油菜、荏的等油料作物，和柴胡、黄芩、荆芥等中药材，尤其适宜种植花椒树、黑枣树、核桃树等耐旱果树。

山神庙坡　山神庙坡位于桃花水沟前半截西坡，前至大西沟路，后至老疙瘩峧，上至上岭，下至渠洼地。梯田多宽不过丈，石厚土薄，适合种植谷子、豆类、花椒树等。山神庙始建于明万历年间，由银河井南郊村刘氏祖辈为了祈祷风调雨顺、五谷丰登、人丁兴旺而建。人们习惯把山神庙周边的坡叫山神庙坡。

（李志琴收集，王林定整理）

3　板屋崖碳

板屋崖碳另包括景祥东垴，共 2 个地名，东经 113°68'，北纬 36°77'，海拔 878~958 米。前至小桃花水西垴，后至桃花水岭，上至山林，下至井禅公路。位于大桃花水东面山坡上，是东西走向的南北坡，山岭相缠，沟坡相接。因此地有一个大石屋崖，屋崖下的山沟内多乱石，故被人们叫作板屋崖碳。20 世纪六七十年代人们还在此圈羊、避雨等。

板屋崖碳共有梯田 59 块，总面积 25.43 亩，石堰总长 3536 米。其中荒废梯田 20 块，面积 6.5 亩，石堰长 1420 米。区域内现有花椒树 858 棵，黑枣树 44 棵，核桃树 27 棵，杂木树 2 棵，石庵子 6 座，水窖 1 口，羊圈 1 座。

板屋崖碳土质属红黑土，抗旱保墒性较好，为二类土地，景祥东垴为三类土地。均适宜种植玉米、大豆、谷子、高粱等粮食作物，和豆角、南瓜、萝卜等蔬菜，也适宜种植油葵、荏的等油料作物，和柴胡、黄芩、知母、荆芥等中药材，尤其适宜种植黑枣树、核桃树、柿子树等耐旱果树。

地块历史传承情况

1　拱洼的

开发　王小平、王二的、王雨长等祖上
1946　王小平、王二的、王雨长等祖上
1956　一街二队、六队
1976　一街大队
1982　一街王茂恒、王茂金、王松明等家庭

2　老疙瘩峧

开发　二街张元寿，一街王元旦等祖上
1946　二街张元寿，一街王元旦
1956　一街、二街大队
1976　一街二队
1982　一街王社怀、王补魁、王永江等农户

桃花水门

开发　一街王乱廷、二街王大汉、三街曹善士等祖上

1946　一街王乱廷、二街王大汉、三街曹善士等

1956　一街、二街和三街大队

1976　一街一、二、三、四、五、六队

1982　一街王永生、王岳申、王书德等

山神庙坡

开发　二街王德玉、王所样，三街李告荣等祖上

1946　二街王德玉、王所样，三街李告荣等祖上

1956　二街、三街大队

1976　一街大队四生产队

1982　一街王晚顺、李壮栾、王林定等家庭

3　板屋崖碛

1965—1970　一街、四街大队

1982　四街曹庆雷、李社明、王书定等农户

桃花水东塧

开发　一街王景样、王恩后、岳福僧、王恩堂、王雨长等祖上

1946　一街王景样、王恩后、岳福僧、王恩堂、王雨长等祖上

1956　一街二队、六队

1982　一街王土灵、王书定、王胜吉等农户

秋笔　摄

十七　小桃花水

小桃花水是王金庄 24 条大沟之一，包括小桃花水东洼、小桃花水西洼两条小沟。南以高速辅路为界，北到北岭，东与灰峧前北沟、孤垴相接，西与大桃花水板屋崖磢、东垴相望，地处村北 3000 米处，呈南北走向，出村口沿着井禅公路经过高峧口、萝卜峧口、灰峧门即可到达。南北长 1000 米，东西宽 500 米。小桃花水是与大桃花水相较而言的，两沟紧挨，大桃花水沟大地多，因此将较小的这条沟叫成了小桃花水。

沟内共有梯田 606 块，总面积 265.71 亩，石堰总长 40 737 米。其中荒废梯田 82 块，面积 32.5 亩，石堰长 3267 米。沟内现有花椒树 6614 棵，核桃树 1431 棵，黑枣树 487 棵（其中百年以上的老黑枣树 18 棵），柿子树 24 棵，杂木树 150 棵，石庵子 66 座，水窖 8 口。沟西北与大桃花水接壤处有海拔 970 多米的小桃花水尖山，是王金庄境内为数不多的高峰之一，登上峰顶，西可望到山西十字岭，东到武安，百里之内一览无余。条条山脉时而在云雾中奔腾，时而在碧蓝的天空下突起。

全沟的土壤大体分两种，渠洼地多属红黑土，适宜种植一年两季的小麦和晚玉米、晚谷子和豆类作物。东西两洼的上半坡多属白渣石土，土层薄，适宜种植豆类、谷子、土豆、南瓜、萝卜等作物。

113°81'E 36°60'N
ASL 780~920m
ASL
1100m
区域占总量比例
梯田 265.71 亩
1
2
石堰 40 737 米
1
2
花椒树 6614 棵
1
2
2
小桃花水西洼
1
小桃花水东洼
600m

1　小桃花水东洼

小桃花水东洼另包括小桃花水口、东垴，共3个地名。东经113°82'，北纬36°62'，海拔831~930米。北至山岭，南至田间主路，东至灰峧门，西至北岭。沿着王金庄村至银河井村公路，行至小桃花水口，往东走就到了小桃花水东洼，距王金庄一街村大约有3000米。由于地理位置在小桃花水的东边，又是小桃花水的一个分支，所以叫小桃花水东洼。

小桃花水东洼共有梯田282块，总面积164.3亩，石堰总长20 296米。其中荒废梯田49块，面积15.8亩，石堰长2017米。区域内现有花椒树2710棵，核桃树1087棵，黑枣树220棵，柿子树5棵，杂木树87棵，石庵子33座，水窖5口。最明显的标识物是8棵百年老黑枣树和2棵核桃树。

小桃花水东洼土质多属红黑土，耐旱保墒，适宜种植玉米、谷子、高粱、豆类等粮食作物，和豆角、土豆、南瓜、红薯等蔬菜，也可以种植油葵、荏的、油菜等油料作物和柴胡、荆芥、黄芩、知母等中药材，尤其适宜种植花椒树、黑枣树、核桃树、柿子树等耐旱果树。

（李香灵、王树梁收集整理）

2　小桃花水西洼

小桃花水西洼另包括小桃花水渠地、石板礤、小桃花水尖山，共4个地名。东经113°83'，北纬36°61'，海拔814~930米。西至山岭，东至马路，南至桃花水河，北至后岭。顺着王金庄至银河井公路，就到了小桃花水西洼，相对于小桃花水东洼而得名。此地距王金庄一街村大约 3000 米。

小桃花水西洼是小桃花水的一个分支，共有梯田 324 块，总面积 101.41 亩，石堰总长 20 441 米。其中荒废梯田 33 块，面积 16.7 亩，石堰长 1950 米。该区域现有花椒树 3904 棵，黑枣树 267 棵（其中百年以上的黑枣树有 10 棵），核桃树 344 棵，柿子树 19 棵，杂木树 63 棵，石庵子、地庵子共 33 座，水窖 3 口。西洼土质多属红黑土，适宜种植玉米、谷子、高粱、豆类等作物。渠洼地宜种小麦，两坡适宜种植玉米、谷子、高粱、豆类等粮食作物，和豆角、南瓜、土豆、红薯等多种蔬菜，也适宜种植油葵、荏的、油菜等油料作物，和柴胡、荆芥、知母等药材。

石板碶　　此处有一石头极像一张床，“床”“碶”谐音，久而久之人们就叫成了“石板碶”。石板碶西边是渠洼地，土质肥沃，适合种植小麦、玉米等高产作物；东边是坡条梯田，土层较薄，适合种植谷子、豆类等。

地块历史传承情况

1　小桃花水东洼

开发	王氏祖先、曹氏祖先
1946	二街曹福顺、曹廷顺、曹明顺和三街曹成定等祖上
1956	大部分归二街，一少部分归三街
1976	二街大队
1982	二街王金为、曹成吉、曹灵江等农户

2　小桃花水西洼

开发	曹广飞、曹晓斌、刘畅等祖上
1946	曹广飞、曹晓斌、刘畅等祖上
1956	二街大队
1976	二街大队
1982	二街王魁禄、付勤怀、刘友吉等村民

秋笔 摄

十八　灰峧沟

灰峧沟是王金庄 24 条大沟之一，包括灰峧前北沟、灰峧后北沟、灰峧北岭、前南洚、后南洚、后南崖、前南崖、寺照东沟 8 条小沟。东与龙虎乡古脑村接壤，西以井店—玉林井—银河井—王金庄—关防乡公路为界，南与萝卜峧隔岭为界，北与龙虎乡王庄、曹庄地界相掺。位于王金庄村东北 2500 米处，呈东北—西南走向，出村口路过东坡上、猪牛河、东峧沟口、犁马峧、官班地、茶桌的、东不连坡、高峧口、萝卜峧口、石岗河、岳家池、寺照东沟口即可到达，沟东西长约 1500 米，南北宽约 1100 米。灰峧沟沟内相对平缓，土层较厚，面积超 3 亩的地块在全村的沟中是最多的。沟内共有梯田 1566 块，总面积 499.39 亩，石堰总长 104 320 米。其中荒废梯田 573 块，面积 150 亩，石堰长 27 525 米。区域内现有花椒树多达 11 441 棵，核桃树 2461 棵，黑枣树 921 棵（其中百年以上黑枣树 32 棵），柿子树 47 棵，桐树、椿树等杂木树 393 棵，石庵子 70 座，水窖 13 口，蓄水池 1 座，泉水 1 眼。在前北沟、老倮坡、后北沟三处建有石房子 25 间用于养殖。灰峧沟土壤性质分三类，渠沟地，土层厚，多属红黑土，较适宜种植小麦、玉米、谷子；前后北沟至北岭半坡以上石厚土薄，多属白沙土，适合种植土豆、萝卜等；前后南洚、前后南崖多属红土，耐干旱，宜种植谷子、豆类、花椒树等。

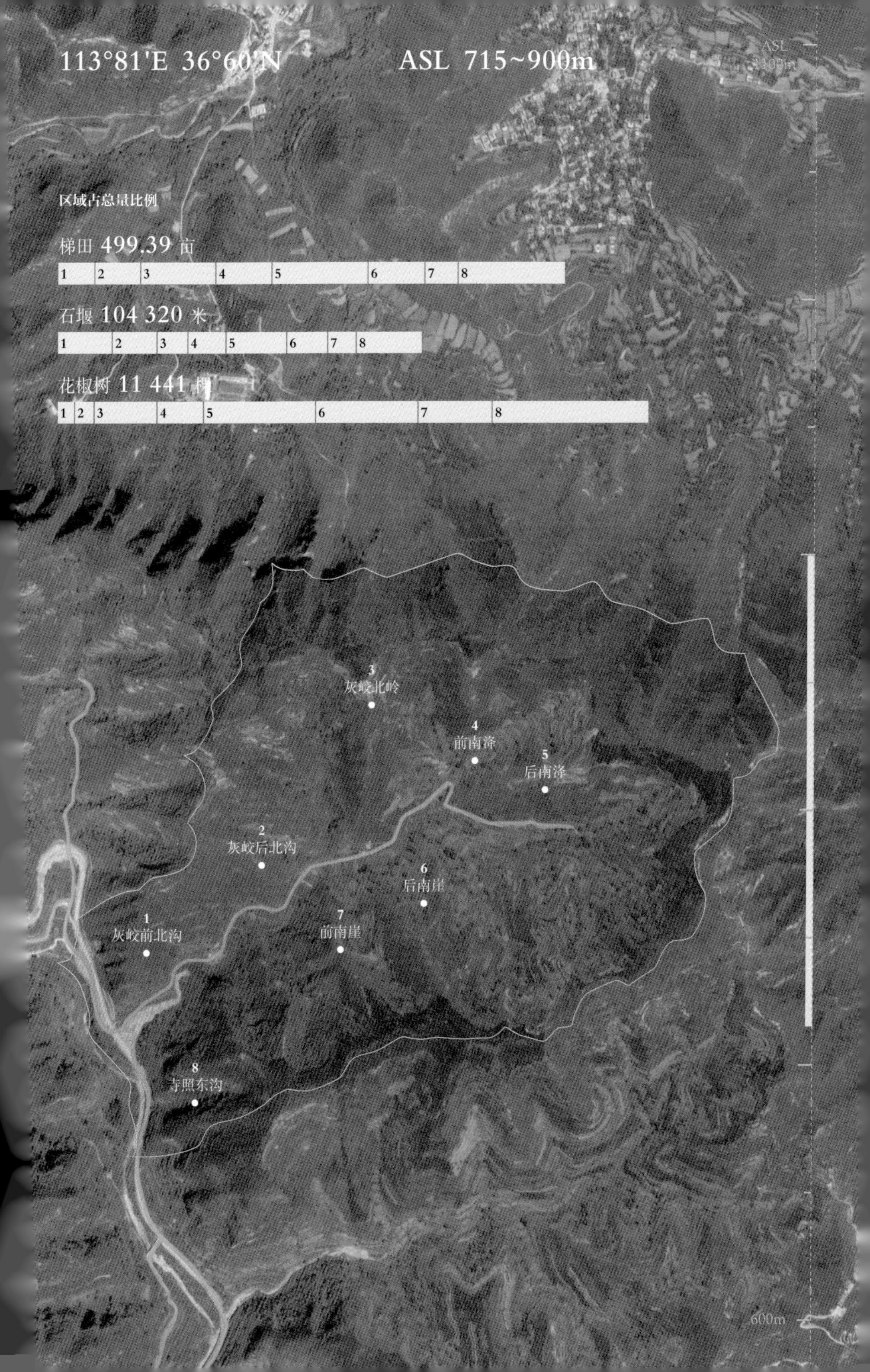

113°81'E 36°60'N

ASL 715~900m

ASL
1100m

区域占总量比例

梯田 499.39 亩

1	2	3	4	5	6	7	8

石堰 104 320 米

1	2	3	4	5	6	7	8

花椒树 11 441 棵

1	2	3	4	5	6	7	8

3
灰峧北岭

4
前南泽

5
后南泽

2
灰峧后北沟

6
后南崖

1
灰峧前北沟

7
前南崖

8
寺照东沟

600m

据说，在清道光年间，一街上崖上有个人叫王文广，看灰峧后南泽域内开阔，土层肥沃，便带领儿子王明先在此修梯田，后来修得多了，就在北坡上盖了几间房住了下来。王明先是个急公好义、乐善好施的人，村里及街坊邻居有啥急事总是叫他回来出面调解。人们往返回叫得多了，慢慢就将此沟叫成了“回叫”。因为“回叫”与“灰峧”谐音，渐渐衍化成了灰峧。

清咸丰年间，赵玉堂生于西坡村一贫苦农家。他 6 岁那年，父亲患了腰腿疼，严重时卧床不起，家里常常吃了上顿没有下顿。赵玉堂 14 岁那年，迫于生计，到武安一个山村的富户人家打小长工。一年辛苦到年底，仅仅两石谷子的报酬，东家还以年头收成不好为由扣除一半。后来，赵玉堂只得到王金庄五街村舅舅刘安新（刘兰馨曾祖父）家借粮。舅舅得知甥儿的处境后，关切道：“甥儿从今后就别去打长工了，灰峧南泽有咱家一面荒坡，你去那儿修地吧。”赵玉堂一听有了出路，别提多高兴了。

此后，刘安新就将外甥儿赵玉堂留在家里，指导他如何修梯田。赵玉堂悟性高，一学就会，没多长时间就领会了修梯田的要领及流程。皇天不负有心人，经过一个冬春的艰苦奋斗，赵玉堂修出了三块平展的高质量梯田。第二年春天种上谷子，秋天就打了两石多，全家糊口粮有了保障。赵玉堂的劲头更大了，一年四季修田不止。20 岁那年，舅舅又将本族里一远房侄女介绍给他成了亲，赵玉堂正式在王金庄落户。赵玉堂非常感恩舅舅的帮助，特别勤奋，每天都在地里忙碌。人勤年丰，几年下来，他家里的粮食越存越多。后来，他在舅舅的帮助下从倒峧沟买了一面坡。

几十年后，赵玉堂的孙子赵廷会不仅是个种地高手，还是一个善于经营的商人。待家里有了积蓄后，他买了两条骡子，农忙种地，农闲时跑运输，很快成了村里数一数二的富户。而刘赵两家和睦相助，知恩图报的美谈一直在民间传颂。

（李书吉讲述，王树梁收集整理）

1 灰峧前北沟

灰峧前北沟另包括老倮坡、孤垴，共 3 个地名。东经 113°83'，北纬 36°13'，海拔 742~920 米。西至高速辅路，东至后北沟，北至山岭，南至田间路，是灰峧沟中的一条支沟，属于灰峧沟的前口北洼。沿井禅公路往桃花水岭方向走就可到达该区域，距离王金庄一街村约 2500 米，与灰峧前南崖相对。

灰峧前北沟共有梯田 214 块，总面积 36.51 亩，石堰总长 15 707 米。其中荒废梯田 89 块，面积 12.4 亩，石堰长 7500 米。区域内共有花椒树 324 棵，优种核桃树 87 棵，黑枣树 57 棵（其中百年以上黑枣树 8 棵），柿子树 21 棵，杂木树 36 棵，石庵子 11 座，水窖 4 眼。灰峧北沟半坡腰有 1 石洞，传说里面住过狐仙，被称为狐仙洞。

灰峧前北沟渠洼地多为红黑土，土壤肥沃，耐旱抗涝，适宜种植玉米、谷子、高粱、豆类等粮食作物，和豆角、南瓜、红薯、土豆、白菜、萝卜等蔬菜；也适宜种植油葵、荏的、油菜、芝麻等油料作物和柴胡、知母、荆芥等中药材；更适宜花椒树、黑枣树、核桃树生长。

老倮坡 据考，明代中期，王金庄王氏五世祖王资，生了四个儿子，分别叫王福、王禄、王祯、王祥。儿子们娶了媳妇后分家时，房产、土地、家什家具都分完了，只剩下这面荒坡没分，他对儿子们说："如果下辈人多，有的生活能力差没处谋生，就可以来此处修地。"因此取名老倮坡。这个地名充分说明了古人丰年防歉收、富时防贫寒的忧患意识。

（李香灵、王树梁收集整理）

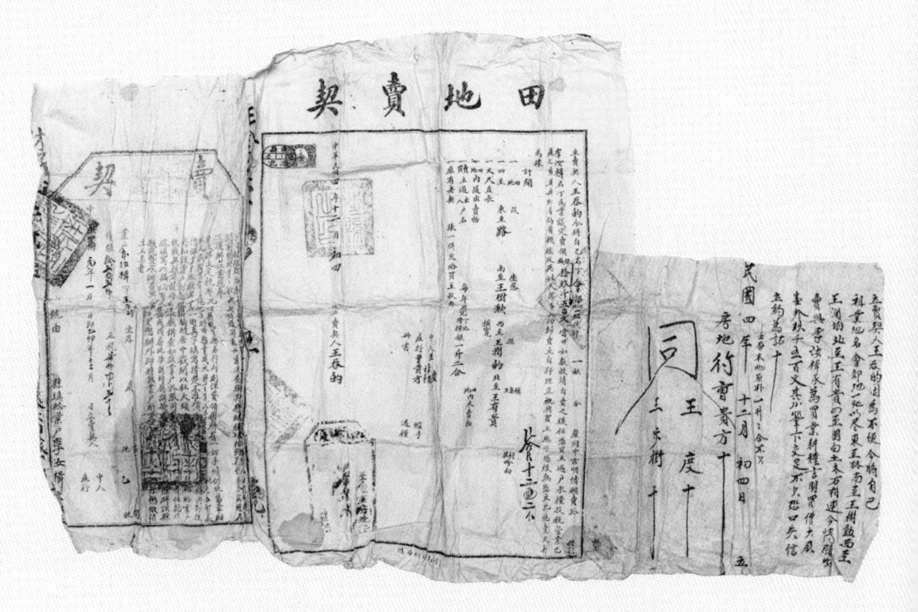
田地賣契

灰峧沟

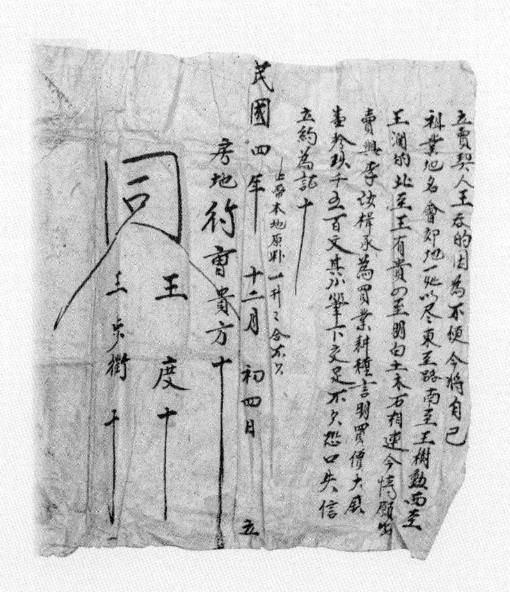
立賣契人王存的因爲不便今將自己
祖業地名會卯地一处以尽東至路南至王樹勳西至
王潤的北至王有貴四至明白土木石相連今情願出
賣與李汝樺承爲買業耕種言明買價大錢
壹拾玖千五百文其小筆下交足不欠恐口失信
立約爲記十
上帶本地原糧一升二合不欠
民國四年十二月初四日 立
房地行會貴方十
同 王度十
王步樹十

上图右侧局部

2　灰峧后北沟

灰峧后北沟另包括水洞、永吉北洼，共 3 个地名。东经 113°85'，北纬 36°54'，海拔 758~920 米。西至前北沟，东至后岭，北至山岭，南至田间主路，距离王金庄一街村大约 3500 米。灰峧后北沟位于灰峧沟田间路以北，相对于灰峧前北沟而得名。沟共有梯田 425 块，总面积 44.38 亩，石堰总长 12756 米。其中荒废梯田 163 块，面积 14.6 亩，石堰长 2902 米。区域内共有花椒树 363 棵，核桃树 247 棵，黑枣树 46 棵（其中百年以上老黑枣树 12 棵），柿子树 5 棵，杂木树 25 棵，石庵子 5 座，地庵子 3 座。王社云、王土刚为了在此养牛修建了 8 间房子，另外还有水窖 2 眼。

此沟土壤多为黏土，耐旱保墒能力仅次于红黑土。该沟适宜种植玉米、谷子、高粱、豆类等粮食作物，和土豆、红薯、豆角、南瓜等蔬菜，也适宜种植油葵、油菜、荏的、芝麻、花生等油料作物，和柴胡、知母、荆芥等药材，更适合花椒树、黑枣树等果树的生长。后北沟种植的红薯又甜又绵，是红薯中的佳品。

（李香灵、王树梁收集整理）

3　灰峧北岭

灰峧北岭另包括灰峧门、灰峧渠的，共 3 个地名。东经 113°85'，北纬 36°61'，海拔 848~920 米。该区域前至灰峧口，后至后岭，西北至北岭，东南至南岭。灰峧北岭位于灰峧沟的北部，距王金庄一街村 4000 米，中间有个水洞，泉水四季长流，并建有 1 座水池，过岭可以到曹家庄、王家庄。灰峧北岭由于位于灰峧沟底部岭上，和后南泽位置相对，所以被叫作灰峧北岭。

灰峧北岭共有梯田163块，总面积73.79亩，石堰总长8676米。其中荒废梯田23块，面积8.5亩，石堰长1280米。区域内现有花椒树1208棵，核桃树742棵，黑枣树62棵，柿子树6棵，杂木树33棵，石庵子11座，泉水1眼，水池1座。

灰峧北岭虽在后沟底岭上，但土层较厚，属红黑土，土壤肥沃，耐旱抗涝，保墒性好。适宜种植玉米、谷子、高粱、豆类等粮食作物，和土豆、红薯、豆角、南瓜、萝卜、白菜等蔬菜；也适宜种植油葵、茌的、油菜、芝麻等油料作物，和柴胡、知母、荆芥、黄芩等中药材；更适合花椒树、黑枣树、核桃树的生长，每年都有好收成。

灰峧门路外的农田里，曾经是武术爱好者付书怀经常练武之地。说起付书怀，整个村庄的人都认识他。他爱谈天说地，说起武功技艺，总是滔滔不绝，爱炫耀他年轻时候的武功绝技。很多人都说他没有什么真本事，其实他是一个爱虚心学习的人，曾去磁县杜党村向高师求教。

1996年8月1日建军节，付书怀在天津铁厂热力分厂干卸煤的活。晚上休息的时间，他手把手教几个年轻人学武术。他说：“学武术出门在外可做防身宝，不受恶人欺负！”

为不丢功夫，他常常在田间地头干农活儿时利用休息时间向村民们表演，赢得阵阵喝彩，并多次被银河井、石井沟、禅房等村聘去当教练，教武术。有一次，他在灰峧口路外锄地，锄着锄着就抡起锄头练起武来，忘记了干活儿，回家后遭到妻子的好一顿数落。可他却毫不在乎，仍然在干活儿时偷偷操练。为了能让后人传承好武术，他见人就说，逢人就教，让传统武术不断发扬光大。

（王林定、王树梁收集整理）

4　前南泽

前南泽另包括棠梨树洼，东经 113°81'，北纬 36°62'，海拔 785~813 米。西与后南崖紧邻，东与后南泽相接，南至山岭，北至渠洼地，离村庄约 4000 米。整个沟谷基本上是南北走向，入口稍窄，中间宽阔，山岭处稍收窄，像一个红薯的形状。因在沟的南面，下雨后积水较多，所以叫南泽。前后有两个南泽，这个洼靠前，所以叫作前南泽。其中有一个小洼儿，很早以前棠梨树较多，所以叫棠梨树洼。

前南泽共有梯田 158 块，总面积 55.51 亩，石堰总长 10 655 米。其中荒废梯田 50 块，面积 15 亩，石堰长 3500 米。区域内现有花椒树 886 棵，核桃树 272 棵，黑枣树 107 棵，柿子树 10 棵，杂木树 83 棵，石庵子、地庵子共 21 座，水窖 3 口。

前南泽下部地势平缓，地块较宽阔，土质属于红土，偏黏，土层较厚。适宜种植玉米、谷子、高粱、豆类等粮食作物和豆角、南瓜等蔬菜，也适宜种植油葵、荏的等油料作物。下部可种小麦、薯类，靠山梁处可种土豆。

1976 年调整插花地后，前南泽归二街村所有。勤劳淳朴的二街村民，借着南泽坡少土厚的优势，广开坡地，种植花椒，科学管理，治虫剪枝。几年下来，南泽成了主要的花椒产区。随着花椒采摘任务越来越重，每到立秋，花椒红了，村民们有的住在石庵子里，有的住在用塑料雨布搭起的帐篷里，起早贪黑采摘花椒。如张书云、王加怀、王张灵等农户，不少年份花椒年产过千斤，靠栽种花椒，摆脱了贫困，实现了小康。

（李海魁、王树梁收集整理）

5 后南泽

后南泽另包括葡萄树洼和起龙山，共3个地名，距离村庄大约4500米。该沟东经113°83'，北纬36°60'，海拔785~831米，西与前南泽相连，东与灰峧正沟后岭南部的山梁相接，南至山岭，北至渠洼地。整个沟谷的分布，上下窄，中间宽阔，地块长短、大小不一。

此地共有梯田227块，总面积95.8亩，石堰总长17 671米。其中荒废梯田70块，面积21亩，石堰长3500米。区域内现有花椒树2198棵，核桃树364棵，黑枣树244棵，柿子树5棵，杂木树85棵，石庵子1座，水窖1口。

洼中间地块宽阔，两端地块则较为窄长。土质多属红土，土层较厚，适宜种植玉米、谷子、高粱、豆类等粮食作物，和萝卜、白菜、豆角等蔬菜，还适宜种植花生、油葵、荏的等油料作物，尤其适宜花椒树、黑枣树、核桃树的生长。

葡萄树洼　后南泽有一个小洼叫葡萄树洼，和桃花水岭的葡萄树洼一样，因早年有一户人家为了种地方便，曾经居住在山里，还盖了房子，房子周围栽种了一些葡萄树，后来人们就把此地叫成了葡萄树洼。

起龙山　在灰峧岭与龙虎乡王庄村接壤处有个大石头磙，石块大小不一，小的有锅台那般大，大的有一间房子大。这个大石头磙是怎样形成的呢？

相传很久以前，大石头磙上边有一座很高的石崖头，崖头边上长着一棵百年崖柏，崖柏下有一溶洞，溶洞里住着一个道行越千年的蜘蛛精。它在崖柏对面约十里地的小井村后岭上织起了一张巨网，网丝有挑水绳那般粗，只要见到龙虎至石泊的道上行人就会吃掉，这使当地的村民们人人胆战心惊。村民们无计可施，只好到村头的土地爷神像前祷告平安，祈求灭妖。土地爷立即上天向玉皇大帝报告，小黄龙被派遣下界降妖。

小黄龙腾云驾雾来到沙阳古地，经一番侦察后，与蜘蛛精展开搏斗。大战几个回合后，蜘蛛精被迫躲进了溶洞里。这时小黄龙使出最大法力，只见天空一道闪电，长崖柏的悬崖一声巨雷，被劈掉一半，洞里的蜘蛛精被除掉了。刹那间，乌云散去，晴空万里，阳光再次普照大地，龙虎、石泊及十里八乡的乡亲们又恢复了往日的平静生活，只剩下那抛满一坡的大小石块。

因为小黄龙在此处降过妖，人们便将这座山叫成了起龙山。

（李海魁、王树梁收集整理）

6　后南崖

后南崖另包括岩旮旯，共 2 个地名。东经 113°82'，北纬 36°64'，海拔 740~795 米，西与前南崖相连，东与前南洚相接，南至南岭，北至渠洼地，与村庄相距 3500 米。整个区块沟谷分布，沟梁分明，地块长的可达 100 米以上，甚至 200 米，短的有几十米不等。下部地块短而阔，中部地块较长，上部地块较窄。

后南崖共有梯田 126 块，总面积 56.2 亩，石堰总长 11 755 米。其中荒废梯田 50 块，面积 20 亩，石堰长 2500 米。区域内现有花椒树 1999 棵，核桃树 261 棵，黑枣树 184 棵，柿子树 4 棵，杂木树 37 棵，石庵子、地庵子共 8 座。

此地有坡地、圪梁地、洼地，土质多属红土，洼地偏黏，坡地适中，圪梁地偏沙。洼地、坡地土层较厚，圪梁地土层稍薄。适宜种植玉米、谷子、高粱、豆类等粮食作物，和豆角、北瓜等蔬菜，高粱一般间植。下部地块较宽，可种小麦、薯类等。土豆适宜种在圪梁地或坡地，南瓜藤长得长，多在靠近坡边的地上种。

前、后南崖中间有一座山梁，上半部分有一座明显较高的石崖，以此石崖为界，前面的部分叫前南崖，后面的部分叫后南崖。

前、后南崖紧挨着前南洚，也处在灰峧沟的南面，坡场宽阔，土质多系红黑土，仍是二街村村民的粮食和花椒、黑枣的主产区。

（李海魁、王树梁收集整理）

7　前南崖

前南崖另包括和尚头，共2个地名，东经113°84'，北纬36°52'，海拔798米。前至灰峧口，后与后南崖相接，上至南岭，下至渠洼地。此地与村庄相距约2500米。最长的地块长二三百米，短的有几十米不等。正洼中间宽阔，上部靠山岭处地块较窄。

前南崖共有梯田81块，总面积32亩，石堰总长8020米。其中荒废梯田55块，面积15亩，石堰长2100米。区域内现有花椒树1424棵，核桃树75棵，黑枣树47棵，柿子树1棵，杂木树37棵，水窖2口。

此处有洼地、坡地、圪梁地，洼地多，土层较厚，坡地少，土层较薄。土质多属红土，上半部偏沙，下半部偏黏。适宜种植玉米、谷子、高粱和豆类等作物，也适宜种植花椒树、柿子树、核桃树等耐旱果树。

和尚头　和尚头位于灰峧门南半坡，离井禅公路约300米。上是悬崖，下是梯田，沟梁分明，正洼前靠近山梁的崖头上面有一块很大的岩石，光秃秃的，像个人头，面向东扭，神情凝重，目视远方，就好像有人把它放在那儿一样，非常奇特，人们把它叫作“和尚头”。

（李海魁、王树梁收集整理）

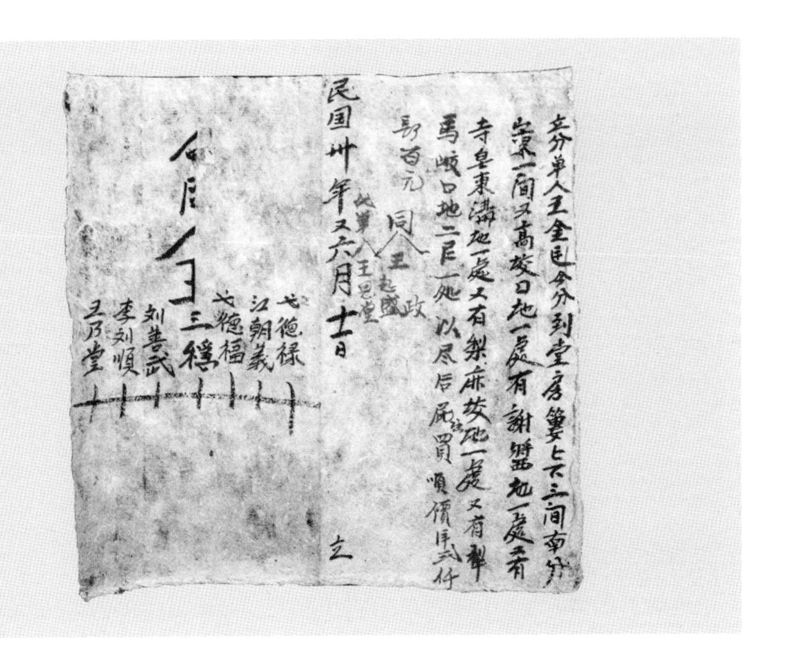
立分单人王金旺今分到堂房簍上下三间南外
窑一间又高坡口地一處有谢盟地一處又有
寺皇東溝地一處又有梨庥坡地一處又有犁
馬峧口地二尺一処 以尽后 [illegible]買 顺價洋弍仟
叁佰元
同 王起盛 政
此單 王思堂
民国卅年又六月十一日 立
七德禄
江朝義
七德福
三穆
刘善武
李刘顺
王乃堂

寺照东沟

8　寺照东沟

寺照东沟另包括前东沟、后东沟、石岗河、岳家池、寺照东沟垴，共6个地名。东经113°81'，北纬36°60'，海拔715~920米。南至萝卜峧口，北至灰峧门，东至山岭，北至王金庄高速辅路，与村庄相距约2000米。地块有长有短，长的地块在百米以上，短的几十米不等。寺照东沟整个地形是一面大坡，两个沟并不深，坡地、圪梁地多，靠公路边的地较宽阔，越往上地块越窄。此地与有则水沟的明国寺隔河相望，在明国寺门外整个地形一目了然，“寺照东沟”的地名由此而得。

寺照东沟共有梯田172块，总面积105.2亩，石堰总长19 088米。其中荒废梯田73块，面积43.5亩，石堰长4240米。区域内现有花椒树3039棵，核桃树413棵，黑枣树174棵（其中百年以上核桃树6棵，黑枣树12棵），柿子树5棵，杂木树59棵，石庵子13座，水窖1口。

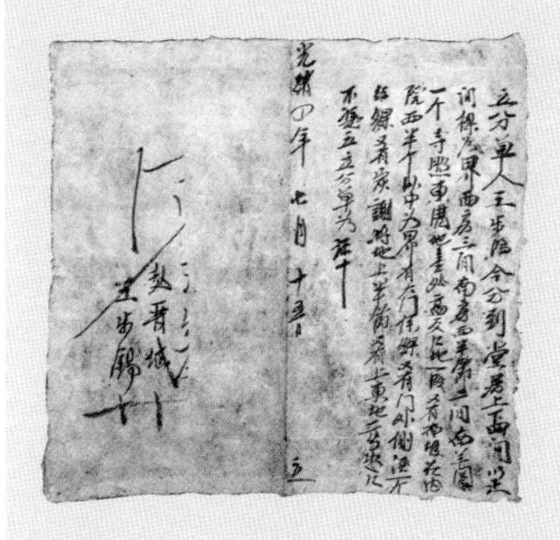

寺照东沟

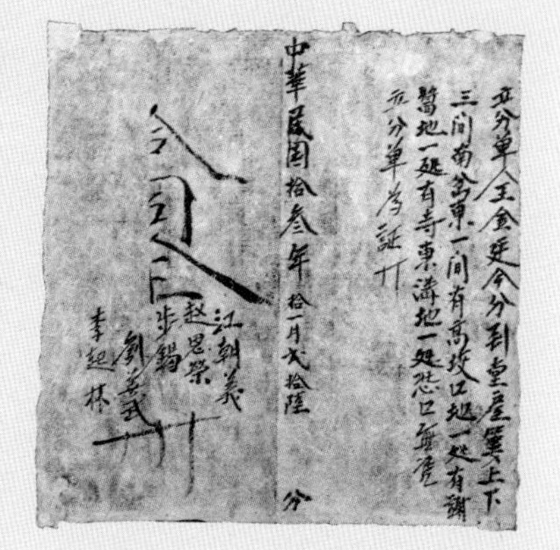

寺照东沟

坡地、圪梁地较多，土质属红白土相间，上部偏沙，下部偏黏，中间部分适中。适宜种植玉米、谷子、高粱，但收成不高，所以多种一些豆类作物或土豆、南瓜、豆角等蔬菜，靠公路边的较大地块可种小麦、玉米、谷子、高粱及薯类，也可种植棉花。

石岗河　石岗河在井禅公路旁，岳家池前边的河沟里，原来有一个石坑，酷似一个大水缸，人们就将此处叫成了石缸河。因“缸”“岗”谐音，久而久之，就成了石岗河。

岳家池　岳家池位于王金庄村北2000米处的井禅公路旁。相传，元末明初，王金从涉县城北关定居王金庄后，紧接着一姓岳的人家也来落户。岳家人住下后，为了有水吃，就在此处修建了一座水池。后因皇粮逼累，岳姓又举家外迁。水池因年久失修逐渐废弃，只剩下岳家池这个地名。

（李海魁、王树梁收集整理）

地块历史传承情况

1 灰峧前北沟

开发 一、二街村民王彩怀、王胜元等先祖
1946 一、二街村民王彩怀、王胜元等
1956 一街、二街生产队
1976 二街
1982 王家怀、曹分安、王丙文等农户

2 灰峧后北沟

开发 王氏祖先
1946 一街村王保吉、王爱定等祖上
1956 一街二队
1976 二街三队
1982 二街付增顺、张海平、张世平等农户

3 灰峧北岭

开发 一街村王水元等，二街村王安怀等祖上
1946 一街村王水元、王胜远，二街村王安怀
1956 一、二、三、四、五街各个生产队
1976 二街大队
1982 二街张海平、张记录、张海明等农户

4 前南泽

开发 二街付京德和一街岳福僧等祖上
1946 二街付京德和一街岳福僧等祖上
1956 二街大队
1976 二街大队
1982 二街张彦平、张彦明、王刚明等农户

5 后南泽

开发 一街王茂金祖上
1946 一街王茂金祖上
1956 一街六队
1976 二街大队
1982 二街三队付所柱、付增顺、王火榜等农户

6 后南崖

开发 王卯顺、王鑫德、王松吉等先祖
1946 王卯顺、王鑫德、王松吉等先祖
1956 二街
1976 二街
1982 二街王金夺、王彩吉、王爱魁等农户

7 前南崖

开发 五街李加廷，一街王百家等祖上
1946 五街李加廷，一街王百家等祖上
1956 二街大队
1976 二街大队
1982 二街赵明堂、王社廷、王书定等农户

8 寺照东沟

开发 王稳堂、曹昌的、王立朝等先祖
1946 王稳堂、曹昌的、王立朝等先祖
1956 一、二、三街大队
1976 三街
1982 三街曹礼榜、李宁、曹茂奇等农户

朱卫祥 摄

十九　萝卜峧沟

萝卜峧沟是王金庄24条大沟之一，包括前岩凹、后岩凹、前北沟、后北沟、北岭、后南沟、南岭、漆树沟、靴子沟、苇子沟、牛槽圪道共11条小沟。东过岭与武安市杨庄、七水岭村接壤，西以井店—银河井—王金庄—关防公路为界，南与高峧沟相望，北与灰峧沟相掺。位于王金庄村东北2000米处，呈东北—西南走向，途经东坡、猪牛河、东峧沟、犁马峧、官班地、茶桌子、东台上、东不连坡、高峧。沟前后长1500米，左右宽800米。沟中越过北岭是王金庄通往龙虎、武安市苑府村的交通古道。

沟内共有梯田2866块，总面积721.34亩，石堰总长128 237.2米。其中荒废梯田483块，面积157.75亩，石堰长26 241米。区域内现有花椒树13 031棵，黑枣树1089棵，核桃树302棵，柿子树59棵，杂木树140棵。其中荒废梯田现有花椒树1965棵，百年以上黑枣树、核桃树、柿子树150多棵，杂木树109棵。沟内有塘坝4座（其中2座废弃），水窖3口，石庵子124座。

萝卜峧沟由于山场广阔，渠洼地土质优，适合种植北方宜产的小麦、谷子、玉米、豆类等多种农作物及干鲜水果。沟内共分三类耕地，其中萝卜峧渠洼地为一类耕地，土层较厚，地块大，红黑土，耐旱性强，适宜种植小麦、玉米、谷子、高粱、豆类等粮食作物；二类耕地分布在半山坡和半山沟内，较次于渠洼地，适宜种植玉米、谷子、高粱、豆类等粮食作物和豆角、南瓜等蔬菜；

113°84'E 36°60'N
ASL 720~940m
ASL
1100m
区域占总量比例
梯田 721.34 亩
1 2 3 4 5 6 8 9 10 11
石堰 128 237.2 米
1 3 4 5 6 8 9 10
花椒树 13 031 棵
1 2 4 5 8 9 10 11
7
南岭
5
北岭
6
后南沟
4
后北沟
3
前北沟
8
漆树沟
2
后岩凹
11
牛槽圪道
1
前岩凹
10
羊子沟
9
靴子沟
600m

三类地大部分分布在上半沟坡及岭头，土层较薄，抗旱能力较差，适宜种植谷子、高粱、豆类及蓖麻、小豆等作物。均适宜花椒树、黑枣树、柿子树、核桃树的生长。

萝卜峧沟开发历史悠久。据考，明朝中期就有先辈在渠洼地开垦，成熟地有十数亩，春种秋收。清代康熙、乾隆年间直至民国时期，人们一代接一代地从渠洼地向沟两坡往上修筑梯田200余亩。真正让萝卜峧沟发生重大变化的是中华人民共和国成立以后。1964年，伟大领袖毛主席发出“农业学大寨”号召后，勤劳勇敢的王金庄人民在村党总支书记，全国第四届、第五届人大代表王全有的带领下学大寨，“向岩凹大进军”，山水林田路综合治理，并在沟口设有工程指挥部，公社、大队领导轮流值班，采取统一规划、分队行动、谁治理谁受益的方针。为统一作息时间，以曾任民兵连长的五街大队李乃廷为司号员。为了保证施工安全，将后岩凹沟口一座石庵子改装成工地卫生室，四街大队李振东为卫生员，每天服务在工地。常年日出劳力不下100人，农闲时200多人，早出晚归，中午野炊，夏战三伏，冬战三九，修梯田1200块，垒石堰81 000米，新修梯田410亩，筑蓄水塘坝4座，绿化荒山400多亩，植松柏30 000多棵，栽花椒树15 000棵，8年之间又修田间道路1500米，使羊肠小道成为能行车辆的大道，使王金庄通往龙虎、武安的交通更加便捷，王金庄村也由于成绩突出成为当时全县乃至全邯郸地区（市）、河北省农业学大寨的先进典型。1970—1973年，省地县农田水利基本建设现场会议多次在王金庄召开，涉县革命委员会在现场会议上提出“外学大寨，内学王金庄”的号召。1982年全村实行家庭联产承包责任制后，一街、二街、三街、四街、五街都有村民耕种。

从前王金庄有个人叫王三乖，不但脾气温和，心地善良，更重要的是他脚腿勤快，肯于卖力，所以田里年年获得好收成。久而久之人们忘记了他的本名，就叫他王勤快。

清顺治十二年（1655），天大旱，勤快在地里种的禾苗全被旱死，直到处暑节令才下了三指小雨，这时种其他庄稼都来不及了，勤快只得将五亩多地全撒上了红萝卜种子。

过了几天，又接着下了几场小雨，种到地里的萝卜破土而出，转眼绿油油一片，加上勤快及时间（jiàn）苗、除草，不断追肥，长势格外喜人。进入秋分，天又大旱了起来，勤快只能每天担水浇灌。功夫不负有心人，由于他的不懈努力，别人种的菜苗全旱死了，唯独他的萝卜还是绿茵茵的。他没明没黑地苦干，积劳成疾，一下子病倒，卧床不起。当他病情稍微好转强打精神到地里看萝卜时，眼前的景象让他目瞪口呆，原来长势喜人的萝卜均被旱得躺在地里。第二天，勤快便硬撑着身体赶紧担水去浇。凭着勤劳执着，勤快的萝卜又重新焕发了生机，并且越长越好。

转眼已是立冬，萝卜该刨了。接连几天，勤快起早贪黑也没有刨完五分之一，赶的小黑驴一天三趟驮回家后，屋里屋外放的全是萝卜。后来他干脆对乡亲们说：“谁要是没啥吃的，尽管去刨，分文不取。”因此不少乡亲一是出于无奈，二是出于好奇，都想去看看在这绝收之年勤快的萝卜到底有多好，就这样五亩地的萝卜帮不少穷乡亲渡过了灾荒。

从此，人们把这道沟叫成了萝卜峧沟。

（王树梁收集，王林定整理）

1　前岩凹

前岩凹属于岩凹沟的前端，另包括窑坡，共包括 2 个地名。东经 113°84'，北纬 36°59'，海拔 730~845 米。西至萝卜峧门，东

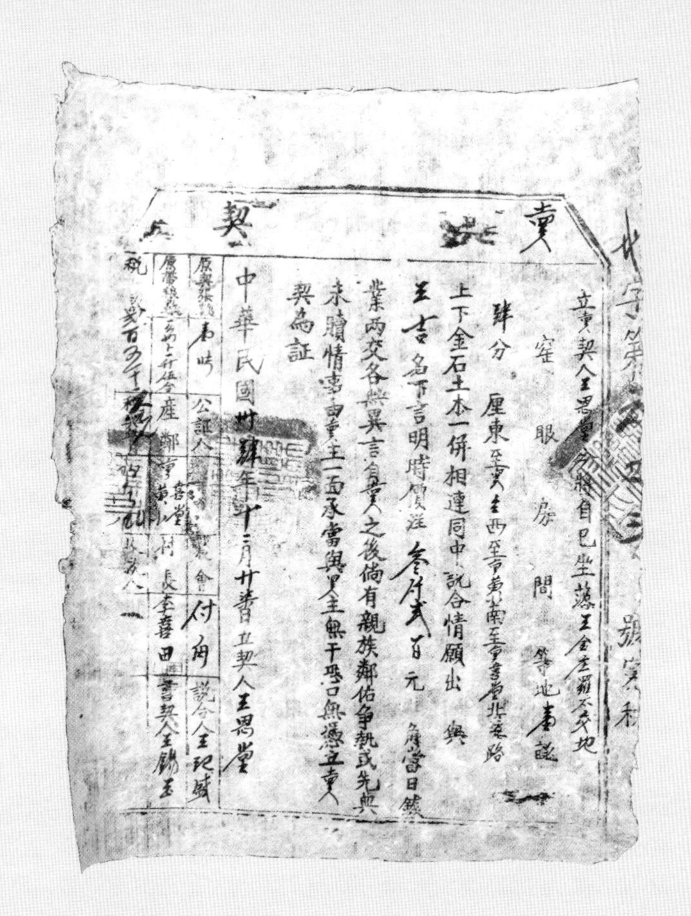

萝卜峻沟

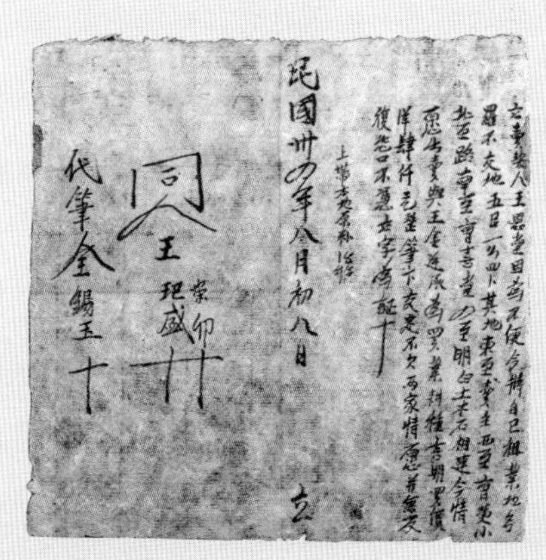

萝卜峻沟

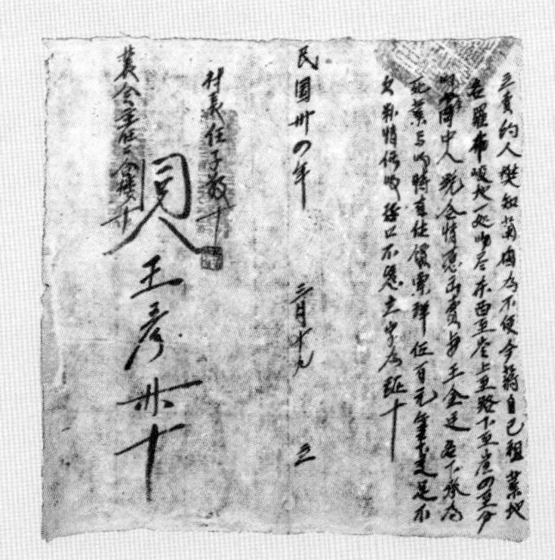

萝卜峻沟

至后岩凹前角，北至山林，南至通往萝卜峧后岭的主要通道。

前岩凹全沟共有梯田 83 块，总面积 26.382 亩，石堰总长 7832 米。其中荒废梯田 44 块，面积 15.67 亩，石堰长 4283 米。区域内现有花椒树 290 棵，黑枣树 57 棵，老柿子树 9 棵，石庵子 9 座，水池 1 方，羊圈 1 座。还有坍塌多年的 5~6 米高的土堰，为一处土窑的遗址。

前岩凹土地为白沙土，酥松耐旱，土质仅次于红黑土，下半部分为二类土地，适宜种植玉米、谷子、高粱、豆类、小麦等粮食作物，和豆角、南瓜、红薯、土豆、萝卜、白菜等蔬菜，也适宜种植油葵、荏的、油菜等油料作物，以及柴胡、黄芩、荆芥等中药材。上半部分为三类土地，适宜种植高粱、南豆等作物。均适宜种植花椒树、黑枣树、核桃树等耐旱果树。

明宣德三年（1428），村里有户人家叫王能的，在兄弟四人中排行老大。因三个弟弟没成年，庄稼活全依仗他和父亲来干。人口多土地少，每年打来的粮食只够当年吃，没有剩余，遇上灾荒年全家就得忍饥挨饿，生活艰难。面对这样的生活状况，也只有多修梯田才能解决问题。

明宣德八年（1433），王能一家人在父亲的带领下，在萝卜峧修起了梯田，经过三年的时间修了三亩七分地。天遂人愿，风调雨顺，年年获得好收成，全家人喜出望外。这时王能已长成大人，于是亲朋好友帮他讨了个媳妇。转眼几年过去了，可王能的媳妇还没生一男半女，母亲逐渐年迈，直盼抱孙子。母亲的期盼和媳妇的着急，王能都看在眼里，记在心上。

有一天晚上，劳累了一天的媳妇吃罢晚饭就躺在炕上，迷迷糊糊听见一老妇人向她连喊数句："早生贵子，早生贵子……"边说边往她嘴里塞红枣，说罢便扬长而去。等她醒来，原是一场梦，她把梦中经过原原本本告诉了丈夫，夫妻俩不明其意。妻子找母亲说明梦中情况，母亲听后，恍然大悟告诉她："多吃枣子，早生贵子。"听了母亲的话，她每天在地里干活，遇上枣子就吃。没过多久，她真的就怀孕了。

转眼妻子到了临产期。有一天，全家人都忙着收谷子，刚到岩凹的石板岩下面，她就觉着肚子一阵疼，马上意识到要临产了，她赶紧喊王能他们快找人来。王能便跑到邻地把正在收谷子的李婶喊来帮忙，生下了一个宝贝儿子。

因孩子出生在石板岩下，遂取名岩娃。多年之后，人们就把岩娃叫成了岩凹。

"林业功臣"石碑　王金庄戏院大门外矗立着一座1984年涉县县委、县政府授予王全有的"林业功臣"的石碑，这座石碑的背后还有不少故事。

王全有，1912年生于涉县王金庄二街村一个贫苦农民家庭，全家八口人，兄妹六人，王全有排行老三。因家境贫寒，王全有十六岁就开始到地主家做长工。民国十九年（1930），父亲带着四兄弟到山西辽县苇则西峧给一家财主做长工。

受尽了贫穷的王全有，好不容易迎来了解放。1940年，他回到家乡积极参加减租减息运动，1943年光荣加入了中国共产党，并在党的领导下积极参加土地革命，支前抗战，中华人民共和国成立后带头支持创办互助组、初级社、高级社及人民公社。经过十多年的奋斗，人民的生活水平虽有一定的改善，但一遇到歉收年人们仍难免挨饿。为了尽快让乡亲们走向富裕，1964年公社党委、政府发动全社四百多劳力肩扛铁锤、钢钎，爬山越岭劈山修路。王全有和社员们一块儿顶着凛冽的寒风，怀揣两个窝头，天不亮就到工地，以蚂蚁啃骨头的精神干了五个月，削平了十一个山垴儿，修通了6500米的盘山公路，使汽车开进了王金庄。

为了增加耕地面积，1965年冬天，王全有带领200多人的治山专业队进驻岩凹沟，劈山造田。因荒山坡陡，石厚土少，每修一块地就得先垒三米多高、500米长的双层石堰，挑近万担土。隆冬季节，大雪封山，王全有和大伙儿修山不止，带领专业队苦战10年，以600工、日修一亩田的工夫，在岩凹沟、桃花岭等57条陡坡峻岭上垒起总长250 000米的双层石堰，造地2000多块，面积达500多亩，被报道为“万里千担一亩田，青石板上创高产”。

1969年，为解决群众吃水难的问题，王全有和村党总支一班人，带领群众在大南沟建小型水库。没技术，他就和老石匠李天顺身背干粮，两次冒雨步行往返25公里，到古台水库取经；没有资金，他带头捐资筹款；没石灰，自己烧；没有沙子，就发动全村男女老少往返40多里，到龙虎河里去背；没有水，到武安县七水岭村挑，规定每人一天挑两担，王全有自己就挑三担。经两年半的奋战，搬运了7万立方米的碎渣乱石，建成一座容量13万立方米的小型水库，开凿和浆砌8里长的爬山渠道，建塘坝16座，挖水窖33眼，开凿引泉石槽2500米，打井11眼。1973—1977年，在河滩上砌涵洞2000米，建截流坝9座，建石拱桥3座，造良田244亩。1977年在村前修建了一座容量1万立方米的大水池。

为了达到山水林田路综合治理，王全有带领大家一边修田一边栽树，于1968年成立了林业专业队。东起有则水，西至倒峧岭，东西长2500米、南北宽500米的荒山实行了统一规划，统一治理，并建章立制、赏罚严明。一次，他表弟砍了两根锨把，被护林员交到村委会后，王全有按照村规进行了处罚。经过20年的封山育林，植花椒树30万棵、松树22万棵，全村年增经济收入100万元，使王金庄生产、生活条件发生了根本性的改变。1988年1月，联合国世界粮食计划署评估团农业专家素普来到王金庄参观梯田，称“这里是世界上治理得最好的一条沟”。

在治山治水的同时，1972年，为了让王金庄实现“楼上楼下电灯电话”的梦想，他和村总支一班人，上下呼吁，左右求援，多方筹资，隔山从大崖岭架来了高压电，为今天建设社会主义新农村打下了基础。坡修了，水治了，电来了，但王全有仍不满足。1976年10月1日，他带领全社近百名社员，决战滴水洞，他们克服重重困难，在铁三局和驻涉县某部的支援下，仅用两年半的时间就完成了五年的工程量，新建公路比原公路缩短4000米，标高降低180米，为山民们致富打开了又一个通道。

王全有的精神成了乡亲们心中永远的丰碑。

（刘振梅收集，王林定整理）

2 后岩凹

后岩凹是岩凹后边的一条支沟。东经 113°84'，北纬 36°60'，海拔 767~842 米。西至前岩凹沟，东至等柱地北坡，北至山林，南至田间主路，属于萝卜峧沟的一条支沟。

后岩凹全沟共有梯田 137 块，总面积 31.718 亩，后来四街新修梯田 15 亩，石堰总长 1167.2 米。其中荒废梯田 15 块，面积 5.27 亩，石堰长 650 米。区域内现有花椒树 120 棵，黑枣树 108 棵，椿树 1 棵。路边有石庵子 4 座。

沟内均属二类、三类土地，下半沟为黑土，抗旱能力较强，土层较厚，适宜种植谷子、玉米、高粱、豆类等粮食作物，油葵、荏的等油料作物，及豆角、南瓜等蔬菜。上半沟抗旱能力较差，土层薄，适宜种植谷子、高粱、豆类、蓖麻等。都适宜种植花椒树。

1964 年，全国掀起了农业学大寨运动，当时王金庄四街大队党支部，为了积极响应党的号召，经组织决定，由红卫兵队长刘彩渠、曹庆春二人担任领导，组成了一支治山专业队，进驻岩凹沟（当时还有王金庄公社办公室主任范科到现场协助）。在岩凹沟土地大会战中，曾经流传着这样一段以争夺流动红旗为目标的故事。当初为了多修田，修好田，王金庄公社领导亲自指挥在王金庄五个治山专业队之间，开展社会主义劳动竞赛，争夺流动红旗。二街大队在王全有的带领下，连续好几个月把红旗插到了二街的山头。其他几个队都不服输，尤其四街治山专业队，由刘彩渠和曹庆春二位带领，起早贪黑，鼓励每个人要鼓起勇气、抖足精神，向王全有看齐。在劳动过程中为了多修梯田，他们提出约法三章：“第一有思想觉悟，第二有责任心，第三要有不畏劳苦的学大寨精神。”刘彩渠等晚上治山专业队都下班后，利用休息时间，用脚步丈量所修的亩块。如果他丈量完之后，发现自己的专业队比王全有的专业队少修了几米，第二天他就发出新的号令，制定新的计划：“从今天开始，中午缩短休息时间，增加工作量，争取把红旗拿到手。”

由于他们齐心协力，大干苦干，那个月的流动红旗终于插到了四街的山头。

（经刘振梅走访李榜夺、李书祥、曹春怀、曹巨所、李三的、曹爱榜、李四的、张文榜、曹相鱼、曹爱虫、付中榜、曹肥的后，由王林定整理）

3　前北沟

前北沟另包括等柱坡和牛鼻洼，共 3 个地名。东经 113°85'，北纬 36°60'，海拔 773~850 米。东至岩凹后北坡，西至后岩凹，北至山岭，南至北岭大路，属西北坡，中间为沟，两边为坡。位于后岩凹北坡、赵等柱洼、后北沟前坡之间，是萝卜峧沟通往北岭边缘上的一条支沟。

前北沟全沟共有梯田 195 块，总面积 42.599 亩，石堰总长 8795 米。其中荒废梯田 90 块，面积 25 亩，石堰长 2800 米。此沟底部路上有牛鼻子窟窿 1 个，石庵子 3 座，地庵子 2 座，上百年的黑枣树 8 棵。

该沟耕地均属二类、三类土地，下半沟属红黑土，较抗旱，保墒性好，适宜种植玉米、谷子、豆类、高粱等粮食作物，和花椒、黑枣树。上半沟属三类耕地，红黑土，但土层较薄，耐旱性较差，适宜种植谷子、高粱、豆类等粮食作物和南瓜、土豆等蔬菜，但产量相对较低。玉米、谷子需轮作倒茬。

等柱坡　民国时期，年幼的赵等柱失去了父亲，与母亲相依为命。后来母亲从西坡嫁到了王金庄曹门。他年轻的时候，曾在赴武安打短工的路上遇到一个林县人，林县人因便秘不能行走，赵等柱设法帮他作了疏通，使他从危难中活了过来。此人为感谢赵等柱的救命之恩，便把自己的旋工手艺传授给了他。于是，赵等柱开始走街串巷卖棒槌、钉葫芦、针锥把、擀面杖等农用工具、生活用具。为了提高生活水平，他还在萝卜峧后岩凹买了一片坡地，开始修建梯田。

那年气温高，天气干旱，妻子怀有身孕。赵等柱多次劝说妻子要多休息注意身体，可她就是不听劝阻。由于营养不足，怀胎八个月的妻子因过度劳累多次晕倒，产下的婴儿特别瘦，加上母乳少，气温又高，没过几天婴儿中了暑，突然晕死过去，夫妻俩便将婴儿埋葬在地堰里。

第二天早上，一位村民路过此地，忽然听到婴儿的啼哭声，知道赵等柱刚死了婴儿，随即告诉了他。夫妻俩急忙赶到埋婴儿的地堰窟窿，将地堰石头掏开，发现婴儿又活了过来。

此后，赵等柱为了避免婴儿营养不良，开始做蔬菜营养试验。春季吃白萝卜体重没变化，夏季吃豆角体重增长，秋季吃南瓜没变化，冬季吃红萝卜体重明显增重，冬春吃菜根火气大，夏秋吃菜根、小菜火气小。蔬菜试验证明，红萝卜和豆角营养丰富，宜多吃；白萝卜和南瓜次之，应适当吃；肥胖之人宜吃白萝卜和南瓜。赵等柱经过亲身体验，摸透各种菜蔬营养特性后，就让家人根据季节适时调节。后来他又生了好几个孩子，个个身子都非常结实。

人们把赵等柱做蔬菜营养试验的田地叫成“等柱坡”，至今这个故事还在民间流传。

（赵生贵口述，刘振梅、王林定整理）

4 后北沟

后北沟也称山字形的沟，位于牛鼻子孔沟北坡（脸）至北岭的后北坡之间。东经 113°85'，北纬 36°60'，海拔 780~848 米。东至等柱洼后北坡，西至前北沟，北至北岭，南至田间主路，属西北坡中沟，形状（含北洼前后）如“山”字，也可称“山字洼（沟）”。

后北沟共有梯田 175 块，面积 45 亩，石堰总长 8050 米。其中荒废梯田 72 块，面积 18 亩，石堰长 420 米。区域内共有花椒树 563 棵，黑枣树 15 棵（其中百年以上黑枣树 2 棵），杂木树 3 棵，石庵子 3 座，水窖 1 口。

此沟上半部为三类土地，红黑土，土层较薄，抗旱能力差，适宜种植谷子、高粱、豆类等粮食作物。下半部分属二类土地，红黑土，土层较厚，耐旱保墒性好，适宜种植玉米、谷子、高粱、豆类等粮食作物，和油葵、茬的等油料作物，还适宜花椒树、黑枣树生长。

民国时期，流传着一位名叫刘重新的村民，在这块平凡的土地上靠栽种花椒发家致富的故事。

刘重新出身贫寒，膝下有四个儿子，缺吃少穿，日子过得非常艰难，每天起早贪黑还填不饱肚子。有一天，他跟老伴说：“我有事跟你商量，我要养好多椒树苗，把咱北洼垴地全部栽上花椒树，这样等树长大了，花椒自然就多了，卖了钱后就不愁给孩子娶媳妇了。你看这个主意好不好？”他老伴听了此话，连忙说：“你把咱地里都栽上花椒树，粮食从哪里来，想饿死我们啊？”他说道：“我就是饿死自己，累死自己，也不会把你们给饿死的，你就放心吧，我要做个试验。”老伴看他主意已定只好任他去。

之后，他将养好的花椒树苗栽满了萝卜峧北洼的整个地块。几年后，小树苗在他的精心培护下逐渐长大了。为了做活方便，他在地头建了一座石庵子，夏时避雨，冬时避寒。刘重新与众不同，春、夏、秋三季从来不穿鞋袜，整天光着脚板干活。由于经常锻炼的缘故，他的脚板比鞋底还结实，只有到了数九寒天才把鞋勉强穿些日子。

花椒红了，他就让家人来帮忙摘，晒干后再翻山越岭背到武安七水岭去卖。几年下来，他家渐渐富裕起来。村民看他栽花椒富了，也都相继栽种起花椒树来。后来花椒树越种越多，王金庄也被评为了花椒之乡。

（刘振梅收集，王林定整理）

5　北岭

北岭另包括等柱坡、牛鼻洼、萝卜峧岭和老贵洼。东经 113°85'，北纬 36°60'，海拔 790~920 米。前至牛槽圪道，后至北岭老贵洼，上至起龙山，属于西北坡岭地形，起龙山下有溶洞 1 处，路过鸡冠山，从正岭往东眺望武安天路，可看到龙虎村等。北岭至萝卜峧沟口距离大约 2000 米。

北岭区域内共有梯田 83 块，面积 29.92 亩，石堰总长 5114 米。其中荒废梯田 8 块，面积 2.03 亩，石堰长 293 米。区域内共有花椒树 456 棵，黑枣树 52 棵（其中百年以上黑枣树 6 棵），核桃树 5 棵，石庵子 9 座，地庵子 8 座。

此岭坡地属三类土地，黑土，土层较薄，不耐旱，适宜种植谷子、豆类、高粱等粮食作物，和土豆、豆角、南瓜等蔬菜，还适宜种植油葵等油料作物。根据传统习惯，谷子、豆类多为轮作倒茬。

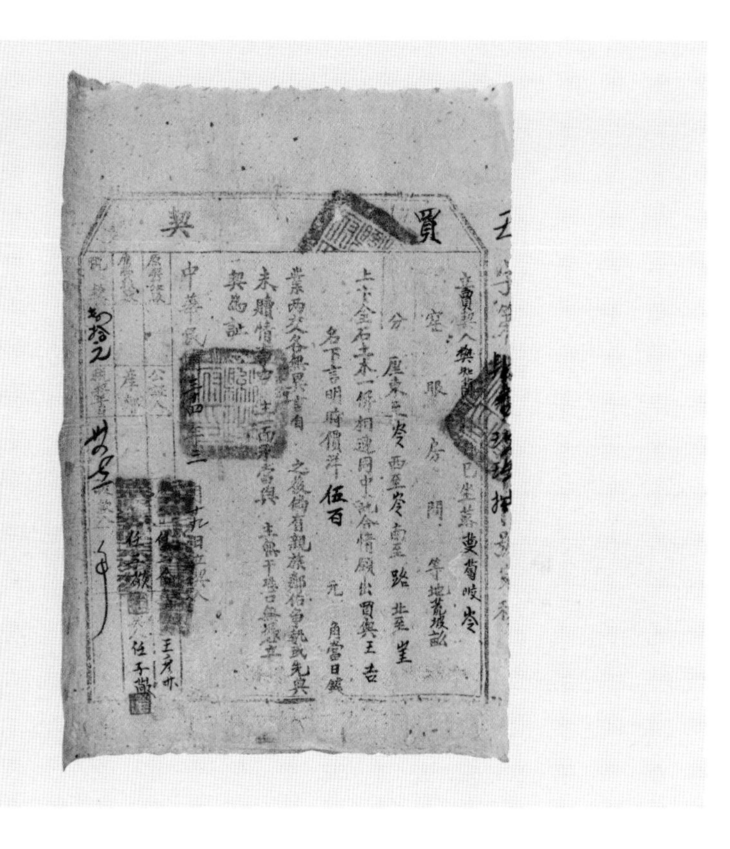

萝卜峧沟

20世纪60年代，为了解决干旱问题，王金庄村总支书记王全有组织村民在村西大南沟修建“团结水库”。建水库浆砌需要很多沙子，经村总支部商议，最后决定组织劳力去龙虎河背沙。

为了确保人力，村总支部决定日出劳力100人。据二街村民曹翠爱回忆，每天早起号声一响，背沙队伍就排成长龙出发了。当时她年龄小，每次出发时母亲总是把她送出村口。为了共同的目标，人们都很积极。年龄小的每次背20到30斤，年龄大的背40到50斤。可是，背着50斤的沙子还要爬山越过萝卜峧北岭，往返20 000米，途中体弱、年龄小的劳力就出现掉队现象，大家常常是大帮小，强帮弱。连续多天累计背沙12.5万公斤，为保障水库浆砌工程作出了重要贡献。

（刘振梅收集，王林定整理）

6　后南沟

后南沟距萝卜峧口约1500米。东经113°85'，北纬36°60'，海拔730~861米。西至窑庵子前角，东至萝卜峧后岭，南至岭头，北至渠洼地。

共有梯田337块，总面积98.45亩，石堰总长18 539米。区域内现有石庵子10座，地庵子15座，百年以上大黑枣树8棵，正岭起龙山下有溶洞1处。从鸡冠山、起龙山往东远眺可看到武安天路。

此沟属二类土地，红白黑土，具有较好的耐旱保墒性。适宜种植玉米、谷子、高粱、豆类、南瓜等农作物，也适宜栽种花椒树、黑枣树等。因后南沟地处阴坡，作物适宜清明播种，不宜迟缓。

窑庵子角　过去有个人，习惯模仿别人干活，还喜欢自吹。

一次，他在地里模仿别人建石庵子，两天就垒好了庵子的四壁，第三天甃顶，开始进展得很顺利，当他完成了顶层最后一块石板，离开庵顶到地面休息时，忽然听到“吱吱咔嚓”的声响，整个庵顶石板全倒塌在四壁中间。他气得浑身发抖，一屁股蹲到地上，连抽了十几袋烟，也想不出好办法。

最后他想到了一个好主意。第二天一大早，他锯了几根树干做圆拱模型，将庵子顶甃成石窑顶。这样它从外表看上去仍是一个石庵子，而内部结构则是石窑顶。

后来因为这个既是石窑又是庵子的建筑，此地被取名叫窑庵子角。

（王林定收集整理）

7 南岭

南岭东经 113°85'，北纬 36°60'，海拔 730~934 米。北至岭头，南至玉阳山，上至玉阳山头，下至半坡，属岭坡形状。此坡地共有梯田 18 块，面积 2.2 亩，石堰总长 1325 米，现均已荒废。有黑枣树 7 棵，石庵子 2 座。

此坡地为三类耕地，黑土，土层较薄，适宜种植玉米、谷子、高粱、豆类等粮食作物，和豆角、南瓜等蔬菜，也适宜种植花椒树、黑枣树等树木。山岭上植被茂密，有马机荼、连翘、柴胡、黄芩、远志、苍术等野生中药材。

王金庄五街村王当鱼，性格直爽，说话开门见山，从小就跟着父亲王吉下地放牛、割草、割柴。一次，当鱼跟着父亲一块去萝卜峧南岭耕地，她打坷垃。姑娘看着父亲一犁一犁的耕作方式和老牛的稳步动作，觉得好奇，就向父亲提出了要替他耕地的请求，父亲满口应允，并告诉她：“犁地看弯钩，耢地看牛头。”在父亲的悉心指导下，王当鱼经过勤学苦练，很快掌握了犁地的要领。种地时，父亲又教她记住三摇三不摇：“插种犁地三尺高时就摇，快到地头三步远就停摇。”姑娘牢记父亲的指导，很快就掌握了种地的要点和技巧，成为种地能手。

（王林定收集整理）

8 漆树沟

漆树沟另包括玉阳堖，共 2 个地名，地处萝卜峧东南沟底，东经 113°85'，北纬 36°60'，海拔 840~930 米。东至后岭，与武安市杨庄、七水岭村的土地相掺，西与靴子沟东坡接壤，南与武安市七水岭、井店镇曹家安隔山相望，北以渠的地为界，呈东南—西北走向，沟内多山地。

该沟共有梯田 397 块，总面积 164 亩，石堰长 35 952 米。其中荒地 92 块，面积 37 亩，石堰长 7473 米。区域内共有花椒树 3247 棵、黑枣树 137 棵、核桃树 32 棵、杂木树 23 棵、石庵子 9 座、地庵子 12 座、水窖 1 口。

该沟位于阴坡，土质多为红黑土，为二类土地。上半沟适宜种植谷子、玉米、高粱、南瓜、山药、萝卜、豆类等作物，下半沟适宜种植小麦。均适宜种植花椒树、黑枣树、核桃树等耐旱果树。

很久以前，连年灾荒，华北平原一带赤地千里，饥民遍野。山东省阳谷县陈兴涛一家因连年歉收，爷爷、奶奶、父亲、母亲相继饿死后，陈兴涛只好带着妹妹逃荒。他们一路乞讨至武安界，在一个村口的破庙里碰到一个叫岳二的小伙子。次日他们一块儿沿着太行山东伸的余脉，路过冶陶镇，翻过七水岭，来到了萝卜峧后南沟。他们看到路旁一棵树上挂满了一串串的野葡萄，青里泛红，红里透紫，岳二二话不说就爬到树上往下摘，陈兴涛兄妹在树下吃。过了一会儿，岳二先是身上发痒痒，接着浑身起了水泡，动弹不着，三人顿时傻了眼，不知所措。这时从岭头上下来一位老大爷，兴涛就上前去问：“老大爷，您给看看，岳二兄弟好好的，上树摘了一些野葡萄吃，为啥就成了这样？”

老大爷上前一看，不假思索地说：“这是动了漆树，漆中毒了。”

“那该如何？”兴涛问。

“我们这儿还没有这种解药。”

“哪儿有？”

“只有山西黎城才有解毒的祖传秘方。”

“离我们这儿有多远？”

“百把里吧。”

因为岳二肿得动弹不得，兴涛兄妹只得扶着他下陡坡，跨过渠洼，瞅见北坡前有个岩洞，三人慢慢地爬上去住了下来。

第三天，兴涛去黎城寻药，兴涛妹妹去山上摘野果给岳二吃。

几天后，兴涛不仅寻回了解药，还学会了割漆与制漆的方法。将制好的漆拿到武安阳邑、冶陶镇上去卖，次次能卖出好价钱，他们便在此站稳了脚跟。因日久生情，兴涛的妹妹嫁给了岳二，兴涛也娶到了媳妇，两家人和睦相处。兴涛、岳二一边割漆卖钱，一边领着大家在萝卜峧口对面较开阔的地方开垦了十多亩梯田，春播秋收，日子过得红红火火。岳二为了解决吃水难的问题，还举全家之力在石岗河甃了一座大水池。后来两家因皇粮逼累又外迁，只留陈家地、岳家池两处地名。

因萝卜峧后南沟当年多长漆树，由此叫成了漆树沟。

玉阳垴　　玉阳垴地处漆树沟南岭与武安市交界的岭头上。2010 年前后，武安市七水岭村多方筹资，在岭上建起了玉皇庙，大庙分山上山下两组建筑群。山下有南天门、奶奶庙、停车场、蓄水池等；山上建有山门、玉皇殿、接待室、招待所等。该庙建成后每年农历三月十八为庙会，周围十里八村善男信女们都前来敬拜和观光。因山头建有玉皇庙，故称玉阳垴。

（王树梁收集，王林定整理）

9　靴子沟

靴子沟另包括大东洼和大西洼，共 3 个地名，位于萝卜峧东南沟，东经 113°84'，北纬 36°61'，海拔 738~923 米。该沟西至苇子沟后脸，东至漆树沟前脸，南至上岭，北至萝卜峧渠地，属东南走向，中间沟形状，分主沟两面坡。

靴子沟全沟共有梯田568块，面积122.471亩，最大地块不足1.2亩，最小地块有几厘（1厘=6.67平方米），石堰总长10 587米。其中荒地46块，面积17.5亩，石堰长3300米。区域内现有花椒树4640棵，核桃树144棵，黑枣树29棵，柿子树20棵，杂木树61棵，石庵子13座，地庵子8座。最明显标志为靴子形地块，还有一对母子石庵子。

靴子沟属黑红土，沟中土层较厚，耐旱，水土保持得较好，为二类耕地。两面坡土质较次，为三类耕地。沟中适宜种植玉米、谷子、高粱、大豆等粮食作物以及各种蔬菜，适宜间作栽种花椒树、黑枣树。坡上适宜种植谷子、高粱、豆类，渠地适宜种植玉米。谷子、玉米轮作倒茬时应注意地力、肥力、密度等。

（王林定收集整理）

10　苇子沟

苇子沟，东经113°84'，北纬36°60'~36°59'，海拔721~870米。前至南天门，东至靴子沟前脸，西至萝卜峧口，南至上岭，北至萝卜峧渠河沟，属东西走向，中间为沟，两边为坡。

苇子沟全沟共有梯田420块，面积111.54亩，石堰总长18 966米。其中荒废梯田84块，面积26.75亩，石堰长6093米。区域内现有花椒树2559棵，黑枣树342棵（其中百年以上的老黑枣树12棵），核桃树239棵（其中80年以上的核桃树60棵），柿子树12棵，杂木树30棵，石庵子6座，地庵子8座。南岩凹也俗称“南天门”，最明显的标志是有一块苇子地。

苇子沟属二类、三类土地，上半部分属三类土地，红黑土，抗旱能力和保墒性较差；下半部分为二类土地，土层较厚，抗旱能力较强。均适宜种植谷子、高粱、大豆等粮食作物，和豆角、南瓜、萝卜等蔬菜，也适宜种植油葵、荏的等油料作物，以及柴胡、黄芩、知母等中药材，尤其适宜花椒树、黑枣树、核桃树生长。山坡上也有柴胡、黄芩、远志、苍术等多种野生中药材。

早在清嘉庆年间有个叫王九高的人，喜欢抽大烟，伙伴告诉他，明国寺的一个和尚也喜欢抽大烟。

一天，明国寺的和尚来了烟瘾，没有大烟可抽，就去萝卜峧沟找正在修梯田的王九高。说明来意后，九高答应和他进行交易，用大烟换取他有则水沟苇子地里的苇子苗，和尚为了有烟抽满口应允。事后，九高从有则水沟移来了苇子苗进行栽种，在他的精心培护下，两年之后苇子长得格外喜人。

几年之后，有位卖苇席的商人来到王金庄，王九高要买席子，谈好价钱后他想，自己地里长着苇子，为什么还掏这么贵的钱买席子？于是，他问卖苇席的人："能不能教给我编席子的方法？"商人说道："让我教你可以，但你得戒掉大烟！"九高问："为啥？"商人道："不戒掉你就学不会，即使学会也没用。"为了学这个养家糊口的手艺九高下了狠心，满口答应。

于是他把商人叫到家中，并管商人吃饭住宿，晚上让商人传授编席技术，他很用心，一学就会。所以人们都说："九高、九高，十有九招。"来年苇子成熟了，九高开始自己编席子，他也成了王金庄编席子第一人。王九高不但学了这门手艺，还戒掉了抽大烟的坏习惯，家庭也逐渐变得富裕起来。

因为王九高的苇子越种越多，所以人们就把萝卜峧前南沟叫成了苇子沟。

1965 年 12 月 7 日是大雪节气，天寒地冻，黑云翻滚，时而还飘起零星雪花。在这样恶劣的天气下，王全有带领他的治山专业队来到苇子沟岩凹对面一个叫南天门的地方。

南天门地势险要，峭壁对立，陡得连人都站不稳。开工那天，治山专业队长王全有一大早就牵着他的小黑驴一同来到山坡上，边抽烟边观察地形。副队长王二汉带着治山专业队全体人员正在清点人数，忽听到有人喊："山顶上抛下驴来啦！"正在察看地形的王全有听到喊声随口大喊："是我家的驴！"人们涌向悬崖边沿，小黑驴抛在二层悬崖的山坡上，被一棵小树卡住，再向前一米就是三丈高的悬崖。为了搭救小黑驴，只得用绳子套住人先下去，再用绳子将小黑驴吊上来。

小黑驴得救了，大伙松了一口气。几位队员看到如此凶险的南天门，想起刚才搭救小黑驴的那一幕，顿时感到毛骨悚然，思想有所动摇，犯起嘀咕："别的地方不能修，偏偏来这个鬼地方。"面对现实状况，王全有马上开了动员会，然后才开工。

为了坚定大伙治山的决心，王全有建议王二汉、赵明堂、王全贵组织几十个有经验、有胆识的队员来排根基，还建议用绳索套住腰部，另一段固定在马机搴上进行施工。施工中他们脚下踩着陡坡，脚底不断打滑，这时王全有脱掉鞋，用镢头一点点地将悬崖边上的石块削掉，冻层厚的地方用生铁铸造的榔头砸，光在扎根脚这一步，几天之内就砸坏四个榔头，王全有等人的手也被震裂了。垒堰时，因坡陡他们就蹲下来递石头。经过几天的奋战，边沿上排好了根基，队员们有了立足之地，王全有算是松了一口气。队员们就凭着一股犟劲战胜了一个个困难，历时半个月的功夫，硬是在两道悬崖上修起公认的"天门悬田"。

当时参加"南天门"梯田会战的有：队长王全有；副队长王二汉、赵明堂、王全贵；队员王爱所、王三汉、张胜吉、王三的、曹虫顺、曹怀德、曹日吉、张爱田、王礼的、曹灵只（女）、曹起发、王世安、曹所廷（女）、王东英（女）、曹先正、王英的（女）、曹增强（女）、曹子厚、王榜只（女）、王相怀、曹合的（女）、王粉鱼（女）、王金柱、王粉只（女）、曹翠只（女）、王吉昌、刘有吉、曹翠爱（女）、王抗只（女）、王杨顺、王鸿顺、曹茂林、曹六的、曹增水、曹增仁、曹香定、张永田等。

（王林定收集整理）

11　牛槽圪道

牛槽圪道另包括萝卜峧渠，共 2 个地名。东经 113°84'，北纬 36°60'，海拔 725~920 米。西至萝卜峧门，东至窑庵子角三岔路口前，北至通往后岭的田间主路，南至渠地南坡，属东西走向的渠沟，距萝卜峧口约 300 米。

牛槽圪道共有梯田 75 块，面积 14.48 亩，石堰总长 1768 米。其中荒废梯田 2 块，面积 0.57 亩，石堰长 65 米。区域内有花椒树 330 棵，核桃树 59 棵，黑枣树 26 棵（其中百年以上的老黑枣树 1 棵），柿子树 1 棵，桐树 1 棵，蓄水池 1 座，石庵子 3 座。此区域均属红白土质，土壤具有疏松、抗旱、保墒性较强的特点，为一类耕地。适宜种植小麦、玉米、谷子等粮食作物，还适宜栽种花椒树、黑枣树等果树。适宜种植抗倒伏的优良品种。

（刘振梅收集，王林定整理）

地块历史传承情况

1 前岩凹

开发 王氏祖先
1956 五街一队
1982 五街一队刘石定、刘付江、刘香所，四队李增所、李阳地，五队李陈县、六队李爱魁等

窑坡

开发 王氏祖先
1956 三街、四街、五街大队
1976 三街六队，四街二队、五队，五街一、四、六队
1982 三街六队刘波海、刘子良，四街二队刘书信、刘二的等，四街五队曹志海，五街一队刘石定、刘书民等，五街四队李正所、李阳地，五街五队李陈县、李善云等，五街六队李爱魁等

新修梯田

1956 二街第一、二、三、四、五生产小队
1982 二街第一生产队王书定、赵乃灵等，第二生产队王香所、王会斌等，第三生产队付爱香、张世平等，第四生产队王京堂、王相怀等，第五生产队曹胜所、曹成吉等

2 后岩凹

开发 三街曹肥定、曹全所等祖辈
1946 三街一队
1956 三街大队
1982 三街一队曹庆怀、曹志定等，三街五队刘海石、曹振香等

四街新修梯田

1965 四街一、二、三、四、五生产队
1982 四街一队曹反明、刘争寿，二队刘江定，三队李书魁、李秋所，四队曹彦怀，五队曹巨所、曹土平等农户

3 前北沟

开发 曹全所、曹海吉、曹书录等祖辈
1956 三街一队、四队、五队
1976 三街一队、四队、五队

前北坡等柱地

1982 三街一队李海平、曹庆怀、曹书勤

新修梯田上半坡

1956 三街一队、五队
1982 三街一队李增吉、李武定、李云吉等

新修梯田下半坡

1982 三街一队张海定、李庆祥、曹庆怀等，三街五队刘海石、曹路平、曹更江等

牛鼻洼

1982 四队赵文定、赵跃魁、曹士魁等

4 后北沟

开发 三街曹肥定、一街王和平、四街曹相灵等祖上
1956 四街二队、四队
1976 四街二队、四队
1982 四街二队曹榜明等，四队李国定等

路下地

1982 四街二队李献书、刘江定、李爱祥等，四队曹彦怀、曹彦云、刘合吉等

新修梯田

1982 三街四队赵文榜、曹士魁，五街六队李运怀等

5　北岭

开发　王老贵先人
1956　一街大队
1976　一街、四街
1982　四街李金定、刘振定、曹勤如等农户

6　后南沟

开发　四街曹石庆、曹反庆祖辈
1946　四街
1956　四街三队
1982　四街王春爱等，一街四队王榜魁等耕种，坡地由王军如等耕种

7　南岭

开发　一街王吉买回进行开发耕种
1946　一街王林定
1956　一街大队
1976　三街五队
1982　三街五队曹所榜等

8　漆树沟

开发　五街村李贤、三街村曹黑小，一街村王林定、王和平等祖上
1946　五街李贤、三街曹黑小、一街王林定
1976　三街
1982　三街曹乃元、曹礼昌、曹会海等家庭

9　靴子沟

开发　曹林斗、李虫喜、刘凤良、刘运良祖辈
1946　三街、五街大队
1956　三街三队、五队、一街六队
1976　一街、三街大队
1982　东洼地由三街三队曹榜定、曹增榜等，五队刘海石、李录祥等，一街六队王安魁、王社江等耕种。前脸上由一队王书良、王同太等耕种

10　苇子沟

苇子地以下

开发　一街王乃苍祖辈
1976　一街

苇子地以上

1965—1970　由治山专业队修建
1965—1972　由一、二、三街专业队共同修建
1982　南岩凹至前口坡上由一街三队王水元、王勤所等耕种；南岩凹（南天门）由二街一队王成录，二队王会斌，三队王土刚、曹巨魁等，四队付勤怀、王京堂等，五队曹江明、王忠海等农户耕种；三街新修梯田由三街四队曹爱祥、刘爱云等耕种；苇子沟新修梯田由一街一队王水元、王江明、王世军等，二队王补吉、王保吉、王有定等，三队王火明、王土玉，四队王相魁、王书定等，五队王恒太，六队王乃江、王土林等，五街二队刘庆怀，六队李刚灵等耕种；苇子沟后脸（坡）由一街一队王树梁、王刚如等耕种

11　牛槽圪道

开发　刘氏、王氏、曹氏等祖辈
1956　五街第一、二、四生产队
1976　五街第一、二、四生产队
1982　五街一队刘保青、刘仁相等，二队刘陈海、刘庆怀等，四队李贵金、刘善平等

渠洼地

开发　五街李氏家族祖辈
1946　五街第四、五、六、七生产队
1956　五街
1982　五街四队刘香只，五队李乃勤，六队李兴魁、李凤堂等，七队李金魁、李金良等

秋笔　摄

二十　高峧沟

高峧沟是王金庄24条大沟之一，包括前南洼、后北洼和后南洼三条小沟。南至犁马峧，北与萝卜峧相连，东过岭，与曹家安相接壤，西至太行高速连接线公路。地处王金庄村北1500米处，呈东西走向，南北坡，坡沟交错，山岭缠绕，途经东坡上、东峧沟、猪牛河、官班地、犁马峧、茶桌的、东不连坡，前后沟长1000米。

全沟共有历代修建的梯田612块，总面积220.706亩，石堰总长61 199米。其中荒废梯田184块，面积50.12亩，石堰长17 740米。区域内现有花椒树7364棵，黑枣树435棵（其中百年以上黑枣树5棵），核桃树137棵，柿子树24棵，杂木树33棵，水窖4口，石庵子12座，牛鼻子窟窿一处，香炉山一座。

高峧沟渠洼地土质肥沃，适宜种植小麦、谷子、玉米、大豆等作物，也盛产各种干鲜水果，因此开发历史悠久。据考，明清时期就有王氏祖先在高峧沟渠洼地开发建造梯田20多块，更有值得考证的是清道光年间就有武举耕田打牛之说。先辈们一代接一代从渠地到坡地逐渐修建起梯田，还有部分梯田是“农业学大寨”时所修建。2000年以来，广大人民群众积极调整产业结构，广栽花椒树、核桃树，适当种植油菜、茌的、油葵等油料作物，大大推进有机肥综合利用，合理提高农家肥的利用价值，达到了粮食高产增收的目的。

113°84'E 36°59'N
ASL 722~980m
ASL
1100m
区域占总量比例
梯田 220.706 亩
1
2
3
石堰 61 199 米
1
2
3
花椒树 7364 棵
1
2
3
1
前南洼
2
后北洼
3
后南洼
600m

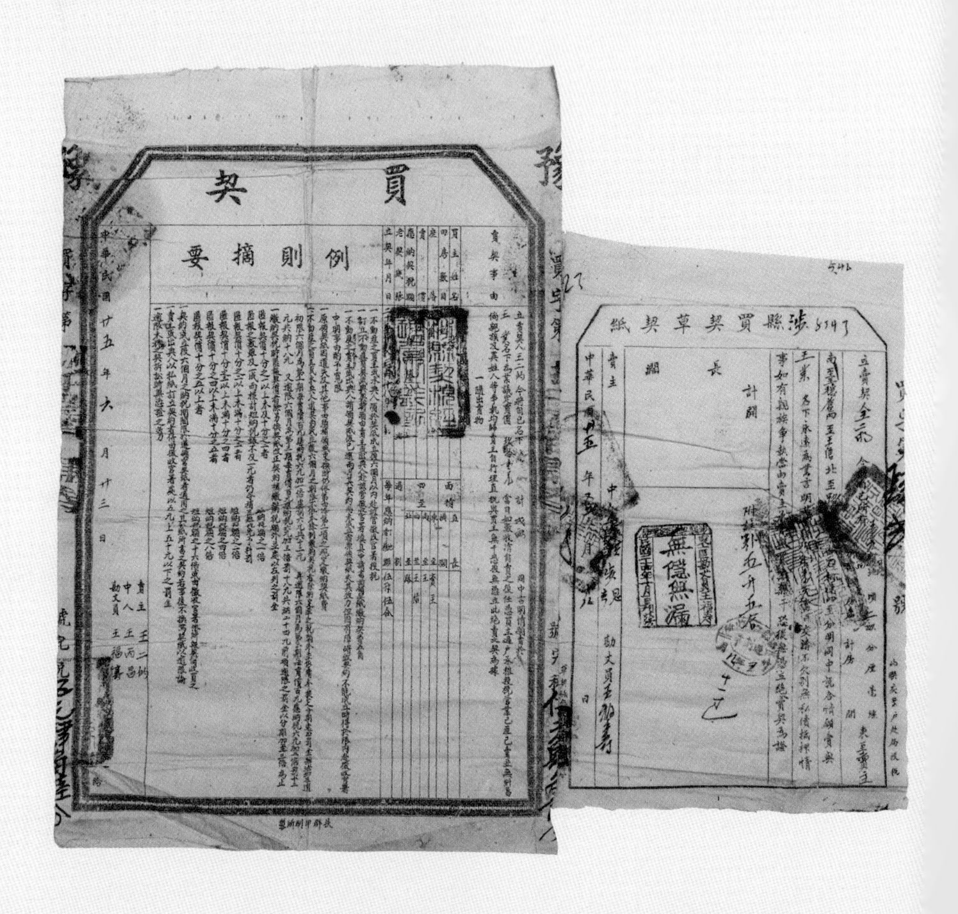

買契

例則摘要

中華民國廿五年六月十三日

涉縣買契草契紙

無償無漏

高峻沟口

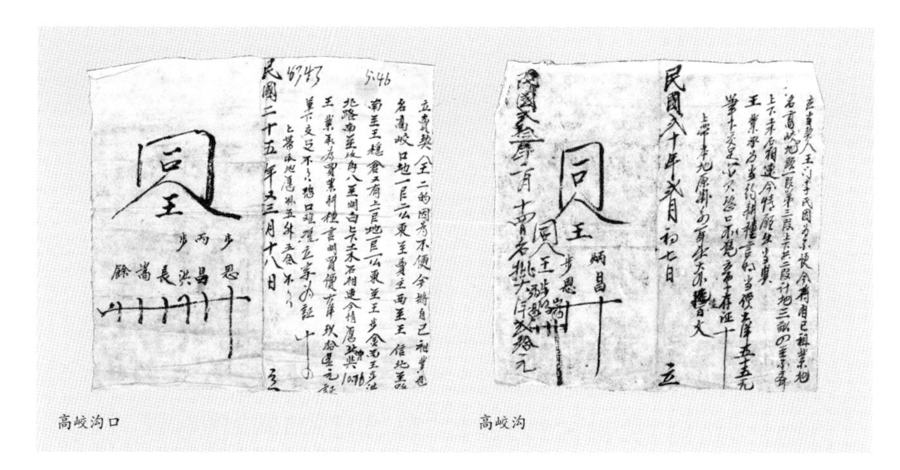

高峧沟口　　高峧沟

一进高峧沟口，人们就会想起王玉平在此打牛学武艺的传说。

王玉平，生于清嘉庆二十年（1815），卒于道光二十一年（1841），于道光乙未年（1835）考中了武举。

王玉平兄弟四人，二弟王玉栋，三弟王玉璋，四弟王玉祯，一时在王金庄成了兴门旺族。王凤城看着四个健壮如牛的儿子，便产生了让儿子习武报国的念头，但又不能让他们各个都去学艺，那样会影响农活，于是只让老大玉平下地干活，三个弟弟每天习武。因父亲不让习武，王玉平憋了一肚子火。一天，他跟大伯去高峧沟犁地，大伯见他阴沉着脸，一言不发，好像谁欠他二斗芝麻似的。地犁到一半时，玉平憋得火没处发，便拿起鞭子猛打起牛来，在一旁拚地角的大伯见玉平打牛，明白玉平的心事，上前制止他："如果你实在想去学武，我今天回去就给你父亲说明。"玉平听大伯这么一说，脸上顿时露出了笑容。

回到家中，大伯向王玉平的父亲讲了玉平的想法，父亲听后也觉得自己的做法有点欠妥。从那以后，玉平也跟着弟弟们一块去习武了。

玉平习武时和大伯吃住在一起，大伯很喜欢这个侄儿，晚上经常给玉平讲《岳飞传》《水浒传》《三国演义》《隋唐演义》等精忠报国、武能定国、文能安邦的故事，让他从小树立好男儿志在四方的雄心壮志。

王玉平上午干活，下午习武，劳武结合，终于以优异的成绩考中了第八名武举。

中举后，玉平不仅自己苦练不止，还在全村大倡习武之风，不少青少年拜在他的门下求艺。他来者不拒，认真传教，让每个习武者很快长进。可惜玉平在一次练武举重时，一不小心，几百斤重的巨石落在了他的头上，让他英年早逝。但村里由他引领的尚武之风盛行了起来。

后来，村里王玉平大儿子王炳、二儿子王慧、四弟王玉祯，以及王有库、王步標等十二名弟子先后考取了武生。

（李志琴收集，王林定整理）

1　前南洼

前南洼另包括高峧渠，共2个地名。东经113°84'，北纬36°59'，海拔807~890米。西至东不连坡，东至后南洼，南至山岭，北至高峧渠路口，为东北—西南走向，南北坡交错纵横分布，高峧渠东西走向，梯田前后分布。前南洼位于高峧沟前半截东南洼，所以被称为前南洼。

前南洼全沟共有梯田114块，总面积66.54亩，石堰总长19 149.2米。其中荒废梯田17块，面积5.76亩，石堰长1159米。区域内现有花椒树1579棵，黑枣树55棵（其中百年以上的老黑枣树1棵），核桃树53棵，柿子树6棵，杂木树21棵，石庵子4座，水窖2口。

前南洼属红黑土，抗旱、保墒性能较强，坡地为二类土地，渠洼地为一类土地。渠洼地适宜种植小麦、玉米、谷子、高粱、大豆等粮食作物，和土豆、南瓜、豆角等蔬菜。坡地适宜种植玉米、谷子、大豆等作物，但产量相对较低。均适宜种植油葵、油菜、荏的等油料作物，以及柴胡、荆芥、黄芩等中药材。尤其适宜种植花椒树、黑枣树和核桃树等耐旱果树。

（李志琴收集，王林定整理）

2 后北洼

后北洼另包括牛鼻子窟窿、香炉山，共 3 个地名。东经 113°84'，北纬 36°59'，海拔 837~980 米。东至高峧后岭，西至高峧正弯，北至山岭，南至高峧后崖根，属东北—西南走向。后北洼属高峧沟的一个支沟，位于后端，所以称为后北洼。

后北洼共有梯田 196 块，总面积 60.38 亩，石堰总长 12 505.2 米。其中荒废梯田 56 块，面积 25.75 亩，石堰长 10 063.1 米。区域内现有花椒树 2325 棵，黑枣树 180 棵（其中百年以上老黑枣树 4 棵），柿子树 95 棵，核桃树 20 棵，杂木树 12 棵，石庵子 3 座，水窖 1 口。香炉山脚下有牛鼻子窟窿 1 孔。

后北洼土地属红黑土，灰黑风化石土质，抗旱保墒性能较强，为二类土地。适宜种植玉米、谷子、高粱、大豆等粮食作物，和豆角、南瓜、萝卜等蔬菜，也相对适宜种植油葵、荏的、油菜等油料作物，以及柴胡、黄芩、荆芥等中药材。尤其适宜种植花椒树、黑枣树、核桃树等耐旱果树。

牛鼻子窟窿　相传很久很久以前，在高峧垴牛鼻子窟窿里住着一只上百岁的狐狸，因它尾巴上长有一撮白毛，当地村民都称呼它“小白”。小白为了早日修成正果，不分昼夜地帮助村民们干农活，还在十里八乡行医看病。

一年秋天，小白修炼成仙最关键的时刻，一天一位村民在牛鼻子窟窿底下收

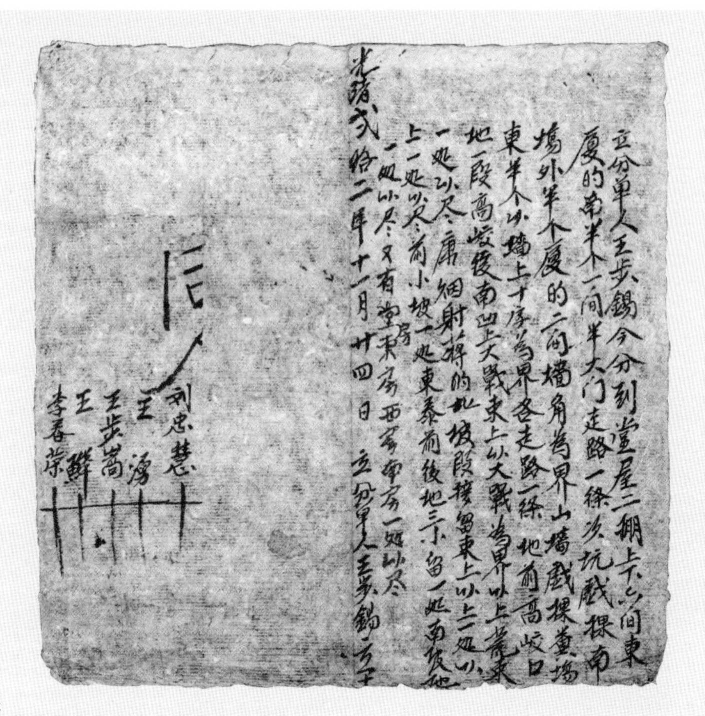

立分单人王步锡今分到堂屋二棚上下四间東
厦的南半个一间半大门走路一條汐坑戲棵南
墙外半个厦的二间墙角為界山墙戲棵董场
東半个以墙上十库為界各走路一條 地前高峪口
地一段高峪後南凹上大戰東上以大戰為界以上荒来
一处以尽庫烟射蒋的北坡段接留東上以上二处以
上一处以尽前小坡一处東秦前後地三个小留一处南後地
一处以尽又有堂東房西房南房一处以尽
光绪贰拾二年十一月廿四日 立分单人王步锡 立字

同人 刘忠慧 十
王湧 十
王步嵩 十
王麟 十
李春荣 十

后南洼

割谷子，他因昨天晚上赌博，媳妇刚和他吵了架，憋着一肚子火。而小白也正好需要凡人帮助才能修炼成功，小白拿着修仙帽子，故意冲着这位农民高喊：“戴不上，戴不上……”连喊三声，小白见这位村民没有回应，随即又喊三声，这位农民感到心烦意乱，随即出口：“戴不上扔掉！”小白听到对自己不利的话，一怒之下将帽子扔在地上，谁知这一扔还得重新修炼百年。

自从那天起，它因未能修成正果前途未卜，常常感到闷闷不乐。为了能驱赶心中的烦恼，每到晚上它就去武安冶陶喝酒赌博。

有一次，它又到冶陶去喝酒，喝得过多，返到琅矿村口打谷场上，北风一吹，一股酒气喷了出来，顿时感到头晕目眩，踉跄了几步，摔倒在地，昏迷过去。不知过了多久，它还是没能醒过来，狐狸的尾巴露了出来，被打谷场上的一只猎狗看到，一个箭步扑上去，死死咬住了它喉咙。从此，这只积德行善的狐狸就这样无果而终。

（李志琴收集，王林定整理）

3　后南洼

后南洼包括水廷南洼、锡栾北垴，是高峧沟的一部分，共 3 个地名。东经 113°84'，北纬 36°59'，海拔 837~925 米，西至前南洼后角，东至高峧正洼，南至山岭，北至高峧渠横路，属东北—西南走向，南北坡交错。

后南洼共有梯田 302 块，总面积 93.786 亩，石堰总长 29544.8 米。其中荒废梯田 44 块，面积 18.61 亩，石堰长 6517.9 米。区域内现有花椒树 3400 棵，黑枣树 200 棵，核桃树 64 棵，柿子树 12 棵，石庵子 5 座，水窖 1 口。

该沟土地属红黑土，抗旱保墒性能较强，水廷南洼属二类土地，锡栾北垴为三类土地。均适宜种植玉米、谷子、大豆、高粱、土豆、豆角等农作物，也适合花椒树、核桃树、黑枣树和桐树生长。

（李志琴收集，王林定整理）

地块历史传承情况

1　前南洼

开发　一街王全真、王秋堂、王田柱等
1976　一街大队
1982　一街王有定、王永江、王保吉等农户

2　后北洼

开发　王水廷、王稳苍、王乃定等祖辈
1946　王水廷、王稳苍、王乃定等祖辈
1956　一街二队、六队
1976　一街大队
1982　一街王书定、王书庆、王茂盛等农户

3　后南洼

开发　一街王学怀、王金寿、王献廷等祖上
1946　一街王学怀、王金寿、王献廷等祖上
1956　一街二队、六队
1976　一街大队
1982　王书庆、王书定、王茂怀等农户

温双和　摄

二十一　犁马峧沟

犁马峧沟包括北洼、南洼、东峧沟、茶桌的、菜树背五条小沟。东至上岭，与曹家安村相邻，西以井禅公路为界，南至石流碳，北与高峧沟相望。犁马峧沟地处王金庄村东北 1000 米处，呈东西走向，沟深 1200 米，南北宽 600 米，出村口沿着井禅公路，途经东坡上、前东峧沟口、东不连坡、官班地即可到达。

犁马峧沟在王金庄 24 条大沟中属于中等沟，沟内共有梯田 1349 块，总面积 252.23 亩，石堰总长 74 084 米。其中荒废梯田 292 块，面积 53.4 亩，石堰长 16 130 米。由于离村较近，管理方便，栽植花椒树 12 345 棵，在王金庄区域内，是花椒树种植较多的沟。区域内有柿子树 149 棵，核桃树 1208 棵，黑枣树 953 棵（其中百年以上的老黑枣树、核桃树达 200 多棵），桐树、椿树等杂木树 335 棵，石庵子 112 座，水窖 9 口。其中东坡垴、轿顶山、东不连坡、茶桌的均在 20 世纪六七十年代被二街大队林业队员进行了绿化。目前荒山绿化面积达 92%，真正实现了"山顶松柏戴帽，山间果树缠腰"的奋斗目标。

犁马峧沟土质分三类，一类是沟的下半截渠洼地，属红黑土，适宜一年两季作物冬小麦和晚玉米、晚谷及豆类作物；北坡上半截多属石灰岩白沙土，因石厚土薄，只适宜种谷子、豆类；南坡上半截多属红土，较适合种植土豆、萝卜、南瓜等蔬菜。都适宜种植花椒、黑枣等干鲜果树。

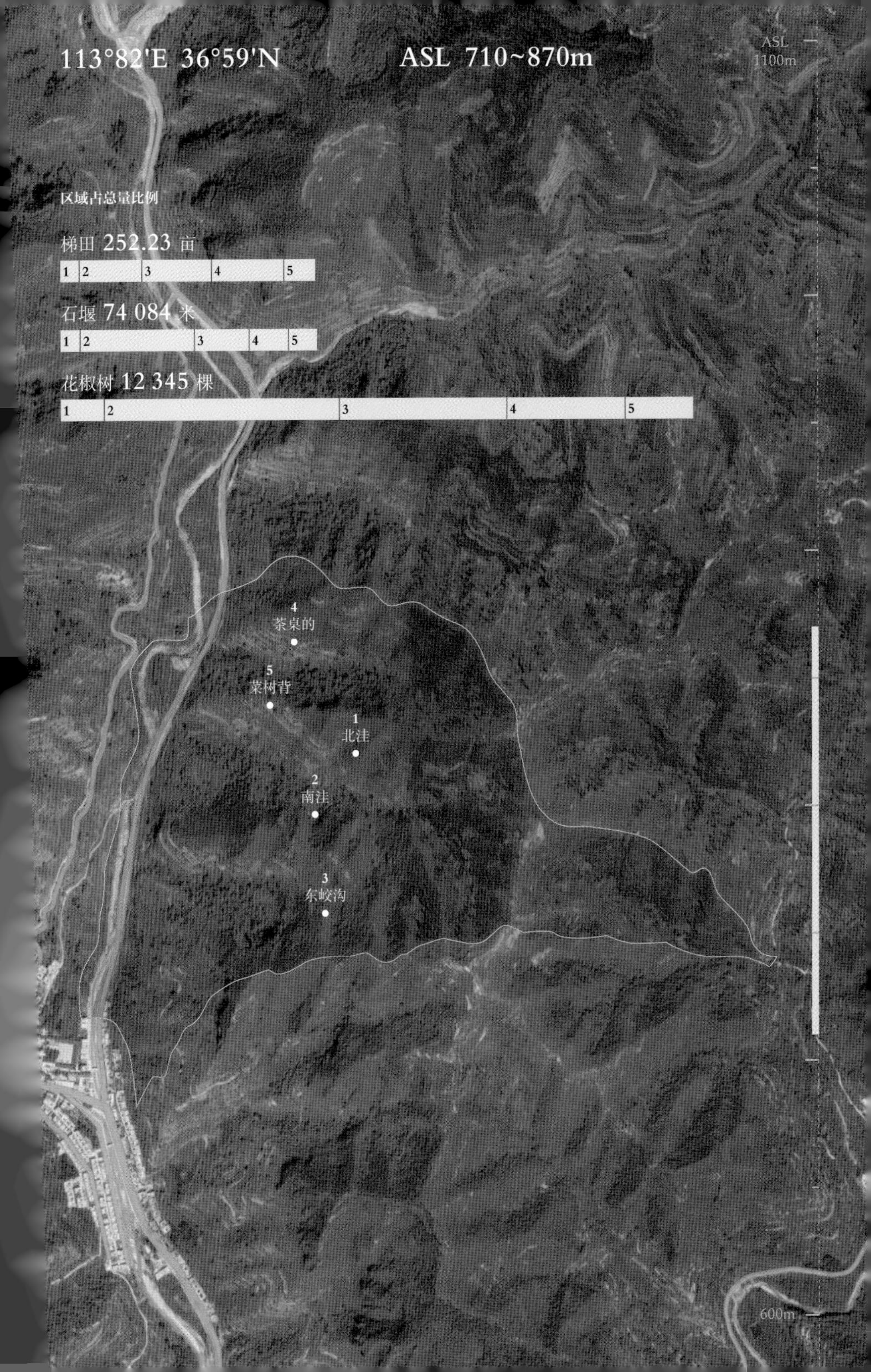
113°82'E 36°59'N
ASL 710~870m
ASL
1100m
区域占总量比例
梯田 252.23 亩
1 2 3 4 5
石堰 74 084 米
1 2 3 4 5
花椒树 12 345 棵
1 2 3 4 5
4
茶桌的
5
菜树背
1
北洼
2
南洼
3
东蛟沟
600m

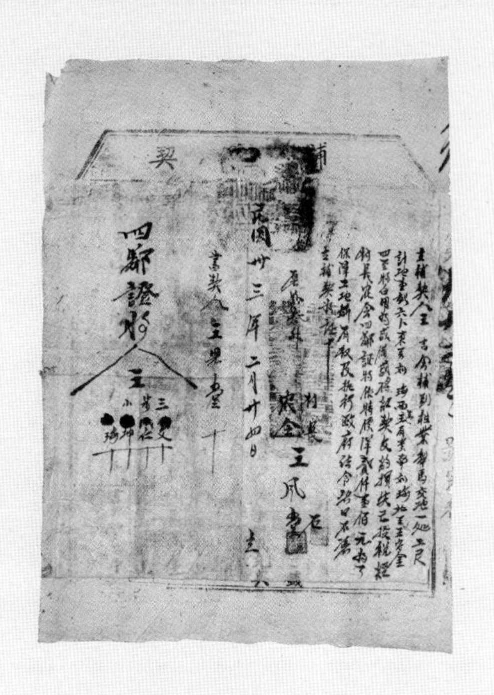

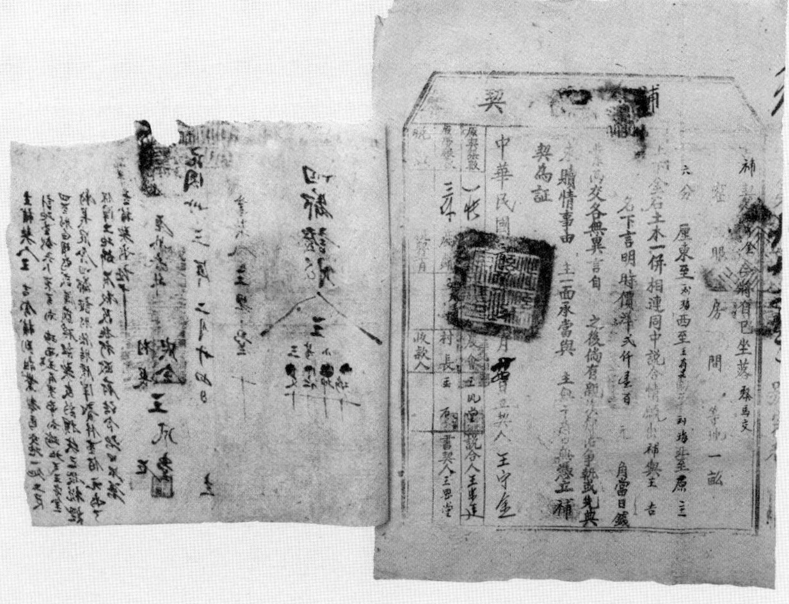

犁马峧沟

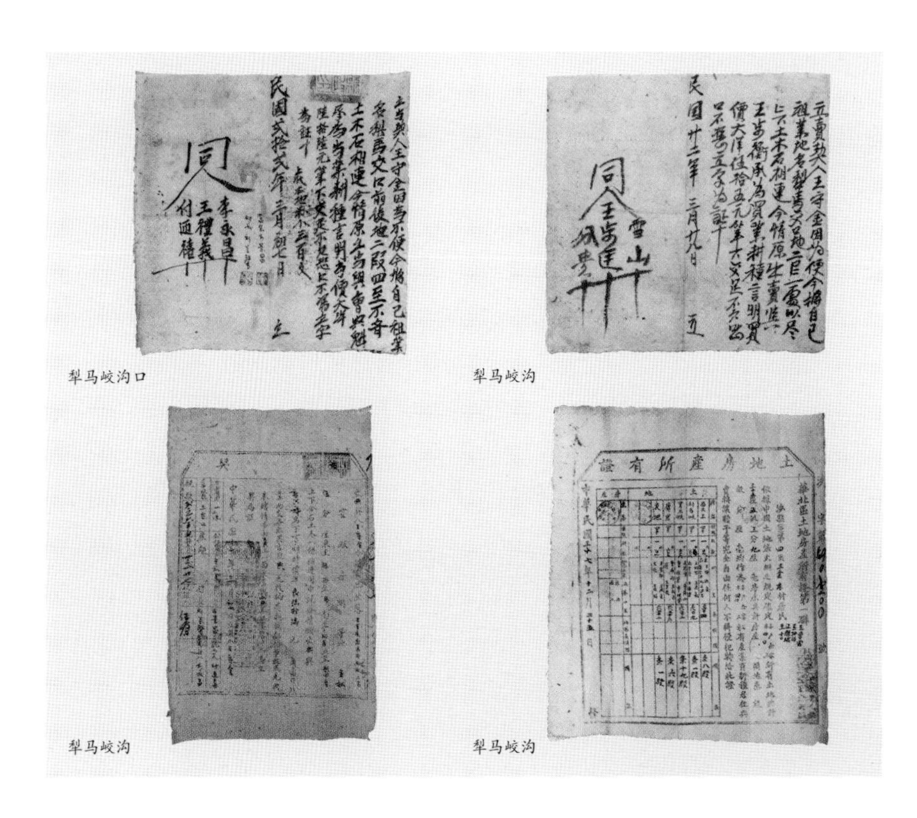

犁马峧沟口

犁马峧沟

犁马峧沟

犁马峧沟

犁马峧沟最早叫后东峧沟。相传很早以前，有个人叫王泥蛋，六岁时失去父亲，由母亲李二胖一手将他抚养成人。王泥蛋娶了大他三岁的刘三女为妻。尽管家境贫寒，但一家子非常和睦，刘三女对婆母百般孝顺。

一年秋天，李二胖上房晒萝卜条，一脚踩空梯子摔了下来，造成右小腿骨折，卧床不起。刘三女到处为她寻医问药，端屎端尿，精心伺候，婆母很快恢复了健康。平日里，刘三女每顿饭第一碗总是亲手端给婆母。冬天她怕老人冻着，缝棉衣棉裤时，总将新棉花给婆母添上，让老人过得非常舒心。

刘三女不到三十就生下三男二女。因家里人多，尽管每天起早贪黑苦干，家里总是捉襟见肘，连头老黄牛也买不起，搬运靠人扛，犁地播种靠人拉。

一年春天，地刚解冻，王泥蛋一家就到后东峧渠犁地。刘三女在中间拉主套，五个孩子老大 15 岁，最小的才 6 岁，分别在两侧帮忙，60 多岁的老母亲打坷垃。当他们犁到正中间时，犁铧掀起一块三号锅盖大小的石板。王泥蛋让媳妇和孩子停住犁，用手掀起石板，下边是一个紫红色的陶罐，里边盛着满满的一罐铜钱，一家人别提多高兴了。王泥蛋找到卖牲口的人，买了一匹马，此后一家再也不用人拉犁种地了。

因犁地犁出了一罐子铜钱，买了一匹马，人们就将后东峧沟叫成了犁马峧沟。

（王树梁收集整理）

1　北洼

北洼另包括官班地、东台上、东不连坡和上岭，共 5 个地名。东经 113°84'，北纬 36°59'，海拔 780~890 米。东至山岭，西至太行山高速辅线，北至沟中主路，南与高峧山梁相连，处于犁马峧沟阳坡地带，呈西北—东南走向。由于北洼在犁马峧沟的北面，人们便根据该洼的地理位置，称其为北洼。

北洼全沟共有梯田 136 块，面积 18.4 亩，石堰总长 5580 米。其中撂荒地 42 块，面积为 4.7 亩，石堰长 3510 米。区域内现有花椒树 841 棵，黑枣树 79 棵，核桃树 50 棵，柿子树 13 棵，杂木树 29 棵，石庵子 16 座，水窖 1 口。

北洼土质主要为红土，部分为红白相间，土层较厚，土壤肥沃，耐旱能力强。渠洼地适宜种植玉米、谷子、豆类、高粱等粮食作物，和豆角、土豆、白菜、萝卜等蔬菜。坡地地势陡峻，地块逐渐变窄，面积减小，较贫瘠，适宜种植耐旱的花椒树、核桃树、柿子树、黑枣树等树木，油菜、荏的、油葵等油料作物，和玉米、谷子、大豆、高粱等粮食作物。玉米和谷子需轮作倒茬。

官班地　因此处有两块地形状酷似棺材板，故叫“棺板地”。后人们又嫌棺板不吉利，就写成了“官班地”。官班地东至井禅公路，西至崖底下河，前至猪牛河，后至石岗河。此处较大的两块地，土厚质肥，是种植小麦、玉米的高产地。

（曹纪滨收集，王树梁整理）

2　南洼

南洼另包括南沟、渠洼地和上垴，共 4 个地名，东经 113°83'，北纬 36°59'，海拔 722~850 米。东至山岭，西至太行山高速连接线，北至沟中路，南至山岭，处于犁马岭沟阴坡地带，呈东北—西南走向。南洼与北洼相对，由于南洼在犁马岭沟南边，所以以方位取名为南洼。

南洼全沟共有梯田 487 块，总面积 62 亩，石堰总长 33 360 米。其中荒废梯田 78 块，面积 11.7 亩，石堰长 6520 米。区域内现有花椒树 4624 棵，核桃树 403 棵，黑枣树 398 棵，柿子树 81 棵，杂木树 182 棵，石庵子 47 座。

南洼土质主要为红土，部分红白相间，土层较厚，土壤肥沃，耐旱能力强。渠洼地适宜种植玉米、谷子、豆类、高粱等粮食作物，和豆角、土豆、白菜、萝卜等蔬菜。坡上地势陡峻，地块逐渐变窄，面积减小，较贫瘠，适宜种植耐旱的花椒树、核桃树、柿子树、黑枣树等树木，油菜、茬的、油葵等油料作物，和玉米、谷子、大豆、高粱等粮食作物。玉米和谷子需轮作倒茬。

很久以前，从江南来了一个叫裴利的取宝人，他走遍了大江南北，获取了无数奇珍异宝。有一次，他去山西高平取宝，路过王金庄，因天黑住了下来，晚上在店里与店掌柜等几人谈天说地，店掌柜说起村东坡轿顶山金牛推磨的传说。取宝人听罢，故意激将道：“这可不算啥，我们老家有一个‘夜明珠’，每天晚上闪闪发光，照亮了周围的山村，如同白天一样。”掌柜和村民听取宝人这么一说，果然不服气：“那算什么，只不过是能放光而已，解决不了什么问题。我们村东轿顶山里的金牛磨面，磨出的面粉全是金面，连牛拉下的粪便也是银子，尿也能变成黄铜。谁有本事将金牛取出来，那可有一生享不完的富贵。”取宝人听后心里暗喜，紧接着往下询问：“此宝在何处？”一位村民连忙回答：“在对面东峧沟轿顶山里面。”

第二天，取宝人来到轿顶山，在山的周围转了几圈，顺手拿了一块石板，画下了地形图。

午夜时分，他收拾取宝之物，摸黑来到轿顶山山脚下，拿出白天在石板上画的地形图，用火镰点燃一炷香，借着香火在石板上寻找取宝口。他找到后，一边侧耳静听，一边口念咒语：“芝麻芝麻门开开，金牛推磨随我来……”一道金光闪过之后，一声巨响，山门顿开，一头金光四射的金牛拉着石磨正在转圈。取宝人顿时目瞪口呆，随即把预先画好的符帖按照东、西、南、北方位粘到轿顶山的四周，然后用金木水火土之类的旗帜插在轿顶山各个方位。此时，就听到金牛长啸一声，随即停下脚步，四肢越变越矮，身子也越变越小，直至变成了高一拃，长一尺的小金牛。取宝人将金牛扣在他的取宝匣内，盖好盖，星夜匆匆离去。

自从金牛被取走以后，人们再也听不到金牛推磨的声音了。当年金牛拉磨磨出的金粉、拉的屎变成的银面、拉的尿变成的铜渣，转变成北起龙虎、南至清漳河边宽丈余、长百里的合金铜矿线。这些宝藏至今未被开采。

（曹纪滨收集，王树梁整理）

3　东峧沟

东峧沟另包括狐东坡、南坡、北坡、轿顶山、东峧门、前东坡、后东坡，共8个地名。东经113°83'，北纬36°59'，海拔684~844米。东至上岭，西至太行山高速连接线，南至东坡，北至狐东坡，处于犁马峧沟阳坡地带，呈东北—西南走向。

东峧沟全沟共有梯田420块，面积69.33亩，石堰总长15 909米。其中撂荒梯田30块，面积10亩，石堰长1200米。区域内现有花椒树3262棵，黑枣树156棵（其中百年以上黑枣树5棵），核桃树153棵（其中百年以上核桃树6棵），柿子树22棵，杂木树18棵，石庵子5座，水窖1口，石灰窑2座。

东峧沟土质为红黑土，土层厚，土壤肥沃，耐旱能力强。渠洼地适宜种植玉米、谷子、豆类、高粱等粮食作物，和豆角、土豆、白菜、萝卜等蔬菜。上洼梯田地块逐渐变窄，面积逐渐减小，适宜种植耐旱的花椒树、核桃树、柿子树、黑枣树等果树，油菜、荏的、油葵等油料作物，和玉米、谷子、大豆、高粱等粮食作物。

4　茶桌的

茶桌的另包括正洼和上塧，共3个地名。东经113°84'，北纬36°59'，海拔720~804米。东至山岭，西至太行山高速连接线，南至沟中路，北与茶桌的山梁相连，处于犁马峧沟阳坡地带，呈西北—东南走向。

茶桌的全沟共有梯田187块，面积71.8亩，石堰总长11 085米。其中荒废梯田62块，面积15亩，石堰长2400米。区域内

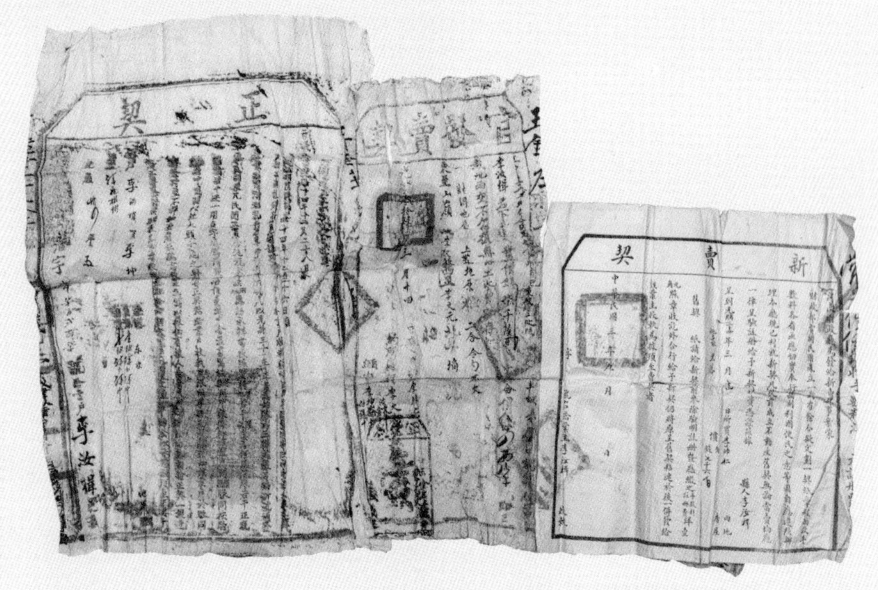

正契

官發賣契

新賣契

犁马峧东坡

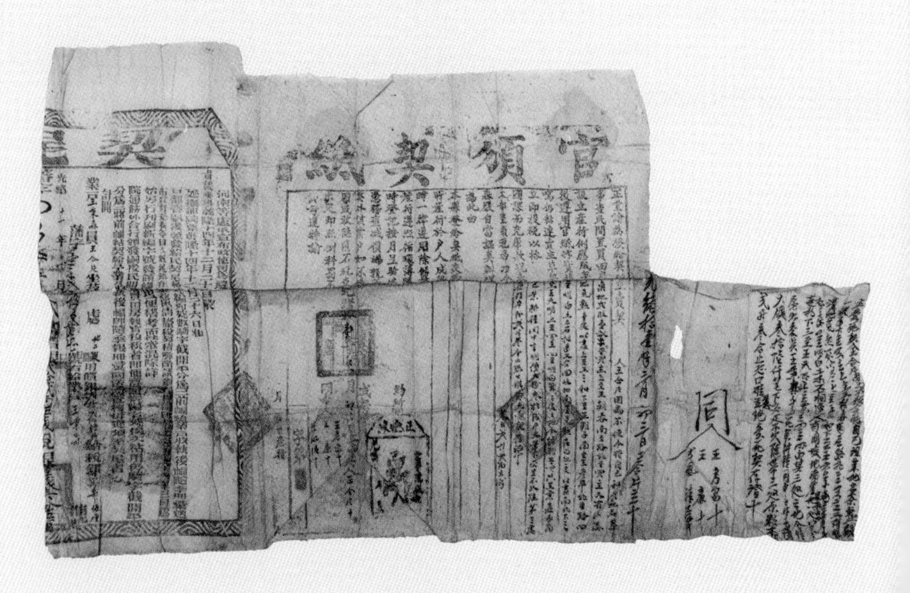

契

官頒契紙

犁马峧茶桌的

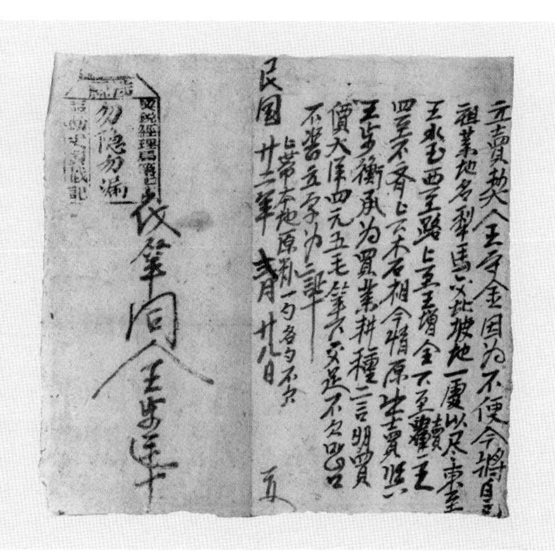
立賣契人王守金因為不便今將自己
祖業地名犁馬峧北坡地一處以及東至
王永玉西至路上至王增金下至[illegible]
四至不[illegible]上下木石相連今情願出賣與
王步衡承為買業耕種言明賣
價大洋四元五毛筆下交足不欠
不[illegible]立字為証
上帶本地原糧一勺[illegible]
民國廿二年三月廿八日 立
代筆同人王步[illegible]
勿隱勿漏

犁马峧北坡

现有花椒树 2307 棵，核桃树 332 棵，黑枣树 141 棵，柿子树 19 棵，杂木树 59 棵，石庵子 29 座，水窖 1 口。

茶桌的土地属红白相间土，土层较厚，土壤肥沃，耐旱能力强。渠洼地适宜种植玉米、谷子、豆类、高粱等粮食作物，和豆角、土豆、白菜、萝卜等蔬菜。山坡梯田地势陡峻，地块逐渐变窄，面积逐渐减小，较贫瘠，适宜种植耐旱的花椒树、核桃树、柿子树、黑枣树等果树，油菜、荏的、油葵等油料作物，和玉米、谷子、大豆、高粱等粮食作物。玉米和谷子需倒茬轮作。

从前，在王金庄没有茶桌的这个地名，因沟内靠背坡的一面坡上长着一坡菜树（学名橡树），人们就称这条沟为菜树背。在菜树背的半坡路堰根，长着一棵上百年的大菜树，树下有一张天然石桌子，人们走累了，总坐到石桌子旁边休息一会儿。

清道光年间，一街东场上住着王怀榜一家，他有三个儿子，老大王有仓、老二王有库、老三王合旦。他家祖上在菜树背留下来一片荒坡，王怀榜一有空闲就带着孩子们到山上修梯田。

老人别无他求，只有两点爱好，一是喜欢伸拳舞棒，和孩子们一块儿习武；二是爱好品茶，只是再好的外来茶他一口不喝，只喜欢喝自采的连翘茶。每天往地走时，他总提上一壶，到大菜树下，将茶壶放到石桌子上，一边品茶，一边看孩子们对打摔跤，指导他们如何出手，怎样接招，练一阵子再去劳动。
经王怀榜言传身教，三个孩子中数老二有库悟性最好，进步快，老大有仓次之，老三不是练武的材料。由此他就着重辅导老二有库。冬闲时，他还从更乐请武术高手到家里指导。皇天不负有心人，经过数年的冬练三九，夏练三伏，王有库终于在道光年间河南彰德府参加乡试时一举考中武生。
因王怀榜是在大菜树下石桌子旁边喝茶边指导孩子们练功，人们就将茶桌的叫成了此沟名。

（曹纪滨收集，王树梁整理）

5　菜树背

菜树背另包括前南坡、后南坡和茶桌堖，共 4 个地名。东经 113°83'，北纬 36°60'，海拔 720~814 米，上至山岭，下至太行山高速连接线，前与东峧的山梁相连，后与北洼沟中路相连。处于犁马峧沟阴坡地带，呈东北—西南走向。
菜树背全沟共有梯田 119 块，面积 30.7 亩，石堰总长 8150 米。其中荒废梯田 50 块，面积 12 亩，石堰长 2500 米。区域内现有花椒树 1311 棵，核桃树 270 棵，黑枣树 179 棵，柿子树 14 棵，杂木树 37 棵，石庵子 15 座，水窖 1 口。
菜树背土地主要为红土，部分为红白土相间，土层较厚，土壤肥沃，耐旱能力强。洼地适宜种植玉米、谷子、豆类、高粱等粮食作物，和豆角、土豆、白菜、萝卜等蔬菜。坡地地势陡峻，地块逐渐变窄，面积逐渐减小，较贫瘠，适宜种植耐旱的花椒树、核桃树、柿子树、黑枣树等果树，油菜、荏的、油葵等油料作物，和玉米、谷子、大豆、高粱等粮食作物。玉米和谷子需轮作倒茬。

关于菜树背的由来有两种说法。一种是原来在此沟的背坡上长着许多菜树，因此叫成了菜树背。第二种说法是由于菜树背距村较近，土层较厚，土壤肥沃，适宜种植多种蔬菜，过去人们生活贫困、缺衣少吃，这条沟种植的蔬菜就是人们的主要食材。因此，人们便把这条沟取名为“菜蔬背”，后来逐渐演变成“菜树背”。

（曹纪滨收集，王树梁整理）

地块历史传承情况

1 北洼

开发 王全来、李碾心、王老文等祖上
1946 王全来、李碾心、王老文
1956 一街、二街大队
1976 二街大队
1982 二街王晚柱、王起怀、王爱魁等农户

2 南洼

开发 王稳堂、王永吉、王小孩等祖上
1946 王稳堂、王永吉、王小孩等祖上
1956 一街、二街大队
1976 二街大队
1982 二街王成录、王加怀、王定水等

3 东峧沟

开发 王全有、王福堂、赵文榜等祖辈
1946 四街二队、五队
1956 四街
1976 四街大队
1982 四街曹彦云、曹勤如、曹爱明等农户

4 茶桌的

开发 王金水、曹现京、王守金等祖上
1946 王金水、曹现京、王守金
1956 一街、二街大队
1976 二街大队
1982 二街王丙文、王书祥、王成录等

5 菜树背

开发 王全有、王全民等祖上
1946 王全有、王全民等
1956 一街、二街大队
1976 二街大队
1982 二街王金太、王爱洋、曹路怀等农户

涉县农业农村局提供

二十二　石流硖

石流硖是王金庄 24 条大沟之一，沟内共分石流硖北沟、石流硖南沟、耧斗硖、盲人梯田、小石榴湾 5 条小沟。东过岭与拐里村山地接壤，西至高速公路连接线，北与东坡上相连，南至长角湾，和庙角相接。

石流硖沟位于王金庄村东面，紧挨村庄，呈东北—西南走向。南北沟坡、沟尖相邻，坡上下连接，两沟夹一山，沟深 500 米左右，自古以来是一条泥石流多发沟。仅 1996 年和 2016 年两次洪灾就有多处泥石流在此发生，人们便把此沟叫成了“石流硖”。石流硖是全村地名中带硖字最多的一条沟，另有北硖、耧斗硖等。

区域内共有梯田 773 块，总面积 188.1 亩，石堰总长 60 068 米。其中荒废梯田 43 块，面积 34.02 亩，石堰长 9049 米。共有花椒树 6832 棵，黑枣树 532 棵（其中百年以上黑枣树 3 棵），核桃树 198 棵，柿子树 59 棵，杂木树 58 棵，水窖 3 口，石庵子 8 座。其中盲人梯田尤为壮观。

石流硖土质为红黑土，由于地块狭窄，坡渠地少，适宜种植小麦、谷子、玉米、高粱、大豆等粮食作物以及各种蔬菜，也盛产干鲜果。石流硖范围内山坡对峙，沟硖相接，错综复杂，土壤瘠薄，加上施肥不均等不利因素，10 年里有 9 年种上的庄稼会倒伏，在崖旮旯尤其如此。加上温差较大，干旱少雨，宜种植矮

113°84'E 36°58'N
ASL 700~982m
ASL
1100m
区域占总量比例
梯田 188.1 亩
1
2
5
石堰 60 068 米
1
2
5
花椒树 6832 棵
1
2
5
1
石流硖北沟
2
石流硖南沟
3
楼斗硖
4
盲人梯田
5
小石榴湾
600m

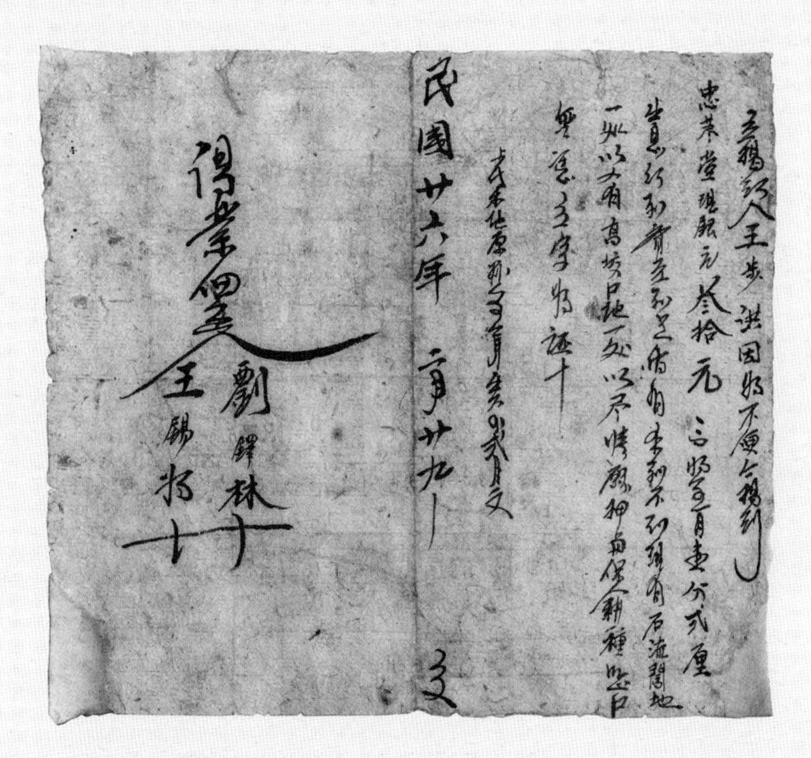

石流硤

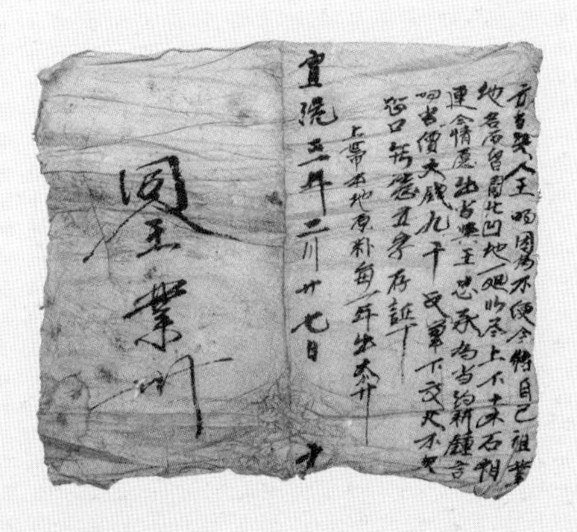

石流硤北洼

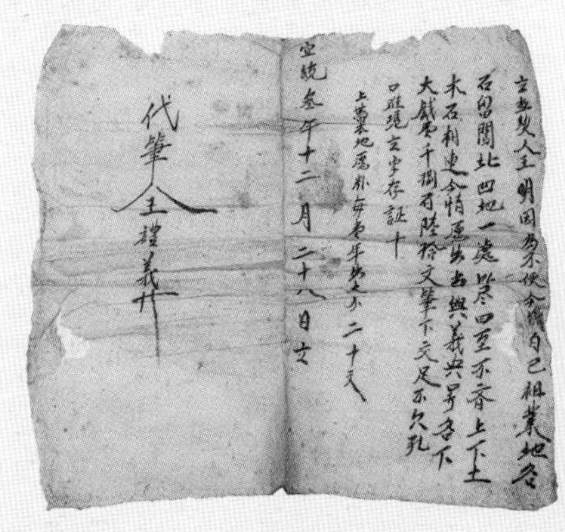

石流硤北洼

秆、抗旱、抗倒伏的优良农作物。这里的土壤普遍缺磷，应尽量在施肥上采取农家肥与磷酸二氢钾相配合的方法，起到改良土壤、培肥地力，低成本增产增收的效果。

（王景莲、王林定收集，王树梁整理）

1　石流磢北沟

石流磢北沟另包括崖旮旯、石流磢垴，共 3 个地名，东经 113°84'，北纬 36°58'，海拔 704~864 米。上至山垴，下至南北沟岔路口，北至耧斗磢，南至主心角，属东西走向，南北坡纵横交错分布。据王景莲收集、王林定整理，石流磢北沟在石流磢北边，所以称之为石流磢北沟。

全沟共有梯田 464 块，总面积 102.35 亩，石堰总长 27 970 米。其中荒废梯田 15 块，面积 6.15 亩，石堰长 1975 米。最大的地块有 5 分多，最小的只有几厘。区域内共有花椒树 4331 棵，黑枣树 142 棵（其中百年以上黑枣树 1 棵），核桃树 43 棵，柿子树 17 棵，桃树 1 棵，杂木树 28 棵，石庵子 2 座，水窖 2 口。

石流磢北沟属黑土，耐旱耐瘠薄，水土保持性状好。崖旮旯为二类土地，石流磢垴为三类土地。均适宜种植玉米、谷子、高粱、大豆等粮食作物，和豆角、南瓜、土豆、红薯、萝卜、白菜等蔬菜，也适宜种植油葵、荏的、油菜、芝麻等油料作物，较适宜种植柴胡、黄芩、远志、荆芥等中药材，最适宜栽种花椒树、黑枣树、核桃树等果树。

2　石流碳南沟

石流碳南沟另包括南拐角、东岭、龟山（又叫纱帽山）、北碳、前坡上，共 6 个地名。东经 113°84'，北纬 36°58'，海拔 719~884 米。上至山岭，下至南北沟岔路口，北至主心尖，东至山岭，呈南北走向，因地处石流碳南面，所以被称为石流碳南沟。

全沟共有梯田 131 块，总面积 34.52 亩，石堰总长 13 899 米。区域内共有花椒树 1747 棵，黑枣树 310 棵（其中百年以上黑枣树 2 棵），核桃树 139 棵，柿子树 7 棵，杂木树 13 棵，石庵子 3 座。最明显的标识是太行梯田最高的一块石堰（高 7.9 米）。最大的地块面积不足 5 分，最小的不足 2 厘。

石流碳南沟土地属黑土，是黑色风化石灰岩形成的，耐旱，耐瘠薄，水土保持性能良好。下半沟为二类土地，上半沟为三类土地。均适宜种植玉米、谷子、高粱、豆类等粮食作物，和土豆、豆角、南瓜、萝卜、白菜等蔬菜。也适宜种植油菜、油葵、芝麻、荏的等油料作物，和柴胡、黄芩、远志、荆芥等中药材。更适宜间作花椒树、黑枣树等。东岭至山林野生柴胡、远志、苍术颇多，野生中药材资源丰富。

龟山　　龟山是石流碳南沟与小石榴洼之间的一座山，上至东岭，下至井禅公路，东至小石榴，西至石流碳。站到对面槐树皎观看，其山形酷似一顶纱帽，站到康岩坡往东北看，又酷似一只由北向南爬行的老龟，有龟头、龟背，活灵活现。由此人们称此山为“龟山”或“纱帽山”，称山顶为“鳖盖的”。20 世纪 60 至 70 年代，一街村组成了林业队，对龟山进行绿化，植松柏 10 000 多棵，花椒树 5000 多棵，柿子树、黑枣树、核桃树 1000 多棵，使龟山成为一街村主要林果产区之一。龟山下半部多梯田，适宜种植小麦、玉米、谷子等粮食作物及豆角、南瓜等蔬菜。

（王景莲收集，王林定整理）

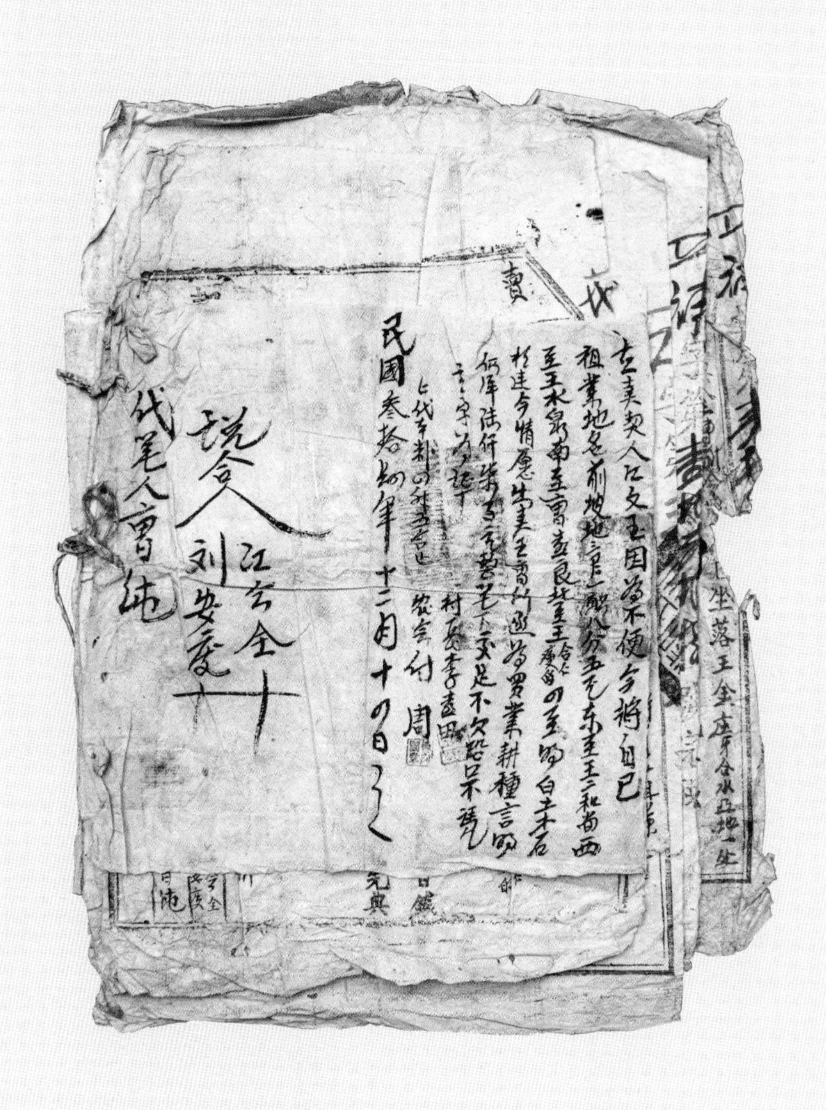
立卖契人江文玉因为不便今将自己
祖业地名前坡地地二段八分五厘东至王二和西
至王永泉南至曹孟良北至王合仝庚西四至明白土木石
相连今情愿出卖于曹纯名下为业耕种言明
价洋法币柒万元整笔下交足不欠恐口不凭
立字为证
代笔人刘安庆
村长李孟田
农会 付周
民国叁拾伍年十二月十四日立
说合人 江会全十 刘安庆十
代笔人曹纯

石流碶前坡

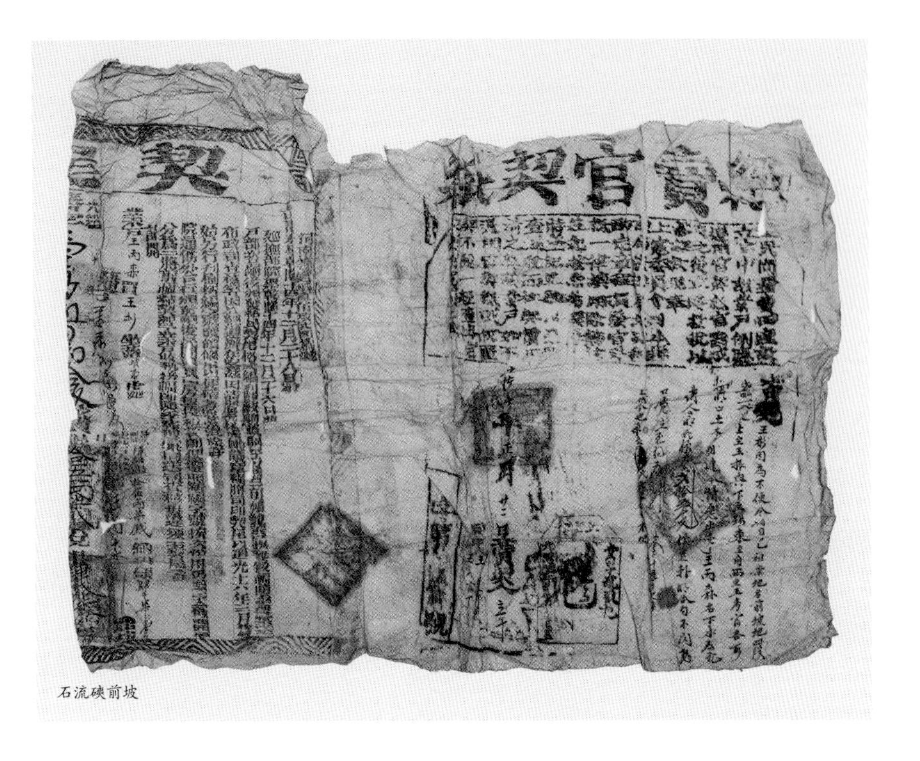
石流碳前坡

3 　楼斗碳

楼斗碳，东经 113°81'，北纬 36°58'，海拔 700~865 米。北至山垴，南至盲人梯田，东至崖旮旯，西至东坡上，属东北—西南走向，南北纵横交错分布，位于石流碳东南走向的北沟的一面碳上。楼斗碳上部因泥石流冲击，只剩下大小不一的石头，没法造较多的田。全碳只有梯田 15 块，面积 4.5 亩，石堰总长 125 米。最大地块面积不过 4 分，最小的只有几厘。楼斗碳有石庵子 1 座。从远处看，此地地形极似楼斗形状，故称楼斗碳，这也是此地最明显的标识。

楼斗碳土地属黑土，耐旱，耐瘠薄，水土保持性能良好，为二类土地。适宜种植玉米、谷子、高粱、豆类等粮食作物，和豆角、南瓜、萝卜等蔬菜，也适宜种植油葵、茌的、油菜等油料作物，以及柴胡、黄芩、荆芥等中药材，最适宜间作栽种花椒树和黑枣树等耐旱果树。

过去，孩子们都会在星期天到楼斗磢玩抛石头的游戏。从山顶掀起厚厚的石头，看谁抛得最远，石头溅得最高，能溅几个抛物线。每抛一个石头，会有少至一个、多至三个抛物线。每次石头都会飞向地界边缘。

（王景莲收集，王林定整理）

4　盲人梯田

盲人梯田另包括西坡，共 2 个地名。东经 113°80'，北纬 36°58'，海拔 700~720 米。上至楼斗磢，下至渠地，东至北沟，西至前东坡，属东北—西南走向，南北坡分布。此田由盲人所修建，所以被称为盲人梯田。

盲人梯田共有梯田 5 块，面积 1.8 亩，石堰总长 125 米。每一块田地面积在 3 分左右。盲人梯田最明显的标识是有一处石屋岩，可为人们遮风挡雨。

盲人梯田土质属黑土，耐旱，耐瘠薄，水土保持性能良好，为二类耕地。适宜种植玉米、谷子、南瓜、豆角等作物。最适宜间作栽种花椒树、柿子树、黑枣树。

每当人们到石流磢做地时，就会一眼望见盲人苏泰福修的梯田。民国初年，邢台沙河县有个叫苏泰福的盲人，因早年丧父，家遭不幸，为了谋生，他撇下两个弟弟泰禄、泰寿和老母亲，来到了王金庄，晚上就住在了二街王富堂家中。由于他为人正直憨厚，久而久之不但乡亲们都来找他算卦，还有不少乡民的儿子认他做干爹。他对王金庄也有了深厚感情，所以决定在此扎根。一天，他对王富堂说："你给我帮个忙吧。"他把买坡修地的打算一五一十全说了出来，富堂听后说："你要能吃下这个苦，这个忙我算帮定了。"

富堂帮泰福从二街村上买到了一片荒坡。自那以后，他白天算命，晚上去修梯田。经过两年的苦战，他修起了三四块长十多丈、高约七八尺、宽丈余的石堰梯田。第一片坡修完后，他又让富堂从石流碳给买了两片，一片在岭的这边，一片在岭的那边。他就像愚公一样，每天修田不止。

他在垒堰时，遇到一块大石头，就用铁撬慢慢将石头撬起，然后再用小石头垫在下面，一步一步往起撬。但他有时只顾往上撬石头却顾不上垫小石头，一不小心，撬嘴脱落，石头落下，将其手指碾破，鲜血直流。尽管这样，他也顾不上喊疼，只是抓一把土，捂在伤口处，撕下破碎的袖口简单包扎后，继续垒堰。有一次，他用撬棍在山坡上撬石头时，因用力过猛，撬嘴脱落，从山坡圪台上摔了下来昏了过去。不知过了多久，他才慢慢苏醒过来。

一年冬天，他在石流碳垒堰时，遇上一块长五尺、宽四尺、厚尺余的大石头。他用明杖棍子做了比对后，先将大石头周围的土和碎石抠掉，然后将大石头下面的土石用镢头慢慢掏去。当他掏了一半之后，镢头够不着了，他就爬到大石头下面去掏。眼看大石头失去了重心就要落下来，他还全然不知。就在这千钧一发之际，到石流碳干活的刘有顺和父亲刘美正好经过，见状上前一把揪住泰福的后衣襟将他从石头底下拖了出来。这时，大石头轰隆倒地。泰福很感激他父子俩及时救了自己的性命。

功夫不负有心人，经过十数年的辛勤劳动，苏泰福买下的荒坡全部修成了梯田，面积约五亩多。他也因修梯田积劳成疾，于1953年5月6日病故于王富堂家中，享年59岁，由王岩后、王锡禄、刘合锅等几个干儿将其葬于村东坡上一个地角，并立碑为志。
泰福过世了几十年，但他修的梯田还在，他勇于吃苦、坚忍不拔的精神一直在民间传颂。

（王景莲收集，王林定整理）

5 小石榴湾

小石榴湾另包括长角湾、小石榴角、小石榴垴和庙角，共5个地名。东经113°84'，北纬36°58'，海拔864~982米。上至山林，下至月亮湖水库，东至拐里，西至前坡上，属东北—西南走向，分布在东西坡。
小石榴湾共有梯田158块，总面积44.93亩，石堰总长17 949米。其中荒废梯田28块，面积27.87亩，石堰长7074米。区域内共有花椒树754棵，黑枣树80棵，柿子树35棵，核桃树16棵，杂木树17棵，石庵子3座，水窖1口。地块最大的面积4分多，最小的不过2厘。最明显的标识是天然形成的弹花锤一处，以及在小石榴尖下太行高速连接线路下埋藏着的一处天然形成的黄龙形状图案。
小石榴湾属黑土，耐旱，适宜种植玉米、谷子、高粱、豆类等粮食作物，和红薯、土豆、南瓜、豆角、萝卜、白菜等蔬菜，也适宜种植油葵、油菜、荏的、花生等油料作物，以及柴胡、黄芩、远志、荆芥等中药材，更适合间作栽种花椒树、黑枣树、柿子树等。

长角湾　自从哪吒闹海风波平息后，龙宫又回到往常的平静。
可是，一波未平一波再起。龙宫又发生了住房紧张的问题。经连年战乱，民不聊生，龙宫也费用紧缺，哪里还有余力建造宫院？这件事把龙王愁得吃不好、睡不下，最后小黄龙出了个主意，建议父王让部分龙子龙孙搬出去住。小黄龙、小青龙、小黑龙等主动报了名。

这日，小黄龙一行从东海出发，朝太行山秦晋方向而来。经数日行走，小青龙、小黑龙分别在怀庆府龙泉山和涉县、武安与辽县接壤的青塔找到了安身之地，只有小黄龙还没着落。

小黄龙与兄弟几个分手后，翻山越岭，走到了涉县王金庄境内，眼前出现了一条长长的大山湾，犹如半月弯弓。再看看对面山坡上有一天柱山穿入云间，南坡上有位石爷爷在那里稳如泰山，还有那驼峰岭前搁笔架，更有康岩河中的张果老饮驴潭绿水依依，沟口两侧耸立两座小山，既像天然两扇门，又像把门的秦琼、敬德二位英雄，这让小黄龙喜不自禁。

六月天气闷热如蒸笼，小黄龙又转了一道弯，路边有棵小石榴树，它就坐在树下脱下了鞋，解开裹脚带，晾脚休息。河水碧波荡漾，波光粼粼。小黄龙起身到河边洗身子，他突然灵机一动：有河流必有洞穴。他缠好脚，顺溪而上。刚走几步，因脚滑不小心摔倒，仰卧在地，从此石榴角路边留下了一个黄龙身印儿。

小黄龙终于在大南沟口找到了河流的源头，水从一天然石洞流出来，周围树木茂密，山势险峻，正是小黄龙要找的理想去处，于是它便住了进去。此洞被称为黄龙洞。

传说小黄龙在小石榴角石榴树下休息时脱鞋缠脚，所以此地被称为“缠脚湾”，后来衍化成了“长角湾”。

庙角　　庙角位于村东南方向，距村庄 1500 米，因山岭上有座庙而得名。

早在 20 世纪 70 年代，庙角就已成为王金庄公社多次重要会议的会场。1972 年，王金庄公社成立了农机修造站，集中三盘烘炉，打造传统农具，支援农业发展。1976 年农机站架上了高压线，购置了弹簧锤、车床，配备了简单的农机具。1977 年冬，农机站改为轴承厂，王金庄先后有 80 多名青年到轴承厂上班。厂长王松怀注重管理，更重视技术革新，他每隔一段时间就出去学习，参观考察新的技术和管理方法。2000 年，轴承厂产值突破 1000 万元，年均为国家和集体完成利税 30 万，产品遍销新疆、湖南、江西等全国 25 个省级行政区。从 1996 年开始，该厂还走出国门，产品远销泰国、印尼等国家和地区，职工年收入都在 6000 元以上，年创外汇 20 万美元。

随着时代的发展，王金庄公社的社办企业接连兴起。1981 年，王金庄公社与枣强县联合创建了戏剧服装刺绣厂，全社有 40 名女青年到该厂上班，为涉县刺绣技术填补了空白，同时，也培养了一批优秀刺绣人才，如王淑琴、王金梅、赵海梅、曹社鱼、付玉琴、王未琴、王海琴、王所梅、曹强只等。

（王景莲收集，王林定整理）

地块历史传承情况

1　石流碘北沟

开发　一街王立、王业、王学芳等祖辈
1946　一街王立、王业、王学芳等
1956　一街四队、五队
1976　一街四队、五队
1982　一街四队王爱吉、王林定、王榜魁等农户

2　石流碘南沟

开发　一街王全堂、王木形、王乃堂，二街王双红，三街曹社元，四街李社明等祖上
1946　一街王全堂、王木形、王乃堂，二街王双红，三街曹社元，四街李社明等祖上
1956　一街二队、五队
1976　一街五队
1982　一街王海元、王书平等农户耕种；前坡上由王书廷、王彩顺等农户耕种

3　楼斗碘

开发　二街王沙堂开发
1946　二街王沙堂开发耕种
1956　二街大队
1976　一街四队
1982　一街王榜魁、王旭国等农户

4　盲人梯田

开发　苏泰福
1946　苏泰福
1956　二街大队
1976　一街四队
1982　一街四队村民王桃顺、王晚元等农户

5　小石榴湾

开发　王步敖、王乃堂、王刘所等祖辈
1946　王步敖、王乃堂、王刘所等
1976　二街大队
1982　二街付秋改、王海洋、付所柱等农户

温双和　摄

二十三　康岩沟

康岩沟包括小道皎、大道皎、正皎沟、洞沟、石谷洞皎、泄泽的、梨树洼7条小沟。东与西坡村地域接壤，西与五街小南东皎沟相连，南至山岭，北至康岩大路。位于王金庄村东南方向，距离村庄1500米。该沟呈西南—东北走向。南北坡，山头对峙，群峰相映，沟坡衔接，沟岭相连，岭堖相掺，纵横交错。进入康岩沟经过槐树皎、青黄皎、一百柿树坡、康岩坡、庙岭、康岩角、正皎、南岭，沟长2000余米。

全沟共有梯田1194块，总面积389.63亩，石堰总长94 379.99米。其中荒废梯田356块，面积71.7亩，石堰长26 586.2米。区域内共有花椒树9282棵，核桃树661棵，黑枣树514棵（其中百年以上老黑枣树56棵），柿子树31棵，杂木树147棵，上千年的狐仙洞1孔，上百年的古庙1座，上百年的老鹰巢穴1处，水窖12眼，石庵子29座。

康岩沟土质属红黑土，山地广阔，沟深坡陡，渠地肥沃，南坡（大小道皎）、南麻池、河西等地阴凉潮湿，土壤抗旱性较好，适宜种植玉米、小麦、谷子、高粱、大豆等粮食作物，和豆角、土豆、南瓜、萝卜等蔬菜，也适宜种植油葵、荏的、油菜等油料作物，以及柴胡、知母等药材，特别适宜种植花椒树，产量高。其盛产的花椒皮厚味香，颗粒大，是上品。康岩渠及阴坡地也适宜种植小麦。山岭上野生连翘颇多，增加了村民的经济收入。

113°85'E 36°57'N
ASL 687~985m
ASL
1100m
区域占总量比例
梯田 389.63 亩
1 2 3 4 5 6 7
石堰 94 379.99 米
1 2 3 4 5 6 7
花椒树 9282 棵
1 2 3 4 5 7
7
梨树洼
6
泄泽的
5
石谷洞岐
4
洞沟
1
小道岐
3
正岐沟
2
大道岐

南宋时期，金兵屡犯中原，奸臣当道，内忧外患，腐败的宋王朝大片土地都沦入金人之手，百姓处于水深火热之中。
面对金兵的穷追不舍，软弱的宋高宗赵构屡屡退却。一次兵败后，他从安阳方向逃往磁州涉县王金庄境内。当他人马到达康岩沟口时，只见山沟中云雾缭绕，一白发长者手持放羊鞭站在半山腰吆喝着羊群吃草。赵构出现后，白发长者知道后面必有追兵，便让赵构人马往沟里逃。当追兵追至沟口，发现羊群一如平常吃草，并没有逃兵路过的迹象。又因夜幕即将降临，而山上又有兵寨，金兵不敢冒进，便掉转马头，撤了回去。就这样，康王赵构在此沟躲过了一劫，所以这条沟被叫成了康岩沟。
牧羊者是当地一位狐仙化身，沟底有一天然溶洞叫作康岩洞，洞中一直有狐仙神位，直到现在，每逢农历初一、十五仍烟气缭绕。

（王林定收集，王树梁整理）

1　小道峧

小道峧另包括南麻池、横路、河西、搁笔架，共 5 个地名，呈西南—东北走向。东经 113°83'，北纬 36°55'，海拔 687~780 米。东至河西，西至大道峧、天柱山，南至搁笔架，北至康岩大路。
小道峧沟坡相连，全沟共有梯田 109 块，总面积 55.6 亩，石堰总长 7643 米。其中荒废梯田 2 块，面积 0.5 亩，石堰长 112 米。区域内共有花椒树 1159 棵，黑枣树 96 棵，核桃树 178 棵，柿子树 7 棵，杂木树 20 棵，石庵子 3 座，水窖 1 口。
小道峧土质为黑土，耐旱，为二类土地，适宜种植玉米、谷子、高粱、豆类等粮食作物，和豆角、南瓜、白菜、萝卜等蔬菜，也适宜种植油菜、油葵、荏的等油料作物，以及柴胡、知母、荆

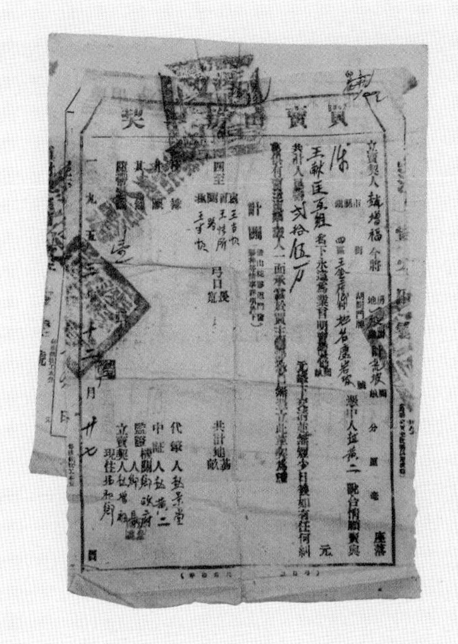
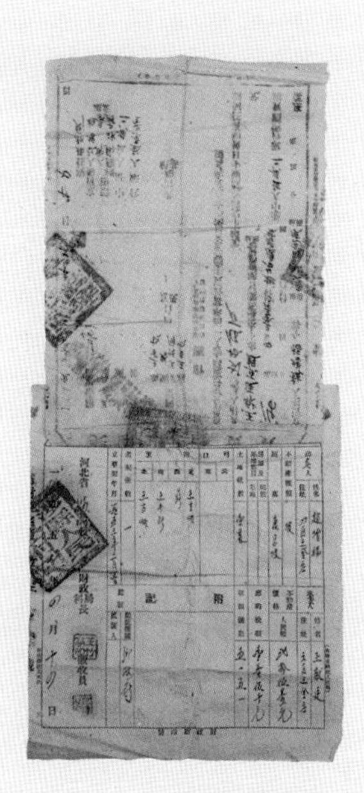

康岩坡

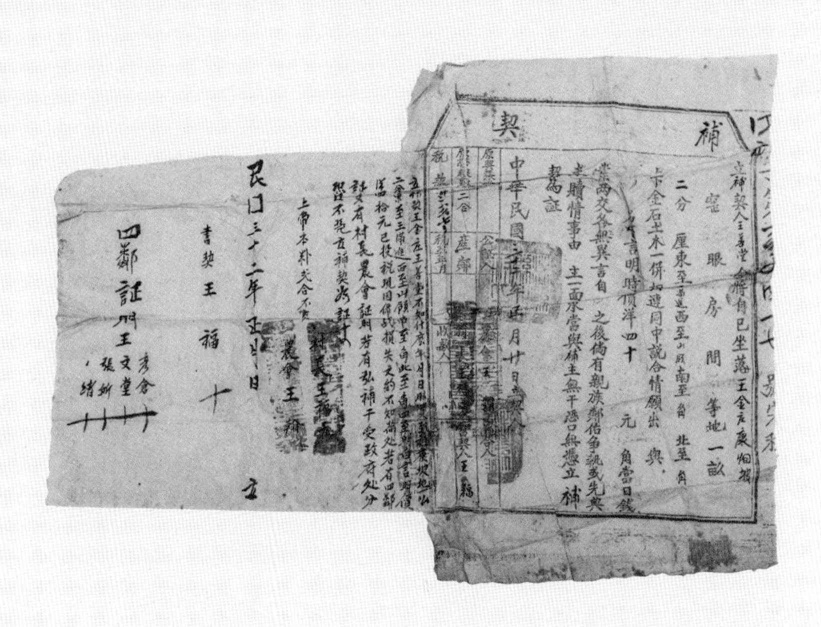

康岩坡

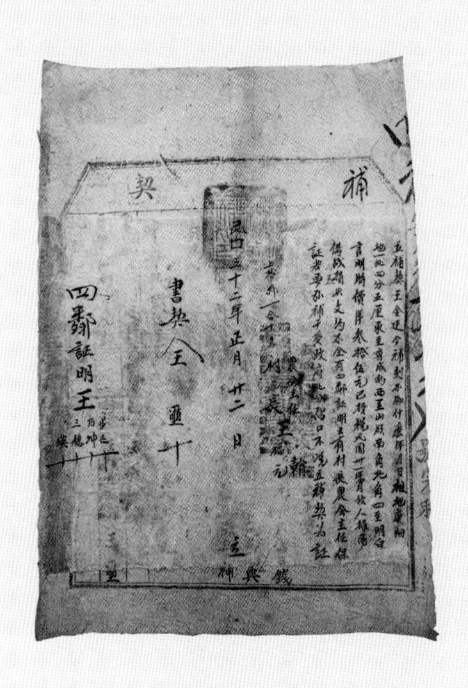

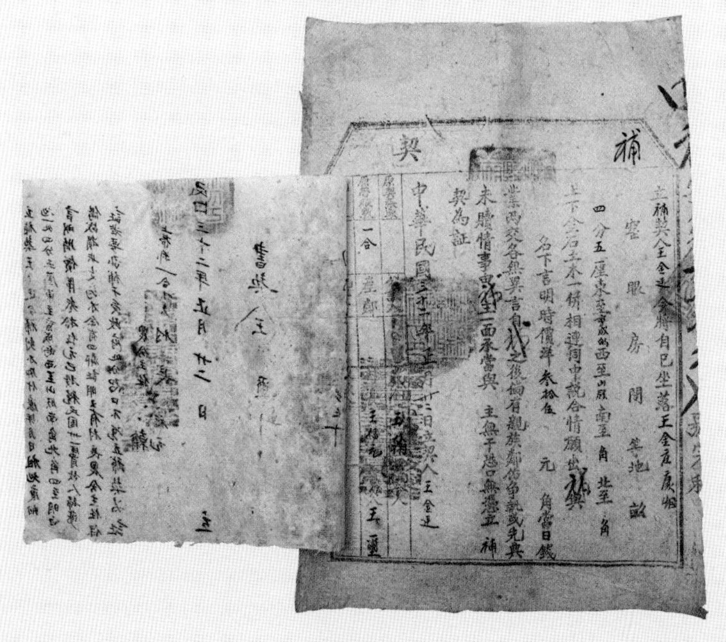

康岩沟

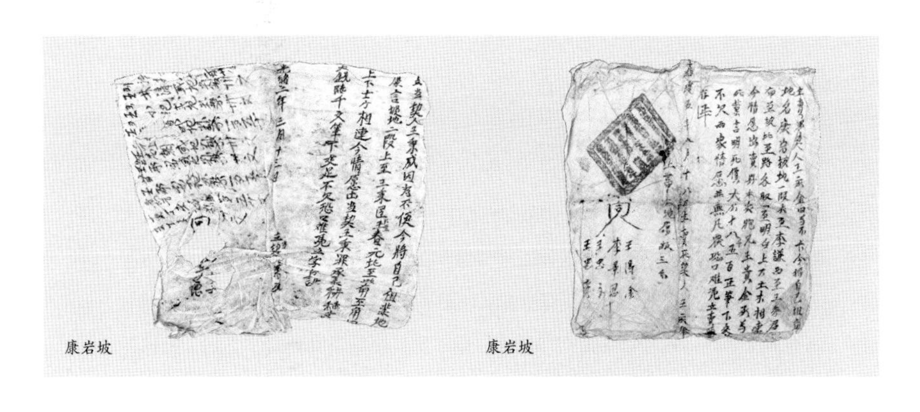

康岩坡　　康岩坡

芥、菊花等中药材，更适合种植花椒树，旱涝保收。

搁笔架　搁笔架东至东坡村铧尖山，西至小道峧上岭，南北紧贴悬崖。山的上边有几个小山峰紧紧相连，山与山之间都有豁口，形状好似搁笔架，故取名搁笔架。

西河　西河东至东坡外河，西与东坡土地相掺，东至田间主路，西至南麻池。一街村第一小组王凤魁保存完整的第十一世祖王护国的地契记载，康熙六十年（1721）有2.5亩地为他所有，说明清中期此坡地就有王金庄村民耕种。王氏祖辈在此开垦土地，因地处河西边，故取名西河。

据说，在王金庄娶媳妇坐花轿时，在半路上新娘脚不能落地，否则，日后不吉。1943年的一天，一街村王寿堂去西坡村娶媳妇，当花轿行至河西的庙角河时，忽然山里传来喊声："老日的来了，赶快逃啊！""扑通"一声，四个轿夫一同把轿子扔到了路上，连招呼都未打，掉头就跑。这时，花轿里的新娘赵存莲着实吓了一跳，新郎王寿堂赶紧上前将新娘从轿子里拽了出来，跟着娘家亲戚飞奔逃往小道峧的地庵子里。

迎亲的队伍从地庵子远远望去，日军大队人马正沿着庙角通往长角湾的大道行进，有骑马的、步行的、扛枪的、挑旗的，杀气腾腾，让人心惊胆战。日军大队人马过后，在地庵子里逃难的群众相继返回家中。这时，新郎王寿堂也搀扶着新娘，和亲戚们一块回到家中，简单吃了碗面条，就算是办了宴席。父亲王平祯有勤俭持家的好家风。刚办过喜事没几日，父亲就催促儿子和儿媳妇一块去修梯田。在父亲的带领下，全家人齐心合力在康岩大道峧的山坡上修了好多梯田，王寿堂还在父亲的指导下学会了建拱券，之后还在自家翻修房子时建了一座地窖，至今仍保存完好。

赵存莲前后共育有二男三女，加上连续数年好收成，全家人生活幸福，日子过得犹如芝麻开花节节高。王寿堂的父亲王平祯逢人就高兴地说："谁说新娘花轿不能落地，俺寿堂娶媳妇花轿不仅落了地，还丢了花轿跑了恁远，可俺的时光比以前好得太多了！"

南麻池　　相传很久以前的一年春天，在南麻池，突然传来"唔哈哈"撕心裂肺的马叫声，王奉举耕地的马要下驹了，难产，急得王奉举和儿子不知所措。这时，同在一面坡上耕地的王昆祥爷爷王顺达急忙前来帮忙，老人曾是前后村有名的兽医。在他的帮助下，小马安全生产了，大马也保住了性命。小马出生后，浑身沾满了血迹，需要洗澡。在顺达老人的指点下，他们来到山坡上的一个石水池旁边，将小红马扶到池塘中，洗了个干净，然后又把它抱到阳光下晾晒。

自从添了小红马以后，奉举家的生活状况大有改观。母马每年给他家不是产一头马驹就是一头骡驹。开始几年他们还自己养，后来一年添好几头，就添一头小的，卖一头大的。十多年下来，他靠卖马（骡）驹子盖房子买地，到孙子王春元这一代就有田地百亩，楼房数十间，牛羊成群，成为了一村首富。因此地有一个蓄水池，当年有一匹难产小马在池中洗过澡，所以取名叫"难马池"。因"难马"与"南麻"谐音，久而久之，人们就叫成了南麻池。

（王林定收集，王树梁整理）

2　大道峧

大道峧另包括大道峧岭、天柱山、太公山，共 4 个地名。东经 113°83'，北纬 36°55'，海拔 689~930 米。东至小道峧后脸，西至太公山，南至大道峧岭，北至康岩大路，呈东北—西南走向，南北坡纵横交错，沟坡相连。

大道峧共有梯田134块，总面积56.28亩，石堰总长14 952米。其中荒废梯田17块，面积3.9亩，石堰长1389米。区域内现有花椒树2886棵，黑枣树99棵，核桃树73棵，柿子树8棵，杂木树22棵，石庵子3座，水窖1口。

大道峧土质为红黑土，耐旱抗涝，水土保持状况良好，为二类土地，适宜种植玉米、谷子、高粱、豆类等粮食作物，和豆角、南瓜、白菜、萝卜等蔬菜。也适宜种植油葵、荏的、油菜等油料作物，以及柴胡、黄芩、知母、荆芥等中药材，更适合种植花椒树、黑枣树等耐旱果树。

康岩天柱山　王金庄村南的康岩沟中间背坡上，有座像棒槌一样的山峰叫天柱山，当地人又叫它谷角山。天柱山看起来酷似一匹远行的骆驼，有前后驼峰、驼身，而北端恰似骆驼高昂的脖子，山顶上左右两棵侧柏正是骆驼的两个耳朵。关于天柱山还有一段美好的故事传说。

早年，康岩沟内有一石洞，叫竹帘洞，传说里面住着千年修行的狐仙。

在山的背后有个上党村，村东八里有条沟叫大树沟。沟里住着一户姓刘的三口之家，家里的男孩叫刘海。

刘海十六岁那年，他到康岩沟刨药材。忽然，电闪雷鸣，下起了倾盆大雨，刘海发现身后有一条受伤的狐狸，于是他用随身携带的止血药为狐狸疗伤。

后来，刘海再次到康岩沟刨药材，发现康岩沟旁边的河边有位漂亮的姑娘（其实她为狐仙所变）在用棒槌洗衣服。她美丽大方，乐观开朗，刘海看得愣住了。忽然，刘海感觉地动山摇，山岭忽然往上长。刘海大喊道："山长了！山长了！"那姑娘怕山长得太高，人们行走困难，于是顺手拿起棒槌就砸起山岭来。由于用力过猛，棒槌从她手中滑出，插进了康岩沟的背坡上，无论她怎样拔也拔不出来，这棒槌后来就变成了如今的天柱山。

那位美丽的姑娘，为感谢刘海的救命之恩，嫁给了刘海。每天刘海上山打柴采药，姑娘专为穷苦百姓看病，深受人们爱戴。

（王林定收集整理）

3 正皎沟

正皎沟另包括石板的、太公山、正皎岭、南岭和槐不策，共 6 个地名。东经 113°82'，北纬 36°57'，海拔 762~883 米。东至太公山，西至洞沟，南至南岭，北至田间主路，呈西南—东北走向，分南北两面坡，纵横交错，沟坡衔接，沟岭相连。

全沟共有梯田 145 块，总面积 30.67 亩，石堰总长 7948.99 米。其中荒废梯田 94 块，总面积 15.05 亩，石堰长 5519 米。区域内共有花椒树 363 棵，黑枣树 25 棵，核桃树 5 棵，柿子树 1 棵，杂木树 9 棵，石庵子 4 座，水窖 1 口，羊圈 1 座。

正皎沟土质属红黑土，土层较厚，为二类土地。适宜种植玉米、谷子、高粱、豆类等粮食作物，和豆角、南瓜、红薯、土豆、白菜等蔬菜，也适宜种植油菜、油葵、荏的等油料作物，和柴胡、知母、荆芥等药材，尤其适宜种植花椒树、核桃树、柿子树、黑枣树等耐旱果树。

南岭　相传很早以前，王金庄付氏祖辈在南岭开垦土地，为了维持家庭生计，很是勤劳节俭。

1941—1942 年，连续两年闹灾荒。南岭上长有一棵很粗的大槐树，人们为了充饥，每天就捋槐树叶焯水当菜吃。一天，一个孩子因饿得慌，跑到树下捡已发霉的槐豆子吃，谁知吃下去就肚子痛，家人找了郎中，配了个偏方才幸免其祸。

这件事向村里人敲响了警钟，无论再饥饿也不能吃坏的、发霉的粮食以及野果。为了记住这一教训，人们把南岭上这片洼地叫作“坏不吃”，后逐步衍化成了“槐不彻”，也称“南岭”。

（王林定收集，王树梁整理）

4　洞沟

洞沟另包括洞沟垴，共 2 个地名，东经 113°82'，北纬 36°57'，海拔 775~799 米。南至正峧，北至石洞峧，西至洞沟垴，东至正峧渠地路，呈东南—西北走向，属主沟两面坡，纵横交错，沟垴相连。因此沟有一座上千年的狐仙洞，所以被称为洞沟。

洞沟全沟共有梯田 106 块，总面积 35.9 亩，石堰总长 11 924 米。其中荒废梯田 36 块，面积 7.8 亩，石堰长 2435 米。区域内共有花椒树 728 棵，黑枣树 99 棵（其中百年以上黑枣树 2 棵），核桃树 8 棵，柿子树 3 棵，杂木树 27 棵，石庵子 5 座，水窖 4 口。明显标识是有千年的狐仙洞 1 穴。

洞沟土质为黑土，耐旱抗涝，水土保持良好，为二类土地。在洞沟垴，付氏家族还种植小麦，可以获得好收成，堪称付家的救命田。均适宜种植玉米、谷子、高粱、豆类等粮食作物，和豆角、土豆、萝卜、南瓜等蔬菜，也适宜种植油葵、荏的、油菜等油料作物，以及柴胡、知母、荆芥等中药材，更适宜种植花椒树、黑枣树、核桃树等耐旱果树。

20 世纪 70 年代，村里有位老人叫王锡传，遇到哪儿路不好走了，他就拿上锤子铁锨去修路垒堰。因他修路铺桥做好事出了名，消息传到了住在康岩沟山洞里狐仙的耳朵中。

被选为饲养员后，他为了使生产队的毛驴吃好吃饱，多添膘好干活，每次放驴都到离村庄 5 里开外的地方去放。一次，王锡传赶着驴来到了康岩沟，在路上听到一位村民说，狐仙洞洞口对面坡上草最好，就是没人敢去那儿放驴。他听到此话，心想："只要有好草，我哪儿都敢去放。"于是，他把驴赶到了狐仙洞的山坡上，边放驴边给驴割青草。

中午，他简单吃了口干粮，就去狐仙洞口休息睡觉。刚睡着，就听有人在喊他的名字，让他起来修洞口外的路。他微微睁开眼睛，左顾右看，没发现其他人。于是，他又继续睡觉。刚睡着，就又听到有人在喊他，让他给修路，并且大声喊着说："骑马坐轿难行走，都说你肯做善事，你就帮帮这个忙吧！"这时的他全然不知是梦还是真，仍然没放在心上，转过身，又睡过去了。刚打起呼噜就又听到叫他去修路。于是，他沿着地边通往洞口的山路，先把野皂荚、酸枣钩、大叶铁线莲用刀割掉，然后把两个堰豁垒了起来，把被冲毁的高低不平的路基垫平，整整修了一下午。到了傍晚，路也修好了，王锡传把分散的驴集中在一起。这时，他听到有人叫他上洞里去吃晚饭，但仍只是听到有人说话就是不见人。他嘟哝着说："天快黑了，我不去吃饭。"急忙把驴集中好，赶着往家走了。

（王林定收集，王树梁整理）

5　石谷洞峧

石谷洞峧另包括石谷洞峧脸和石谷洞峧垴，共 3 个地名，东经 113°82'，北纬 36°57'，海拔 872~914 米。南至洞沟，北至石谷洞峧前脸，西至山岭，东至正峧路，南北纵横，主沟山垴相连。
石谷洞峧共有梯田 94 块，总面积 35.51 亩，石堰总长 13 272 米。其中荒废梯田 16 块，面积 8.58 亩，石堰长 3315.2 米。区域内现有花椒树 312 棵，黑枣树 59 棵，柿子树 2 棵，核桃树 1 棵，杂木树 30 棵，石庵子 6 座，水窖 2 口。
石谷洞峧土质为黑土，下半沟洼地土壤肥沃，耐旱抗涝，土层较厚，为二类土地，适宜种植玉米、谷子、高粱、豆类等粮食作物，和豆角、南瓜、萝卜等蔬菜，也适宜种植油菜、油葵、芝麻、荏的等油料作物，以及柴胡、知母、荆芥等药材，更适合花椒树、黑枣树等果树的生长。上半沟土层较次，为三类土地，适宜种植谷子、高粱、小豆等粮食作物，还可以种植中药材等。

石谷洞峧区域内有一孔天然石洞，所以被称为石谷洞峧。这只是一种说法，据说还有另一种说法。

从前，在王金庄有一个人叫食谷囤，十来岁时每天就跟着大人到地里干活。食谷囤少年时就长得个子高高的，眼睛炯炯有神，说起话来头头是道，待人接物利落干练。三个兄弟之中，他最小，最聪明，父亲对他甚是喜爱。为了让孩子们从小就养成独立生活的习惯，任何事情父亲都会让孩子们亲自去做。因此，他们兄弟三个从小就学会了很多本领。

食谷囤十六岁那年，父亲将他们兄弟三个叫到跟前，严肃地说："孩子们，爹已经老了，身体一天不如一天。趁我现在还在，从今年起，不管地里还是店铺，你们从大到小，轮流当家做主，谁也不能推诿。"

第一年，老大当家。没开春，他就把肥料、种子整理好，开春后犁地种地，粮食大获丰收。店铺生意也从早忙到晚，生意兴隆。父亲很是高兴。

第二年，老二当家。老二沿用老大的方法，日子也过得红红火火。

第三年，食谷囤当家。他性格豪爽，办事不按常理出牌。种地方面，他给所有的长工放假，工钱照付。店铺生意方面，则让店员四处多收黍子种。他的安排把家里人搞糊涂了，心里直犯嘀咕。

清明过后，谷雨时节，食谷囤没有开工，一直到夏至已过，小暑来临，食谷囤才对大家说："养兵千日，用兵一时，明天开始耕地播种。"由于种谷节令已过，他将所有地种上了黍子。

原来，这一年入春以来一直干旱少雨，多数人种了好几次苗都出不齐，反倒没了种子。这时节令已晚，只有种黍子。

几天以后，才降了一场大雨，村里人都去食谷囤家店铺买黍子种子，他大挣了一笔。到了秋天，他们地里的黍子也大获丰收。村里人都直夸食谷囤能干，父亲也乐得合不拢嘴。

因为食谷囤天天到此沟种地干活，人们就把此沟称为“食谷囤峧”了。因“食谷”与“石谷”谐音，到后来就逐渐演变成了石谷洞峧。

（王林定收集，王树梁整理）

6　泄滗的

泄滗的另包括泄滗口、中洼、上堖和转江湖，共 5 个地名。东经 113°83'，北纬 36°57'，海拔 750~920 米。北至山岭，南至康岩路，东至梨树洼，西至石谷洞峧。整体呈东西走向，南北坡纵横交错，沟堖相连，三沟连接，沟坡宽阔。很早以前，此沟因沟口狭窄，沟内宽阔，形状似湖，水量可以排放，减轻水涝灾害，所以称为泄滗的。

泄滗的共有梯田 151 块，总面积 67.32 亩，石堰总长 15 280 米。其中荒废梯田 19 块，面积 3.45 亩，石堰长 1248 米。区域内共有花椒树 95 棵，黑枣树 40 棵，核桃树 38 棵，柿子树 2 棵，杂木树 17 棵，石庵子 6 座，水窖 1 口，小天桥 1 座。

泄滗的土质为黑土，上半沟均属三类土地，适宜种植谷子、高粱、小豆等粮食作物。下半沟均属二类土地，耐旱抗涝，保墒性好，适宜种植玉米、谷子、高粱、豆类等粮食作物，和豆角、南瓜、白菜、萝卜等蔬菜，也适宜种植油葵、荏的、花生、油菜等油料作物，以及柴胡、知母、荆芥等中药材，尤其适宜花椒树、

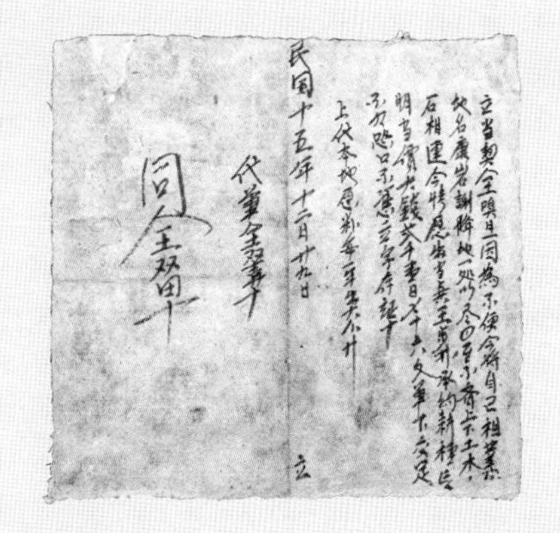
代筆人王双田 十
民国十五年十二月十九日 立

康岩泄洚的

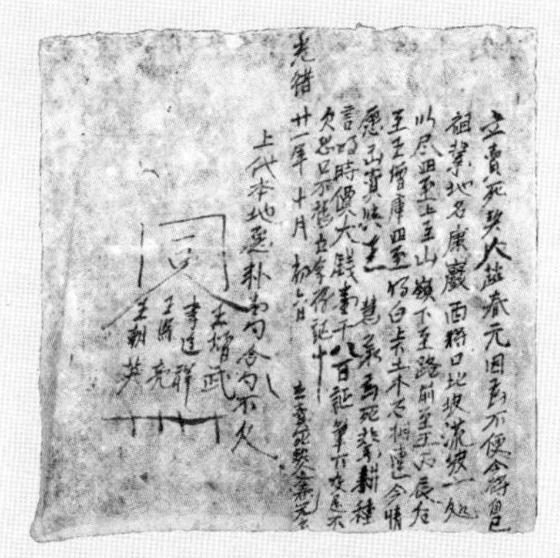
光绪廿一年十月初六日

康岩泄洚口

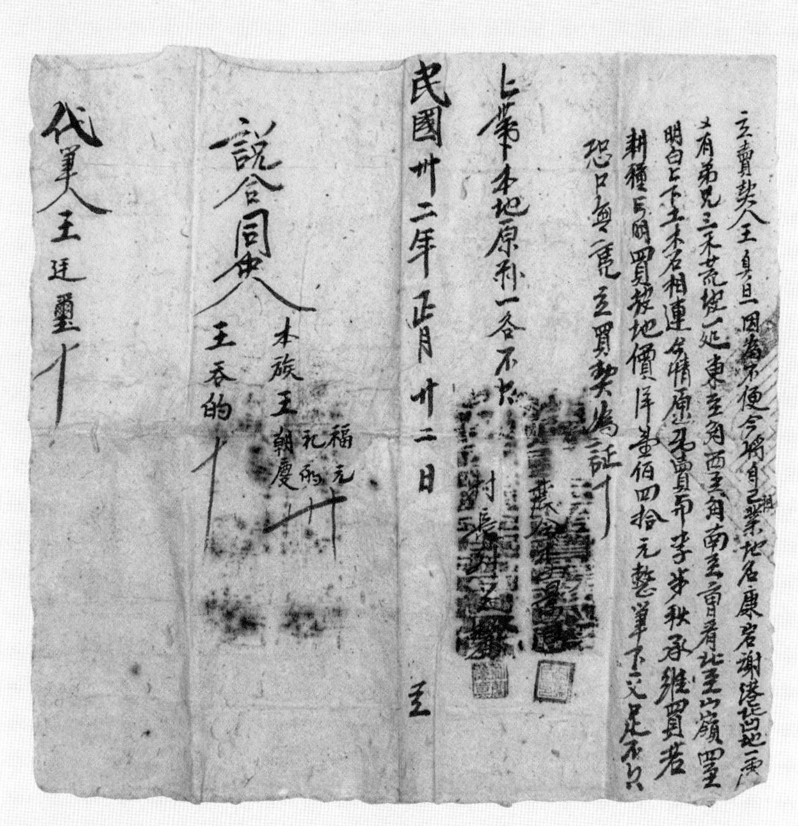
立賣契人王𡸁旦因為不便今將自己祖業地名康岩泄洚坡地一處
又有弟兄三禾荒坡一延東至角西至角南至前北至山嶺四至
明白上下土木石相連今情愿出賣與　名下秋承維買若
耕種與明買坡地價洋壹佰四拾元整筆下交足不欠
恐口無憑立買契為証 十
上業本地原利一各不
民國卅二年正月廿二日　立
說合同人王吞的 十
本族王朝慶 福元 礼 所 十
代筆人王廷璽 十

康岩泄洚的

黑枣树、核桃树等耐旱果树生长。

相传，清乾隆年间，从南方来了一位姓谢名姜的客商，路过康岩沟，见此沟山高峻秀，树木参天，鸟聚高林，花香遍地。他凭借多年走南闯北的经验，一眼就看出此沟非同一般：后面山上不仅有太公爷爷观天星，还有韩信文笔点奇兵，狐仙洞无限风光山谷中，正沟五指错落小山峰。转江湖酒壶醉刘伶，北面山头像老鹰，雄鹰展翅飞翔在天空。春秋时期的古兵寨，宋时岳帅大将王横在练兵。谢姜观罢，决定在此三岔口选一坟地，日后必会大富大贵。哪知天不遂人愿，乾隆二十年（1755）夏季，天降大雨，洪水泛滥，此处水势凶猛，谢姜选下的茔地顷刻被冲毁，据说家中也遭受不幸。
因为谢姜在此沟做过茔地，人们就将此沟叫成了“谢姜的”，因“谢姜”与“泄洚”谐音，渐渐衍化成了“泄洚的”。

（王林定收集，王树梁整理）

7　梨树洼

梨树洼另包括康岩寨、康岩北坡、康岩坡、月亮湖、马王庙岭、一百柿树坡和锅底圪道，共 8 个地名、5 个地段。东经 113°83'，北纬 36°57'，海拔 681~920 米，是康岩沟中的一道洼，呈五面坡状，该沟洼坡相连，纵横衔接。
区域内共有梯田 345 块，总面积 94.85 亩，石堰总长 14 050 米。其中荒废梯田 62 块，面积 18.92 亩，石堰长 3258 米。区域内现有花椒树 3739 棵，核桃树 358 棵，黑枣树 96 棵，柿子树 6 棵，香椿树 2 棵，杂木树 22 棵，石庵子 2 座，水窖 2 口，老鹰巢穴 1 个，马王庙 1 座。
梨树洼区域内绝大多数土地为红黑土，其中康岩坡为白沙土，多为二类土地，均适宜种植玉米、谷子、高粱、豆类等粮食作物，和豆角、南瓜、红薯、萝卜、白菜等蔬菜。其中康岩坡路里、路外均属一类土地，土层厚，氮、钾含量高，营养丰富，抗旱能力强，保墒性好，是王金庄有名的小麦丰产区之一，适宜种植小麦、玉米、谷子以及各种蔬菜。也适宜种植芝麻、油菜、花生、油葵、荏的等油料作物，以及柴胡、知母、荆芥、菊花等中药材。更适宜花椒树、核桃树、黑枣树的生长。田间种植多种作物的混合农业系统，使村民每年都旱涝保收，生活得到充分保障。有关专家曾对此处土壤进行调研，发现土壤缺磷，所以多施磷肥，可促进作物高产。

清光绪年间，政府软弱无能，国家内忧外患，民不聊生。西方列强将大量鸦片运进中国，使中国处在危难之中。王金庄有一户赵姓人家，家里土地很多，在三乡五里是数一数二的大户，但他们的儿子很不争气，喜欢吸食鸦片。他母亲便请人为他说媒，让媳妇看管他，却无一不遭到女方的拒绝。
时间慢慢地流逝，老两口年老力衰，还强打精神起早贪黑地在康岩北沟修梯田。有一天，老两口在康岩北沟忽然发现山坡上长有好多杜梨树。老人一想，这杜梨如果嫁接成梨树，那儿子生活或许还会多一份保障，于是开始大量嫁接。几年之后，梨树成行，硕果累累，老两口高兴得合不拢嘴。
然而，儿子吸食鸦片不减，家里经济已经远不能满足儿子的开销，老两口无奈被迫靠出卖土地来维持生活。不到一年工夫，老两口绝望地相继离世。在临终前，老头对儿子说：“其他土地都可卖，唯独康岩梨树洼不能卖。”几年以后，儿子败光了所有家产，只剩下康岩梨树洼了。他每年靠卖梨勉强维持生计。

因为曾长有很多梨树，人们就将此沟叫成了梨树洼。

康岩古兵寨　在王金庄村东南 1 里处有一座古兵寨，人称“康岩寨”，它曾是赵简子屯兵时的烽火台。到了宋代，民族英雄岳飞的部将王横曾在此占山为王，古称王横寨。

相传，宋宣和三年（1121），金兵进犯中原，国库空虚，皇帝听信谗言，宋王朝摇摇欲坠，官府催逼粮饷，再加上战乱，老百姓是食不果腹。王横是河南人，自幼习武。一次，王横邻家的单身老大爷因交不上官府粮税，遭到一顿毒打。王横看在眼里，怒从心起，上前痛打了官差。从此他便带着家小远走他乡，中途又把家小寄托给一位朋友照顾，只身一人逃到崇州，经当地一位樵夫指点，他来到山寨上，住进了一个山洞里。

一晃半年过去了，王横逐渐与村里人有了来往，很多人都愿意和他交朋友，并且拜他为师学习武艺。在他的指导下，前来拜师的人不仅个个练就了一身好功夫，还自发组织了农民护卫军，推选王横当首领。

在磁县大碾庄村，有一个姓赖的大恶霸，外号赖剥皮，当地老百姓恨透了他。一个月黑风高的晚上，王横找到了赖剥皮的家。他二话没说，一个箭步窜进院子，直奔上房客厅。只见一人膀大腰粗，正靠在躺椅上，抽着一杆水烟袋，旁边还有两位年轻女子为他捶腿按背。王横一眼就认出此人正是赖剥皮，上前就是一顿猛打，打得那赖剥皮躺在地上直叫唤，连声求饶。最后，王横手起棍落，将赖剥皮打得血肉飞溅，脑袋开花，并指挥乡亲们分了赖剥皮的家产。

宣和四年（1122），宋王朝军队屡次遭到金兵挫败。在国难当头之际，宋朝宰相李纲举荐岳飞挂帅出征。岳飞不负众望，精忠报国，并提出了“还我河山”的响亮口号，岳家军奋勇杀敌，捷报频传。

一天，樵夫来看王横，王横便把自己想去投奔岳飞的想法告诉了樵夫，樵夫听后非常赞赏。王横随即召集了村里的自卫军和乡亲们，义无反顾地投奔了岳家军。

一天，王横的手下带领队伍来到黄河渡口，见渡口有座木桥，心生一计，不如借此桥打劫一些银两作为投军的见面礼。于是，他们占领了木桥。这时，岳飞和他的部将张保从此经过，王横的手下向二人索要钱财，张保不服，便和王横的手下打了起来。二人打得难解难分，岳飞见状，觉得这小子是个人才，便上前叫停。这时，王横言道："天下只有二人经过不收钱财。"张保问："此二人是谁？"王横答："一个是当朝宰相李纲，一个是岳飞元帅。"张保哈哈大笑，对王横说："站在你面前的正是岳飞元帅。"王横听后连忙跪到地上，向岳飞请罪。岳飞赶紧扶起王横，问其缘故，王横便把自己的遭遇和投军报国的想法告诉了他。岳飞大喜，当即收王横为部将。从此以后，王横跟随岳飞英勇杀敌，屡建奇功，为挽救宋室江山立下了汗马功劳。

因王横起兵时占过康岩寨，所以后来人们将此寨改称为"王家寨"。

马王庙　　康岩坡下有一道岭，过去人称"寿岁岭"。因山岭似龟状，并且岭背上还有一座小峰，看上去很像一块石碑，依照风水的说法是龟驮碑，因此人们把此地看成一块风水宝地。

康熙三年（1664），为了确保六畜兴旺，王金庄、拐里、东坡三村维首共议，兴建马王庙。庙址选在康岩坡古兵寨山脚下，择良辰吉日破土动工。善男信女个个前来帮助，没多久庙舍就盖了起来。工程完毕后，还请了戏班子来庆贺。

时隔不久，王金庄一户姓曹的村民家中，母驴生下一头驴羔子，一夜之间就长了三尺，又过了一天，早上起来发现驴羔子连圈门都出不去了。没过几日，又有一户姓刘的村民家中，牲口生下了一头骡驹，一上午也长了三尺，另外还有几户发生的事情都一样。这消息一传十十传百，很快就传遍了三乡五里。两村维首找来一风水先生询问根源。风水先生说庙舍盖的位置过高，须将此庙舍拆掉。村民只好择了吉日将庙挪到了半山腰。

时隔不久，特殊情况又出现了。有个村民的牲口生下了一头驼腰驴羔子，看上去和骆驼背一样。不过几日，也有几户出现了同样的情况。消息很快传开了，有人说，没准还是庙的位置不好；也有人说，肯定是没有孝敬好马王爷，马王爷生气了。

如此一来，去马王爷庙上香的人也渐渐少了起来。庙内日渐冷清，维首也一筹莫展。一日，从南方来了位风水先生，维首再次带着风水先生来到了马王庙。先生前后左右观望了一番，微笑道："此山远看像乌龟，这座庙坐落在乌龟脖子上，所以才会有之前的事情发生。”维首一听问道：“该怎样才好？”风水先生带着他往前走，到了现在马王庙遗址的地方说道：“此地最好。”维首不解，风水先生解释说：“此山形为龟驮碑，庙的位置应建于龟的前额，此地正是。”

几日后，维首择了良日再次破土动工，村民踊跃筹资捐物，没多久便建成了新的马王庙。

至此，怪异的事情再也没有发生过，马王庙一直香火不断。在马王爷的保佑下，此地六畜兴旺，骡马成群。至今十里八乡的乡民仍把骡马牛驴称为半个家当，渐渐人们又把寿岁岭改叫成了马王庙岭。

一百柿树坡　据老人们说，明代末年有位老人叫王百胜，他为人憨厚，心眼直，说起话来开门见山，从来不会绕弯子，人们管叫他“王直筒”。

有一年，天大旱，粮食颗粒无收，加上连年战乱，民不聊生，人心惶惶。在这艰难时期，多数村民生活都难以维持，不少人家全凭柿子炒面维持生活。于是人们都相继栽起了柿子树，王百胜也不甘落后，在自家地里栽上了一百棵柿子树。从此，人们就把此坡改叫成了“一百柿树坡”。

月亮湖　2008年3月，井店镇党委政府在王金庄村东南2000米、拐里村西1000米的庙角兴建双龙水库。该水库是王金庄生态水网工程的主体部分，2010年10月竣工，工程主体坝顶高35米，坝体底部宽25米，顶部宽8米，长120米，中间用1米厚的混凝土做防漏层，顶建9孔标准拱桥。工程开挖土方不下2万立方米，水库水域面积10.8万平方米，库容量120万立方米。水库建成后，王金庄的旅游环境大大改善，湖光山色，鸟语花香，成为游人的好去处。因水库弯弯，酷似一弯月亮，人们将双龙水库改称月亮湖。

锅底圪道　锅底圪道位于康岩坡底部与青黄峧交汇处的河床之上，有一个天然形成的大石水坑，好像一个大锅底。到了夏季，一锅清水随风荡漾，孩子经常来玩水，人们把此水坑叫成了锅底圪道。

（王林定收集整理）

地块历史传承情况

1　小道峧、河西、南麻池

开发　一街王乃堂、王正德等祖上
1946　一街王乃堂、王正德
1956　一街
1976　一街大队
1982　小道峧由一街三队王乃元等耕种，河西由一街六队王社江、五队王良琴等耕种，南麻池由一街六队王献江等耕种

2　大道峧

开发　一街王忠辛、王荣堂，二街王福祥、王福元，三街曹善士等祖上
1946　一街王忠辛、王荣堂，二街王福祥、王福元，三街曹善士
1956　一街、二街大队
1976　一街一队
1982　一街王林德、王同太、王树梁等农户

3　正峧沟

开发　一街村民王增金、王六喜、王榜顺等，三街村民曹善云等祖上
1946　一街村民王增金、王六喜、王榜顺、三街村民曹善云等
1956　一街五队、二街、三街三队
1976　一街一、二、五队
1982　一街王学怀、王新明、王恒泰等农户

南岭地

开发　二街村民付京德祖上
1946　二街村民付京德
1976　一街六队

4　洞沟

开发　一街王秋堂、王二的、王兆喜等，二街付广兴、付景德、付保的等祖上
1956　一街、二街大队
1976　一街四队、五队
1982　一街王良琴、王巨明、王向明等农户

5　石谷洞峧

开发　李正顺、曹石义、曹小江等祖上
1946　李正顺、曹石义、曹小江等
1956　二街、三街大队
1976　一街四队
1982　一街王五元、王申元、王献元等

6　泄洚的

开发　王氏、曹氏、付氏、赵氏等祖上
1946　二街王廷玉、王书祥、王曹所、王福祥，三街赵日僧，一街王吉、王曹所等耕种。1946年土地改革后归一街三队王申明、王黑楼、王土玉，二街王家坪
1956　二街大队
1976　一街三队
1982　一街王土玉、王魁廷、王录平等农户

7　梨树洼

开发　王氏、曹氏祖上
1956　一街四队，三街四队
1982　三街曹社祥、曹社军、曹礼仓等，一街王林定、王魁德、王向魁等农户

艺影　摄

二十四　青黄峧

青黄峧是王金庄 24 条大沟之一，沟内共有大南硖、青黄峧后南沟、青黄峧后北沟、青黄峧小北沟、槐树峧和南峧洼 6 条小沟。青黄峧过岭与王金庄五街小南前东峧沟相衔接，南至康岩沟，北至槐树峧，呈西南—东北走向，南北坡沟交错，沟尖对映，沟垴连为一体。地处王金庄村南 500 米，途经槐树峧，沟深 1000 米。青黄峧共有梯田 756 块，总面积 267.711 亩，石堰总长 75 826.2 米。其中荒废梯田 75 块，面积 36.72 亩，石堰长 10 632 米。区域内现有花椒树 14 195 棵，黑枣树 516 棵，核桃树 428 棵，柿子树 79 棵，杂木树 132 棵，石庵子 15 座，水窖 3 口，水池 1 座。青黄峧土质为红黑土，沟坡场渠地域宽阔，渠内洼地土壤肥沃，土层厚，耐旱抗涝，适宜种植小麦、玉米、谷子、高粱、豆类等粮食作物，和土豆、红薯、南瓜、豆角、萝卜、白菜等蔬菜。坡上适宜种植谷子、高粱、豆类等耐旱作物，也适宜种植油菜、芝麻、油葵、荏的等油料作物，更盛产花椒，因此开发已久。特别是槐树峧有多处大块地，更适宜种植小麦、玉米、谷子、高粱和各种蔬菜。

相传清代时期，村中有叫王步林、王步霄的兄弟俩，先后都娶上了媳妇，各自分得了家产和土地，但兄弟俩好吃懒做，坐享其成，不求上进。有一天，王家老人在地里垒堰豁。忽然一阵声响，一堆鲜土塌了下来，眼前出现了一块康熙年间的小铜钱。老

113°84'E 36°58'N
ASL 675~1000m
ASL
1100m
区域占总量比例
梯田 267.711 亩
3
4
5
6
石堰 75 826.2 米
3
4
5
6
花椒树 14 195 棵
1
3
4
5
6
6
南峧洼
4
青黄峧小北沟
3
青黄峧后北沟
5
槐树峧
1
大南硖
2
青黄峧后南沟
600m

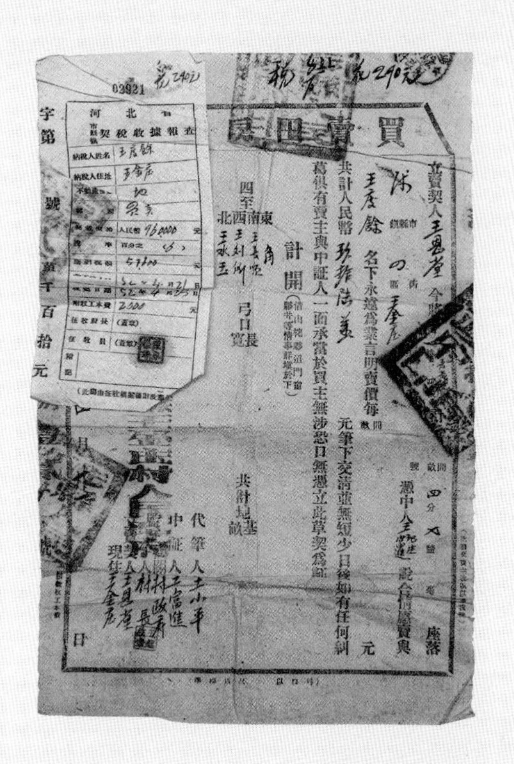

買賣田房草契

立賣契人王恩堂今將 坐落 王慶餘名下永遠爲業言明賣價每畝 元

共計人民幣 元筆下交清並無短少日後如有任何糾葛俱有賣主與中證人一面承當於買主無涉恐口無憑立此草契爲証

計開

四至 東 南 西 北

共計地基 畝

代筆人 王小平

中證人 王富進

立契人 王恩堂

年 月 日

河北省 查報據收稅契

納稅人姓名 王慶餘

青黄峧

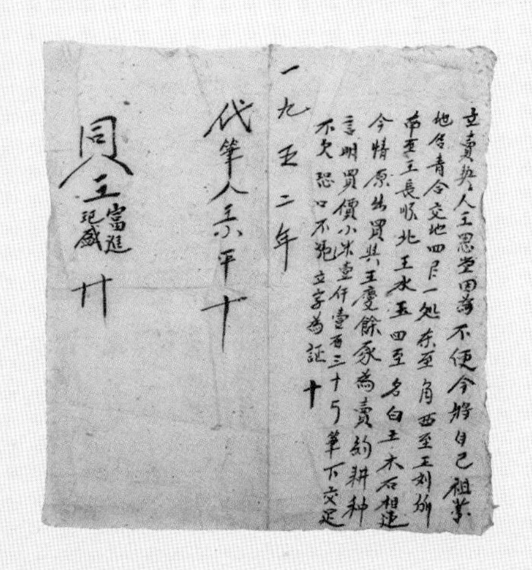

立賣契人王思堂因爲不便今將自己祖業

地名青合交地四尺一処 东至角 西至王刘
南至王長 北王水玉 四至名白 土木石相連

今情原出賣與王慶餘家爲業約耕种

言明買價小米壹仟壹百三十五斤筆下交足

不欠 恐口不犯 立字爲証 十

一九五二年

代筆人王小平 十

同人 王富進 王地盛 廿

青黄峧

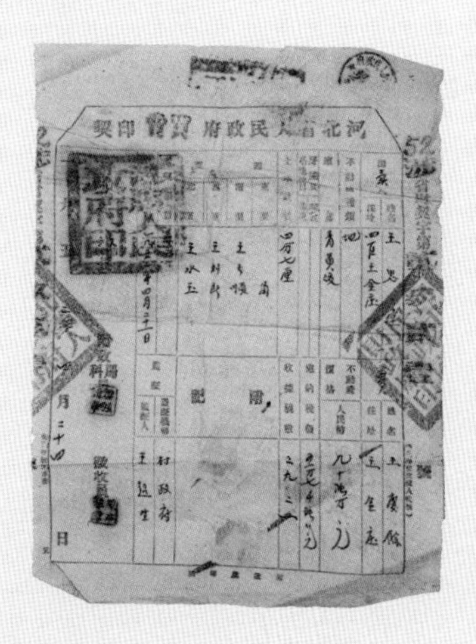

河北省人民政府買賣印契

青黄峧

人不胜欢喜，急忙捡起这块铜钱，拿在手中端详，想着想着计上心来，马上收起工具回家。

晚上，老人没吃饭就上炕休息了，两个儿子同时前来向老人问安。老人告诉两个儿子："我也没病，只是有块心病。"两个儿子同时询问父亲什么病。父亲说："咱家在青黄峧南北两坡有两罗锅银钱，你们爷爷还没来得及告诉我具体地点，突然就得病不在了，我一直隐瞒到现在。你们俩已经长大成人，娶上了媳妇，也有了孩子，我也老了，说不定哪天就会离开你们，以后就靠你们自己了。老大以后你就去南坡修地，老二你去北坡修，谁刨出银钱归谁。"儿子们听了非常高兴，并且对老人格外孝顺起来。

两个儿子自从得知这个消息后，特别勤奋，并且还发动妻儿一同参加，最终修出南北两坡错落有致的梯田。

梯田修好了，两罗锅银钱也没有找到。但这两坡梯田庄稼却年年获得丰收，打许多粮食。两个儿子渐渐悟出，这么多黄灿灿的粮食或许就是爷爷留下的两罗锅银子吧。

（王景莲收集，王林定整理）

1　大南碤

大南碤另包括寨崖根，共 2 个地名，东经 113°82'，北纬 36°58'，海拔 675~998 米。南至康岩寨，北至渠洼地，西至寨把，东至康岩路前口。大南碤地处青黄峧的南端，属南北走向的沟碤，上下纵横交错，沟岭相连。

大南碤共有梯田 27 块，总面积 5.4 亩，石堰总长 1350 米。其中荒废梯田 6 块，面积 2.2 亩，石堰长 737 米。区域内现有花椒树 4114 棵，黑枣树 171 棵，核桃树 75 棵，柿子树 10 棵，杂木树 38 棵，石庵子 1 座，地庵子 2 座。大南磙最明显的标识是半崖上有一可藏人的山洞。
大南磙土质属黑土，耐旱，耐瘠薄，适宜种植玉米、谷子、高粱、豆类等粮食作物，和豆角、南瓜、萝卜等蔬菜，也适宜种植油葵、荏的、油菜等油料作物，以及柴胡、远志、黄芩、荆芥等中药材，最适宜间作栽种花椒树、核桃树、黑枣树等耐旱果树。据王景莲收集、王林定整理，大南磙是青黄峧南面的一沟坡，在寨崖根下面，因泥石流的冲击形成了一磙沟，故被人们叫成了大南磙。

2　青黄峧后南沟

青黄峧后南沟另包括寨南背、北坡、寨把，共 4 个地名，东经 113°82'，北纬 36°58'，海拔 675~998 米。西至山岭，东至渠地，北至小北沟，南至后南沟，地处青黄峧西南方向，属西南—东北走向，沟岭相连。因位于青黄郊的后南端，所以被称为青黄峧后南沟。此沟也是通往寨把的一条必经之路。
该沟共有梯田 29 块，总面积 2.99 亩，平均每块地面积只有 1 分，总堰长 1558 米。其中荒废梯田 4 块，面积 0.4 亩，堰长 330 米。区域内现有黑枣树 25 棵，花椒树 23 棵，杂木树 7 棵。最明显的标识是坐落在古寨的尾端。
青黄峧后南沟属红黑土土质，耐旱，适宜种植玉米、高粱、谷子、豆类等粮食作物和南瓜、豆角、土豆、红薯、白菜、萝卜等蔬菜，也适宜种植油葵、油菜、荏的、花生等油料作物，以及柴胡、丹参、黄芩、荆芥等中药材，最适宜间作栽种花椒树、黑枣树等果树。

（王景莲收集，王林定整理）

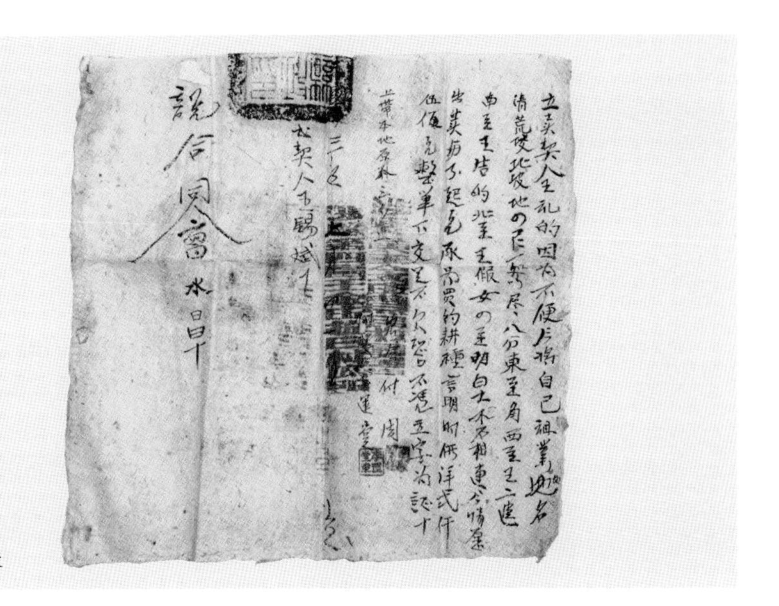
青黄峧北坡

3　青黄峧后北沟

青黄峧后北沟另包括主心角、正洼，共3个地名，东经113°83'，北纬36°56'，海拔675~998米。西至山岭，东至渠地，北至小北沟口，南至后南沟，地处青黄峧北面，东西坡交错纵横分布。是位于青黄峧最北面的一条沟，所以被称为青黄峧后北沟。

该沟共有梯田117块，总面积31.23亩，石堰总长8920.2米。区域内现有花椒树864棵，核桃树61棵，黑枣树44棵，杂木树12棵。地块面积最大不足5分，最小不足3厘。最明显标识是有上百年的石庵子1座，水窖1口。

青黄峧后北沟土质属黑土，耐旱，耐瘠薄，水土保持良好。适宜种植玉米、谷子、高粱、豆类等粮食作物，和豆角、南瓜、土豆、红薯、萝卜、白菜等蔬菜，也适宜种植油葵、茌的、油菜、花生等油料作物，以及柴胡、黄芩、远志、荆芥等中药材，更适宜间作栽种花椒树、柿子树、黑枣树等果树。

（王景莲收集，王林定整理）

4　青黄峧小北沟

青黄峧小北沟另包括小北沟口和上垴,共3个地名,东经113°84',北纬36°58',海拔675~978米。东至槐树峧前角,西至青黄峧后北沟,南至渠洼地,北至山岭青龙背,东北—西南走向,沟坡纵横交错,山岭相连。因此沟是位于青黄峧后北坡上端的一条小沟,所以被叫作青黄峧小北沟,也是通往南坡的一条路径。

此沟共有土地136块,总面积29.11亩,总堰长15 357米,其中荒废土地36块,面积12.49亩,堰长4068米。区域内共有花椒树1730棵,黑枣树74棵,柿子树23棵,杂木树13棵。

青黄峧小北沟土质属红黑土,耐旱,适宜种植玉米、谷子、高粱、豆类等粮食作物和豆角、南瓜、萝卜等蔬菜,以及油菜、油葵、茌的、花生等油料作物,也适宜种植柴胡、黄芩、荆芥、远志等中药材。最适宜间作栽种花椒树、柿子树、核桃树等果树。

(王景莲收集,王林定整理)

5　槐树峧

槐树峧另包括菜树角和磨盘山,共3个地名,东经113°83',北纬36°54',海拔620~988米。西至山岭,东至王金庄一街村,南与小北沟相连,北与南峧洼相接。位于青黄峧东北,属半沟坡,东西开阔,坡坡相连,有着纵横南北的坡沟形状。

槐树峧共有梯田127块,总面积65.342亩,石堰总长16 436米。其中荒废梯田20块,面积12.89亩,石堰长2965米。区域内现有花椒树5137棵,核桃树239棵,黑枣树64棵(其中百年以上黑枣树 1 棵），柿子树 25 棵，杂木树 28 棵。明显标识是有天然形成的磨盘山 1 座，坟地 4 座，石庵子 5 座。

槐树峧渠洼地土质属红黑土、黑土，耐旱，土质良好，为一类土地，适宜种植小麦、玉米、谷子、高粱、豆类等粮食作物，以及土豆、红薯、南瓜、豆角、萝卜、白菜等蔬菜。渠地至半山腰土地逐渐变窄、变贫瘠，为二类土地，适宜种植玉米、谷子等耐旱作物，和豆角、南瓜、萝卜等蔬菜。半山腰至山岭土层薄，土壤贫瘠，耐旱能力弱，为三类土地，适宜种植玉米、谷子等作物，但产量较低。均适宜种植花椒树、黑枣树、柿子树等耐旱果树。

菜树角　菜树角东至青黄峧路口，西至王金庄一街村，南至槐树峧，北至康岩路。因地势从槐树峧往下拖成了一个长角，远远望去酷似对王金庄呈抱拢状。因前角长着一棵大菜树，由此称菜树角。2015 年，菜树角被三街村规划成了新居民区，盖上了新房，如今只留下地名相传。

磨盘山　磨盘山西至山垴，东至青黄峧前角，北至槐树峧，南至青黄峧北坡，因有数块形状酷似磨盘的大石头叠在一起，所以称为磨盘山。靠磨盘山西南 30 米处有 10 米多高的石柱子，俗称磨圪栏。磨盘山周围皆荒坡，生长着很多野生花椒树和用材树木。

（刘振梅收集，王林定整理）

6　南峧洼

南峧洼另包括前南坡和南坡，共 3 个地名，东经 113°82'，北纬 36°58'，海拔 776~826 米。南至山岭，北至王金庄三街村，东至一街南坡，西至三街南坡。该区域也是一条较大支沟，分主沟两面坡。因南峧洼在村的南边，而它的西边有一座山，形似一条

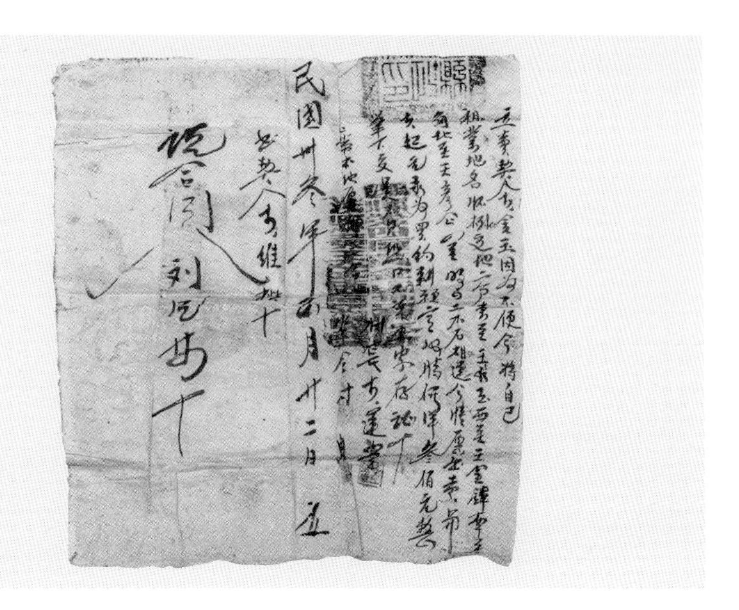

青黄峧槐树峧

蛟龙，所以人们把它称为南蛟洼。因“南蛟洼”谐音“南峧洼”，就叫成了南峧洼。

南峧洼共有梯田 320 块，总面积约 133.639 亩，石堰总长 32 205 米。其中荒废梯田 9 块，面积 8.74 亩，石堰长 2532 米。全沟现有花椒树 2327 棵，黑枣树 138 棵，核桃树 53 棵，柿子树 21 棵，杂木树 34 棵，石庵子 6 座，水窖 2 口，下口处有水池 1 座。

南峧洼土质属黑土，耐旱，耐瘠薄，水土保持良好。土层厚的地方适宜种植玉米，土层薄的地方适宜种植谷子、豆类、高粱等粮食作物。根据传统种植习惯，每年耕种多为轮作倒茬。渠洼地适宜种植蔬菜。除此之外，还适宜栽种花椒树、黑枣树、核桃树等耐旱果树。

青龙背　　王金庄村南，有条沟叫南峧洼。这条沟的右上角有一道长长的山岭，直通后边南坡垴，形似一条巨龙，先人给它取名青龙背。

从前，一街村有位村民叫王水玉。一天，他赶着毛驴到青龙背下开荒修地。到地后，他先将自家的毛驴拴到荒坡上吃草，然后自己再去干活。但由于绑驴的缰绳长期风吹日晒，逐渐老化，又被毛驴来回拉扯，缰绳断了，那毛驴就跑到了龙背上。毛驴本想继续向前，可是越走龙背越窄，毛驴吓得胆战心惊，站在那里直哆嗦。

水玉发现后着了慌："这可咋整？"

后来，他想到了办法，为了不让驴害怕，他从桐树上折下两段树枝，遮挡在驴眼睛两边，让它只能看到中间。毛驴这才走下了龙背。

（刘振梅收集，王林定、王树梁整理）

地块历史传承情况

1 大南碳

开发 一街王党顺、王乱庭、王何顺等，三街刘起德等祖上

1946 一街王党顺、王乱庭、王何顺等，三街刘起德等祖上

1976 一街大队

1982 一街一队王书江、王书灵等，三队王乃何、王榜的等，六队王胜吉、王土灵等农户

2 青黄峧后南沟

开发 岳福僧老祖辈

1946 岳福僧

1956 一街大队

1976 一街大队

1982 一街王书海、王海魁、王永胜等农户

3 青黄峧后北沟

开发 三街刘志祥、一街王乃堂等祖上

1946 三街刘志祥、一街王乃堂等祖上

1956 一街、三街大队

1976 一街一、三、四、五队

1982 一街李壮恋、王林定、王晚元等农户

4 青黄峧小北沟

开发 王刘所、王曹所、王安仓等祖辈

1946 王刘所、王曹所、王安仓等

1956 一街大队

1976 一街一、三、五队

1982 一街王顺的、王海元、王书元等农户

5 槐树峧

开发 曹松定、王荣堂、王英等祖辈

1946 曹松定、王荣堂、王英等

1956 一街二、三、四、六队

1976 三街一、二、六队

1982 三街曹存定、李存良、曹所榜等农户

6 南峧洼

开发 二街王世安、王赵堂等祖上

1946 二街王世安、王赵堂等

1956 二街大队

1976 三街四队

1982 三街曹新定、曹魁榜、曹三的等农户

涉县宣传部提供

后记

2015年春天，在高级农艺师、涉县农业农村局副局长贺献林的邀请下，农业部全球重要农业文化遗产专家委员会委员、中国农业大学社会学系教授孙庆忠带领12名学生，千里迢迢深入王金庄作社会调查。他们在田间地头、农家院落体验生活，深入研究后，从不同视角写了《干渴的梯田：王金庄村水资源的分配与管理》《社会记忆：乡村稳定与延续的根脉》《驴的记忆与象征：一种理解梯田社会的方式》等十数篇研究论文，其中的六篇在《中国农业大学学报（社会科学版）》上发表，使涉县的旱作梯田引起了广泛的关注。接着连续数年，孙教授多批次带研究生深入王金庄开展社会实践活动，经过与村民同吃、同住、同劳动，掌握了不少第一手资料。来得越多，孙教授对王金庄了解得越深，并以专家学者的使命担当为贫困的山区如何挖掘文化资源，以及如何实施乡村振兴战略绘出蓝图，高屋建瓴地和涉县农业系统的领导一起对旱作梯田这一雨养农业的可持续发展之路提出了多项构思和设想，首先倡导和建议民间成立"河北省邯郸市涉县旱作梯田保护与利用协会"（简称"梯田协会"）。

2019年秋天，梯田协会组织普查志愿者先进行了示范培训。2020年春天，以组为单位，对全域山山岭岭的梯田逐块进行丈量。经过一个月的野外作业，后期梳理、分类、归纳、分章、编撰，三易其稿，数次校对，广泛征求不同意见，终将书稿完成。这期间，梯田协会正副会长曹肥定、曹京灵、李同江、王永江不辞劳苦，带头爬山越岭，实地测量每块梯田，勘察地形特征，记录林木分布和地标特征。为了统一标准，孙庆忠教授、贺献林副局长、陈玉明科长以及农业技术推广中心王海飞主任，根据实际工作，首先拟定了撰写提纲及工作范例，每部分包括五大内容：地理位置及地形地貌、区域内现状、耕地类型及适宜种植的作物、历史传承情况、地名的由来及故事传说。

为统一认识，采取培训学习、示范引路、内查外调、逐步推进的办法，挖掘历史，掌握素材，为了编撰起来得心应手，确定了谁普查谁撰写的原则。为了圆满完成这些工程，协会领导将该组的志愿者又分成5组，每组6人，包括组长1人、测量员2人、记录员2人、目测特殊标识者1人。因为地名文化志要求每处梯田的历史传承、地形地貌、地名的由来等逐一得到记述，并且做到史实准确，叙述清楚，除了协会的志愿者外，每组还特聘了2至3名曾担任过村领导的老同志、老生产队长等协助普查，做到应查尽查，当记必记，步调一致。

梯田普查和志书编撰过程，得到了涉县县委、县政府、农业农村局、井店镇党委政府、香港乐施会、农民种子网络、摄影师秋笔的指导与协助，得到了涉县农业农村局党组书记史保明、涉县农业农村局局长李志、原涉县农业农村局局长杨海河、井店镇党委书记赵志刚、镇长钱天桢、王金庄五个村党支部、村委会都给予了无法替代的鼎力支持。梯田协会会员李为青、王真祥、刘和定、曹世群、陈晓英、王书真、王茂怀、付书琴、曹巧红、李分梅、曹巧兰、王军香、张景恋、李江亮、王引娣、王金海、王安怀、王水生、李榜夺、李勤定、付洋所、曹起魁、李爱灵、李书祥、李明弟等均付出了辛勤劳动，尤其是协会秘书长刘玉荣为书稿撰写与审校投入了大量的时间和精力。

本志书的资料来源，如历史传承、地名的由来等多来自调查采访、座谈笔录，主要参阅了《涉县志》《井店镇志》《王金庄村志》《中国传统村落·王金庄》及地契文约，对参考资料的作者及提供资料的人员，在此一致表示感谢。

世间文章能者稀，难中之难莫过志。尽管编者竭尽全力，但终因水平有限，还敬请知情人士和广大读者批评指正。

王树梁

图书在版编目（CIP）数据

历史地景：河北涉县旱作石堰梯田地名文化志 / 王树梁等著. -- 上海：同济大学出版社，2023.2
（全球重要农业文化遗产 · 河北涉县旱作石堰梯田系统文化志丛书 / 孙庆忠主编；1）
ISBN 978-7-5765-0528-3

Ⅰ.①历… Ⅱ.①王… Ⅲ.①梯田—文化遗产—研究—涉县 Ⅳ.① S157.3

中国版本图书馆 CIP 数据核字 (2022) 第 237713 号

全球重要农业文化遗产
河北涉县旱作石堰梯田系统文化志丛书

历史地景

河北涉县旱作石堰梯田地名文化志

王树梁 等著

出 版 人　金英伟
责任编辑　李争
责任校对　徐逢乔
装帧设计　彭怡轩
版　　次　2023 年 2 月第 1 版
印　　次　2023 年 2 月第 1 次印刷
印　　刷　上海安枫印务有限公司
开　　本　890mm × 1240mm 1/32
印　　张　11
字　　数　296 000
书　　号　ISBN 978-7-5765-0528-3
定　　价　98.00 元
出版发行　同济大学出版社
地　　址　上海市杨浦区四平路 1239 号
邮政编码　200092
网　　址　http://www.tongjipress.com.cn
经　　销　全国各地新华书店

本书若有印装质量问题，请向本社发行部调换。
版权所有　侵权必究

luminocity.cn

“光明城”是同济大学出版社城市、建筑、设计专业出版品牌，致力以更新的出版理念、更敏锐的视角、更积极的态度，回应今天中国城市、建筑与设计领域的问题。